Claus Richter u. a.

Mathematische Probleme auf Microcomputern

Anwender-PROBLEME
Mathematische VERFAHREN
Computer-PROGRAMME

Unter dieser Überschrift erscheinen Titel, die dem Anwender helfen sollen, bei der Lösung praktischer Probleme in Naturwissenschaft, Technik, Wirtschafts- und Sozialwissenschaften, Medizin und anderen Fachgebieten die Methoden der Mathematik und Informatik und die Möglichkeiten von Microcomputern effektiv zu nutzen.

Der Leser wird mit den mathematischen Grundlagen soweit vertraut gemacht, wie es für die Lösung anwendungsbezogener Aufgaben erforderlich ist. Der Schwerpunkt der Publikationen liegt bei den Methoden und Verfahren und ihrer Umsetzung in lauffähige Computerprogramme. Praxisnahe Beispiele erleichtern die Erprobung und Anwendung. Weiterführende Hinweise und Bemerkungen regen zum Studium der Grundlagen an.

Der Verlag nimmt gern Vorschläge zur inhaltlichen Gestaltung künftiger Titel entgegen.

Mathematische Probleme auf Microcomputern

von Claus Richter u. a.

Akademie-Verlag Berlin 1989

Autorenkollektiv
unter der Leitung von Prof. Dr. Claus Richter:
W. Beiche, Dr. J. Biehounek, Dr. U. Breitschuh, Dr. R. Jurisch,
Dr. U. Kaftan, Dr. S. Krüger, Dr. P. Kurth, P. Pawlak,
C. v. Schmudi, Doz. Dr. J. Tiedge, Dr. J. Vondran, Dr. U. Werner
Ingenieurhochschule Köthen
Abteilung Mathematik/Rechentechnik

Der Titel wurde von Originalmanuskripten der Autoren reproduziert.

ISBN 3-05-500603-8

Erschienen im Akademie-Verlag Berlin, Leipziger Straße 3—4, Berlin, DDR-1086

Lizenznummer: 202 · 100/425/89
Printed in the German Democratic Republic
Gesamtherstellung: VEB Druckerei „Gottfried Wilhelm Leibniz", Gräfenhainichen, DDR-4450
Einband: Christine Koch
Lektor: Dr. Reinhard Höppner
LSV 1084
Bestellnummer: 763 911 9 (9158)

01950

Vorwort

Die zunehmende theoretische Durchdringung von Technik und Technologie wird begleitet von einer immer stärkeren Einbeziehung der Mathematik in die Formulierung und Lösung von Problemen aus diesen Bereichen.
Hierbei spielen neben den Resultaten klassischer mathematischer Disziplinen in zunehmenden Maße auch zugkräftige numerische Methoden eine entscheidende Rolle.
Diese Tendenz wird durch 2 Faktoren positiv beeinflußt; zum einen haben sich die theoretischen Grundlagen der Numerischen Mathematik in den vergangenen Jahrzehnten außerordentlich stark entwickelt. Insbesondere die Verwendung anspruchsvoller funktionalanalytischer Hilfsmittel hat zu gesicherten Aussagen über Durchführbarkeit, Konvergenz, numerische Stabilität und über Fehlerabschätzungen von Näherungsverfahren geführt. Dieser qualitative Aspekt wird wohl in der englischen Sprache mit dem Begriff "Numerical Analysis" treffend charakterisiert.
Zum anderen hat die umwälzende Entwicklung auf dem Gebiet der Rechentechnik zu einer neuen Haltung gegenüber numerischen Verfahren geführt. Dieses Umdenken betrifft sowohl die Dimension und die Kompliziertheit der erfolgreich lösbaren Aufgaben als auch den Umfang der Nutzung implementierter Algorithmen.
Besonders mit der Verbreitung von Klein- und Kleinstcomputern hat sich die Notwendigkeit und Möglichkeit ergeben, leistungsfähige numerische Methoden so aufzubereiten, daß sie dem Ingenieur und Ökonomen in ihrer Einheit von theoretischer Begründung, rechen-

technischer Realisierung und praktischer Anwendung vorgestellt werden.
Diesem Ziel dient das vorliegende Buch.
Ihm liegen Erfahrungen des unter Leitung des Herausgebers arbeitenden Kollektivs bei der Anwendung grundlegender numerischer Verfahren in der Lehre und der interdisziplinären Forschung zugrunde.
Obwohl zur Lösung ingenieurtechnischer Aufgaben oft anspruchsvollere Realisierungen als die vorgestellten BASIC-Implementierungen verwendet werden, haben wir die Beobachtung gemacht, daß der vorrangig am Verstehen und Anwenden mathematischer Verfahren Interessierte als Einstieg BASIC verwendet, da damit der Weg zu gesicherten Fertigkeiten im Umgang mit Kleinrechentechnik recht kurz ist.
Thematisch orientiert sich das Buch zum einen an Fragestellungen, die in der Zusammenarbeit mit Ingenieuren und Ökonomen immer wieder an den Mathematiker herangetragen werden, und zum anderen an Schwerpunkten in der Mathematikausbildung der Studenten technischer und ökonomischer Fachrichtungen. Es soll damit helfen, die effektive Nutzung der Klein- und Kleinstrechentechnik zu untertützen und außerdem - last but not least - die Freude an der Beschäftigung mit der Mathematik fördern.
Herausgeber und Autoren danken zahlreichen Fachkollegen für kritische Hinweise und ermutigende Worte, die das Entstehen des Buchs begleiteten. Sie danken Frau S. HOFFMANN und Frau B. SCHMIDT für die sorgfältige Ausführung der Schreibarbeiten.
Unser Dank gilt schließlich dem Akademie-Verlag und insbesondere Herrn Dr. HÖPPNER für die sachkundige und entgegenkommende Zusammenarbeit.

Köthen, im Mai 1988 Claus Richter

Inhalt

1 Tendenzen der Numerischen Mathematik und der Informatik

1.1. Wesentliche Aufgabenstellungen der Numerischen Mathematik

Gegenstand der Numerischen Mathematik - früher auch Praktische Mathematik bzw. Praktische Analysis genannt - ist die Bereitstellung von Vorschriften, welche mathematisch formulierte Probleme einer zahlenmäßigen Lösung zuführen. Damit kommt dieser eigenständigen mathematischen Disziplin übergreifende Bedeutung zu. Solche Gebiete wie

- Numerik der Linearen Algebra
- Numerik der Differentialgleichungen
- Numerik nichtlinearer Gleichungssysteme
- Numerik der Optimierung

stellen wesentliche Bindeglieder bei der Umsetzung mathematischer Ergebnisse in die Praxis dar.
Im vorliegenden Buch wird mit den Punkten

* Mathematische Grundlagen des Verfahrens
* Aufbau des Algorithmus
* BASIC-Programm
* Numerisches Beispiel
* Weiterführende Bemerkungen

auf numerische Verfahren zu folgenden Aufgabenklassen eingegangen:

1. Lösung linearer Gleichungssysteme

Gegeben ist die Matrix $A \in R^{m \times n}$ und der Vektor $b \in R^m$. Gesucht ist (mindestens) eine Lösung x^* der Aufgabe

$$F(x) = Ax - b = \min! , \quad x \in R^n \tag{1}$$

Falls $m = n$ gilt und die Matrix A regulär ist, stellt x^* gerade die Lösung des linearen Gleichungssystems

$$Ax = b \tag{2}$$

dar. Aufgaben der Gestalt (1) sind typisch für lineare Ausgleichsprobleme; den Spezialfall (2) trifft man u. a. bei der Analyse von Netzwerken in der Elektrotechnik und im Bauwesen; bei Interpolationsaufgaben sowie im Zusammenhang mit der Lösung nichtlinearer Aufgaben durch Diskretisierung bzw. sukzessive Linearisierung.

2. Lösung nichtlinearer Gleichungen und nichtlinearer Gleichungssysteme

Gegeben ist die nichtlineare Funktion

$$F(x) = (f_1(x), \ldots, f_m(x))^T$$

mit $F: R^n \text{-->} R^m$.
Gesucht ist eine Lösung $x^* \in R^n$ der Aufgabe

$$\|F(x)\|^2 = \min! \tag{3}$$

Spezialfälle von (3) sind:
- die Lösung eines Gleichungssystems von n Gleichungen in n Unbekannten:

$$F = \begin{bmatrix} f_1(x) \\ \ldots \\ f_n(x) \end{bmatrix} = 0, \tag{4}$$

- die Lösung einer Gleichung mit einer Unbekannten

$$f(x) = 0, \qquad x \in R^1. \tag{5}$$

Die Aufgabe (3) ist als nichtlineares Least-Square-Problem bekannt und vor allem bei der Schätzung von Parametern in nichtlinearen Modellen zu finden.
Auf die Behandlung einer Aufgabe der Form (4) führt oft die Behandlung nichtlinearer gewöhnlicher Differentialgleichungen.
Interessiert z. B. die Lösung der Anfangswertaufgabe

$$\dot{x} = \varphi(x, t) \qquad x(t_A) = x_0 \tag{6}$$

mit nichtlinearer Funktion $\varphi(x,t)$ im Intervall $[t_A, t_E]$, so ergibt sich nach dessen Unterteilung gemäß

$$t_A = t_0 < t_1 < \ldots < t_{N-1} < t_N = t_E,$$

ein System der Form (4) in den Variablen

$$x_1 = x(t_1), \ \ldots, \ x_N = x(t_N).$$

Eng ist auch die Beziehung zwischen nichtlinearen Gleichungssystemen und notwendigen Extremalbedingungen. Dafür, daß eine stetig differenzierbare Funktion $\phi(x)$ mit $\phi : R^n \text{-->} R^1$ im Punkt x^* ein Extremum besitzt, ist erforderlich, daß

$$\frac{\partial \phi}{\partial x_1}(x^*) = 0, \ \ldots, \ \frac{\partial \phi}{\partial x_n}(x^*) = 0 \tag{7}$$

gilt.
Für den Spezialfall n = 1 ergibt sich aus (7) gerade (5).
Besondere Beachtung findet die Aufgabe (5) für den Fall, daß die Funktion f(x) ein Polynom ist. Dies trifft zu, wenn Eigenwertprobleme zu lösen sind. Hierbei interessieren oft auch Lösungen, die im komplexen Zahlenbereich liegen.

3. Numerische Intergration

Gegeben ist das bestimmte Integral

$$I = \int_a^b f(x)\,dx. \tag{8}$$

Gesucht ist ein Zahlenwert, welcher (8) möglichst genau approximiert.
Die Vorschriften zur numerischen Integration zählen zu den klassischen Beispielen der Numerischen Mathematik. Ihre theoretische Begründung muß in engem Zusammenhang mit den Methoden zur numerischen Behandlung von Differentialgleichungen gesehen werden.
Der Bedarf an Methoden zur numerischen Integration resultiert vor allem daraus, daß zahlreiche Probleme der Mechanik, aber auch innermathematische Fragestellungen - z. B. die Berechnung von Elementarmatrizen in der Methode der Finiten Elemente - die Berechnung bestimmter Integrale erfordern. Dies ist für die meisten Funktionen nicht mit Hilfe einer expliziten Formel möglich und erfordert insbesondere bei Einbindung in komplexere Berechnungsvorgänge die Bereitstellung von Näherungsformeln.

4. Differentialgleichungen

Die Untersuchung komplizierter Verhältnisse in physikalisch-technischen Modellen führt häufig auf Beziehungen, in denen neben einer bzw. mehreren unbekannten Funktionen auch noch Ableitungen dieser Größen nach den unabhängigen Variablen erscheinen. In der Mathematik werden solche Verknüpfungen als Differentialgleichungen bezeichnet:

$$F(x,y,z,t,u,u_x,u_y,u_z,u_t,u_{xx}, \ldots) = 0. \tag{9}$$

Hierbei kann u sowohl eine skalare Funktion als auch ein Funktionsvektor sein. Im vektoriellen Fall handelt es sich bei der Funktion F ebenfalls um einen Vektor derselben Dimension, man spricht dann von Systemen von Differentialgleichungen.
Hängt u nur von einer unabhängigen Variablen (z. B. x) ab, so spricht man von gewöhnlichen Differentialgleichungen. Als wichtigster Fall treten hier sogenannte Anfangswertprobleme für Systeme von Differentialgleichungen erster Ordnung auf.

$$\begin{aligned} &u_x = f(x,u), \qquad x \in [x_0,x_e] \subset R, \\ &u(x_0) = u_0. \end{aligned} \tag{10}$$

Die Anfangsbedingung $u(x_0) = u_0$ sichert dabei die Eindeutigkeit der Lösung.
Neben den Anfangswertproblemen treten in der Praxis für Differentialgleichungen höherer Ordnung häufig auch sogenannte Randwertprobleme auf. Hierbei wird die Eindeutigkeit der Lösung durch die Vorgabe von Funktionswerten bzw. Ableitungen in den Randpunkten des Lösungsintervalls gesichert.
Treten in der gesuchten Funktion u mehrere unabhängige Veränderliche auf, so spricht man von partiellen Differentialgleichungen. Interessiert man sich nur für die räumliche Verteilung der Funktionen, so erhält man Randwertprobleme, die sich abstrakt in der Form:

$$\begin{aligned} Lu &= f \quad \text{in } G, \\ Bu &= g \quad \text{auf } \partial G \end{aligned} \tag{11}$$

darstellen lassen. Der Differentialoperator L charakterisiert hierbei die Differentialgleichung, während $Bu = g$ die Bedingungen darstellt, die für u auf dem Rand des Lösungsgebietes G gelten sollen.
Tritt die Zeit t explizit als Variable auf, so treten neben den Randbedingungen noch Anfangsbedingungen für die räumliche Verteilung der Größen zum Anfangszeitpunkt t_0 auf. Man spricht dann von Anfangs-Randwert-Problemen.
In den meisten praktisch relevanten Fällen gelingt es nicht, Differentialgleichungen analytisch zu lösen. Dadurch wird es nötig, zu Näherungsverfahren überzugehen. Dies ist die Aufgabe der Numerik der Differentialgleichungen. Die dabei verwendete Vorgehensweise hängt wesentlich vom Charakter der Aufgabenstellung im oben geschilderten Sinne ab. Typische Fragestellungen, die dabei stets auftreten, sind:

- Konstruktion einfach zu lösender Näherungsgleichungen,
- Konvergenzuntersuchungen,
- Betrachtungen zur Stabilität der untersuchten Lösungsverfahren.

Eine detaillierte Darstellung dieser Probleme für ausgewählte Problemklassen findet der Leser in Kapitel 5.

1.2. Eigenschaften numerischer Verfahren

Numerische Verfahren haben das Ziel, mathematische Probleme einer zahlenmäßigen Lösung zuzuführen.
Entscheidend für die Qualität einer Methode ist der notwendige Aufwand zur Aufbereitung der zugrundeliegenden Aufgabe, die erforderliche Anzahl an mathematischen Operationen (algebraische Operationen, Vergleichsoperationen) sowie die Möglichkeit komplizierte und komplexe Probleme erfolgreich zu behandeln.
Die im Folgenden beschriebenen Vorgehensweisen lassen sich in direkte Verfahren und iterative Verfahren unterteilen.
Bei <u>direkten Verfahren</u> wird nach einer endlichen Anzahl von Rechenoperationen die (im Rahmen der Rechnergenauigkeit) exakte Lösung ermittelt.

<u>Iterative Verfahren</u> erzeugen, ausgehend von p vorgegebenen Startelementen, eine Folge von Näherungen, die möglichst gegen eine Lösung konvergieren.
Während bei linearen Problemen (lineare Gleichungssysteme, lineare Optimierung) direkte Verfahren eine Rolle spielen (Eliminationsverfahren, Simplexverfahren), werden nichtlineare Probleme fast ausschließlich iterativ gelöst.
Um unter der Vielzahl von Iterationsverfahren besonders leistungsfähige zu charakterisieren, ist es sinnvoll, für die numerische Praxis wesentliche Eigenschaften der Verfahren anzugeben.
Hierbei wurden in den vergangenen Jahren sowohl in theoretischer als auch in empirischer Hinsicht zwei unterschiedliche Wege beschritten.

Theoretische Richtung
Für die praktische Anwendung wünschenswerte Eigenschaften von Lösungsverfahren werden mit funktionalanalytischen Hilfsmitteln der Numerischen Mathematik nachgewiesen. Zu diesen Eigenschaften zählen:

(I) Die globale Konvergenz
Im allgemeinen ist eine Menge hinreichend nahe an einer Lösung z^* gelegener Startpunkte $z^0, \ldots, z^{-1+1}$ unbekannt. Deshalb möchte

man gewährleistet haben, daß ausgehend von einer beliebig gewählten Menge von Vektoren $z^0, \ldots, z^{-l+1}$, das Verfahren durchführbar ist und eine Folge der Iterierten $\{z^k\}$ in eine beliebig kleine Umgebung von z^* gelangt. Diese Eigenschaft wird globale Konvergenz des Verfahrens genannt.

(II) Lokal überlineare Konvergenz

Für die Qualität eines Optimierungsverfahrens ist die rasche Verbesserung der Näherung in der Umgebung der Lösung wesentlich. Die damit zusammenhängende Konvergenzgeschwindigkeit läßt sich in einer Umgebung von z^* unter geeigneten Voraussetzungen abschätzen. Setzt man dazu $\varepsilon_k = \| z^k - z^* \|$, so werden die Beziehungen

$$\varepsilon_{k+1} \leq \bar{Q} \varepsilon_k^{\tau} \quad \forall\, k \geq k_0 \;,\; \tau \geq 1 \tag{12}$$

und

$$Q \varepsilon_k \leq \varepsilon_{k+1}^{\tau} \quad \forall\, k \geq k_0 \tag{13}$$

untersucht, womit die sogenannte Q-Ordnung der Konvergenz bestimmt werden kann (vgl. SCHWETLICK (1979)). Eine Nullfolge nichtnegativer Zahlen heißt mindestens von der Q-Ordnung $\varkappa > 1$ konvergent, wenn (2) gilt, wobei für $\varkappa = 1$ noch $Q < 1$ gefordert werden muß. Sie heißt höchstens von der Q-Ordnung $\varkappa$ konvergent, wenn (3) gilt. Gelten beide Abschätzungen, so heißt die Folge genau von der Q-Ordnung $\varkappa$ konvergent. Für $\varkappa = 1$ bzw. $\varkappa = 2$ spricht man auch von Q-linearer oder Q-quadratischer Konvergenz. Eine Q-Ordnung $\varkappa > 1$ heißt überlinear. Treten Abschätzungen der Form

$$\| z^{k+1} - z^* \| = C \| z^k - z^* \|^{\alpha_0} \| z^{k-1} - z^* \|^{\alpha_1} \cdots \| z^{k-m+1} - z^* \|^{\alpha_{m-1}}$$

auf, so bestimmt man die Konvergenzgeschwindigkeit x^* als positive Wurzel der sogenannten charakteristischen Gleichung

$$\varkappa^m = \alpha_0 \varkappa^{m-1} + \cdots + \alpha_{m-2} \varkappa + \alpha_{m-1} .$$

(III) Weitgehende Ableitungsfreiheit

Verfahren, in denen Ableitungen verwendet werden, erfordern zusätzlichen Aufwand bei der Programmierung. So kommen bei ersten

Ableitungen n skalare Funktionen vor, bei zweiten Ableitungen sogar n(n + 1)/2. Bei vielen Optimierungsproblemen ist die Ermittlung von Funktionswerten erst als Ergebnis einer iterativen Berechnung des Modellgleichungssystems möglich, so daß das Bereitstellen von Ableitungen auf prinzipielle Schwierigkeiten trifft. Aus diesen Gründen ist es vielfach nur möglich, Optimierungsverfahren zu verwenden, die auf die numerische Approximation von ersten und zweiten Ableitungen zurückgreifen.
Ebenso ist die analytische Bildung von Ableitungen und deren Programmierung eine typische Fehlerquelle. Abhilfe werden hier in Zukunft Methoden der Symbolmanipulation bringen, die die analytische Ableitungsbildung und deren Programmierung automatisieren.

(IV) Keine Verwendung globaler Informationen
Quantitative Angaben über das globale Verhalten der Problemfunktionen (Lipschitz-Konstanten u. ä.) sind in der Regel schwer beschaffbar. Aus diesem Grunde vermeiden leistungsfähige Verfahren die Verwendung dieser Informationen in der Iterationsvorschrift.

(V) Zuverlässigkeit der Iterierten
Bei einer Reihe von praktischen Problemen muß das Erfülltsein gewisser bzw. aller Nebenbedingungen in den Iterationspunkten gesichert sein. Will man eine Näherung akzeptieren, so ist dies oft ein entscheidendes Kriterium.

Empirische Richtung (SCHITTKOWSKI (1980))
Die Eigenschaften numerischer Verfahren werden auch aufgrund ihres Verhaltens bei der Lösung von Testbeispielen und durch eventuelle Probleme bei ihrer Implementierung auf Rechenanlagen eingeschätzt. Als Kriterien hierfür lassen sich heranziehen:

(I) Die Robustheit des Verfahrens, d. h. die Fähigkeit , eine möglichst große Anzahl vorgelegter Probleme erfolgreich zu lösen.

(II) Die Effektivität des Verfahrens, d. h. der notwendige numerische Aufwand zur Lösung eines Problems.

(III) Die Einfachheit der Anwendung, d. h. der vom Nutzer zu erbringende Aufwand zur rechentechnischen Aufbereitung eines zu lösenden Problems.

(IV) Die maximale Dimension der behandelbaren Probleme.

(V) Organisation des implementierten Programms, Programmstruktur und Länge.

Aussagen zu den genannten Charakteristika aus theoretischer und empirischer Sicht folgen im weiteren zu jedem behandelten Verfahren.

1.3. Realisierung numerischer Verfahren auf Kleinrechnern

Die sachgerechte Umsetzung numerischer Verfahren auf Rechenanlagen entscheidet oft über den Aufwand und den Erfolg bei der Behandlung eines mathematischen Problems. Hierbei ist wesentlich zu berücksichtigen, daß

- die Menge der im Rechner realisierbaren Zahlen von der Menge der natürlichen Zahlen verschieden ist,
- die Organisation des Rechenablaufs Auswirkungen auf die Rechenzeit und den Speicherbedarf hat und
- geeignete Maßnahmen getroffen werden müssen, damit der Rechner sich jederzeit in einem definierten Status befindet (d. h. ein Zusammenbrechen der Rechnung wegen nichtausführbarer Anweisungen ist zu verhindern).

Einige der damit zusammenhängenden Probleme seien im Folgenden näher betrachtet.

1.3.1. Computerzahlen und Rundungsfehler

Will man den Verlauf eines mathematischen Lösungsprozesses beurteilen, ist davon auszugehen, daß im Rechner nur die Menge von

Zahlen zur Verfügung steht, welche sich in der Form

$$z_R = \pm 0.d_1 d_2 \ldots d_t * 2^l$$

mit der Mantisse

$$\mu = 0.d_1 d_2 \ldots d_t \quad \text{bei } d_1 = L \text{ und } d_i = \begin{cases} 0 \\ L \end{cases} \quad (i = 2, \ldots, t)$$

sowie dem Exponenten l mit $l \in [-m, M]$ darstellen lassen.
Die Werte für t, m und M sind dabei vom konkreten Rechner abhängig. Jede beliebige reelle Zahl z wird nun durch ein z_R derart approximiert, daß $|z - z_R|$ minimal ausfällt.
Liegt z zwischen der kleinsten und der größten im Rechner darstellbaren Gleitkommazahl, so existieren Zahlen δ und δ' mit $|\delta| <= 2^{-t}$ und $|\delta'| <= 2^{-t}$ derart, daß

$$x_R = \begin{cases} x(1 + \delta) \\ x/(1 + \delta') \end{cases}$$

gilt. Interessant ist nun die Auswirkung der Verwendung von Gleitkommazahlen auf das Ergebnis arithmetischer Operationen. Setzen wir voraus, daß a und b Gleitkommazahlen sind und $*$ eine der Operationen $+$, $-$, x bzw. $/$ ist und nehmen wir an, es gilt $a_R * b_R = (a * b)_R$ so kann die Beziehung

$$(a * b)_R = \begin{cases} (a * b)(1 + \delta), \\ \dfrac{a * b}{1 + \delta'} . \end{cases}$$

verifiziert werden.
Aus der Ubertragung dieser Uberlegungen auf das vielfache Hintereinanderausführen von derartigen Operationen (Summenbildung, Skalarproduktbildung) kann gefolgert werden, daß im Laufe der Abarbeitung eines Programms Abweichungen in der Rechnung auftreten können. Ausführliche Betrachtungen hierüber werden in WILKINSON (1963) angestellt.

Hier sei nur zusammenfassend darauf hingewiesen, daß in den Programmen eine Erhöhung der Genauigkeit durch die Akkumulation von Skalarprodukten mit doppelter Genauigkeit erreicht werden kann.
Dabei werden ausgewählte Rechenoperationen mit doppelter Genauigkeit ausgeführt. Eine durchgängige doppeltgenaue Rechnung würde den Zeitaufwand oft um ein Erhebliches steigern.

1.3.2. Korrektheit des Lösungsverfahrens

Der soeben erläuterte Effekt der Verfälschung der Rechnung durch Rundung kann dazu führen, daß die Folge der berechneten Näherungen trotz erfüllter Konvergenzbedingungen nicht gegen die Lösung der betrachteten Aufgabe strebt.
Dies ist ein Anzeichen dafür, daß die zugrundeliegende Berechnungsvorschrift nicht korrekt konzipiert wurde.
Die Eigenschaft eines Algorithmus, korrekt zu sein, findet man bei ISAACSON, KELLER (1972) als Übertragung des von HADAMARD eingeführten Begriffes einer korrekt gestellten Aufgabe.
Neben der unbeschränkten Durchführbarkeit eines Algorithmus (z. B. Sicherung gegen Unterlauf und Überlauf) und der Eindeutigkeit der implementierten Berechnungsvorschriften beinhaltet der Begriff der Korrektheit eines Verfahrens die Forderung nach seiner Stabilität:
kleine Störungen in den Ausgangsdaten sollen kleine Änderungen im Resultat nach sich ziehen.
Ist das zu lösende Problem korrekt gestellt, d. h. wirken sich kleine Störungen im Problem nur geringfügig in der Lösung aus, so sichert ein korrekt formulierter Algorithmus die Konvergenz der Näherungen gegen die Lösung.
Als Beispiele, in denen die Korrektheit der formulierten Berechnungsvorschrift eine Rolle spielen, lassen sich neben Rekursionsformeln zur Integralrechnung und der stabilen bzw. instabilen Form der regula falsi insbesondere Verfahren zur Lösung von Differentialgleichungen nennen.
Auf Kriterien zur Überprüfung der Stabilität, auf Fragen der Schrittweitensteuerung bei derartigen Verfahren und auf das Problem der Konsistenz wird in Kapitel 5 eingegangen.

1.3.3. Zur Implementierung numerischer Verfahren in BASIC

Die Vorstellung der einzelnen Lösungsverfahren im Buch erfolgt entsprechend der Gliederung:

- Grundlagen des Verfahrens,
- Aufbau des Algorithmus,
- Programm und Testbeispiel und
- weiterführende Bemerkungen.

Damit werden die Idee des jeweiligen Verfahrens, theoretische Grundlagen und die prinzipiellen Schritte des Algorithmus angegeben. Das BASIC-Programm ist entsprechend den angegebenen Schritten strukturiert und seine Benutzung wird an einem Testbeispiel aufgezeigt. Die weiterführenden Bemerkungen dienen der Charakterisierung wissenschaftlicher Arbeiten, die für das jeweilige Verfahren von Interesse sind, und der Heranführung an die Nutzung kommerziell verfügbarer Software.
Mit der verwendeten Programmiersprache wurde versucht, einen möglichst großen Durchschnitt vieler BASIC-Versionen zu erreichen. Eine Orientierung lieferten dabei der Interpreter BASI (Version R-BWS, SCPX, V.1/0) und die Interpreter für die Rechner der KC-Reihe (KC 85/1 - KC 87).
Auf typische Möglichkeiten, die vom jeweiligen Mikrocomputer abhängen, wurde weitestgehend verzichtet wie z. B.: Ton, Farbe und Grafik.
In der beigefügten Sammlung von BASIC-Programmen wurde versucht, im Rahmen der vorgegebenen Einschränkungen ein breites Spektrum an Implementierungsmöglichkeiten aufzuzeigen.
Neben den in den meisten Programmen enthaltenen Eingaben von problembeschreibenden Daten und von Parametern zur Verfahrenssteuerung über INPUT-Anweisungen wurden verschiedentlich auch READ-Anweisungen verwendet.
Die Auswahl zwischen diesen beiden Varianten sollte vor allen Dingen dadurch beeinflußt werden, ob der Nutzer des BASIC-Programms das implementierte Verfahren als Unterprogramm verwenden will oder im Dialog ein spezielles Problem zu behandeln hat. Bei den zu lösenden Aufgaben treten neben Datenmengen auch Funktionen

auf, die z. B. nichtlineare Gleichungen beschreiben oder Nebenbedingungen ohne Optimierungsaufgabe charakterisieren. Diese Funktionen wurden in Unterprogrammen zusammengefaßt.
Durch Kommentare in den einzelnen BASIC-Programmen sind diese Stellen besonders hervorgehoben, wobei als Beispiel für implementierte Anweisungen die Funktionen verwendet wurden, welche in den Testbeispielen auftreten.
Die im Aufbau der Algorithmen besonders ausgewiesenen Abschnitte wurden in den Programmen weitgehend durch Kommentare charakterisiert.
In der Literatur findet sich insbesondere bei Iterationsverfahren eine ganze Sammlung von möglichen Kriterien für den Abbruch der Rechnung. Mögliche Abbruchursachen können sein:

- Abstand zweier aufeinanderfolgender Iterierter kleiner als eine vorgegebene Schranke

$$\| x^k - x^{k-1} \| \leqq \varepsilon (1 + \| x^k \|),$$

- Differenz der Funktionswerte zweier aufeinanderfolgender Iterierter kleiner als eine vorgegebene Schranke

$$| f(x^k) - f(x^{k-1}) | \leqq \varepsilon \ (1 + \| x^k \|),$$

- maximale Anzahl von Iterationsschritten erreicht:
  IT = ITMAX.

Der Leser wird feststellen, daß von verschiedenen dieser Kriterien in den Programmen Gebrauch gemacht worden ist. Dabei dürfte es nicht schwerfallen, durch geringfügige Abänderungen der einzelnen Routinen eine Abbruchursache durch eine andere zu ersetzen. Die Ausgabe der Zwischenergebnisse der Rechnung und der Abschlußergebnisse geschieht weitgehend einheitlich.
Die Anpassung der vorliegenden getesteten Programme an die spezielle BASIC-Version des Rechners, der vom Leser genutzt wird, dürfte nach den vorliegenden Erfahrungen ohne größere Probleme möglich sein.

Lineare Gleichungssysteme 2

2.1. Direkte Lösungsverfahren

Eine der grundlegenden Aufgaben der linearen Algebra ist das Lösen von linearen Gleichungssystemen. Diese treten bei praktischen Aufgabenstellungen entweder unmittelbar auf (Mechanik, Elektrotechnik, Ökonomie, lineare und quadratische Optimierung, Ausgleichsrechnung), oder aber die numerische Lösung komplizierterer Probleme wird letztendlich auf die Lösung linearer Gleichungssysteme zurückgeführt (Newton-Verfahren für die Lösung nichtlinearer Gleichungssysteme, numerische Lösung von Differentialgleichungen).

Bei einem linearen Gleichungssystem

$$\sum_{k=1}^{n} a_{ik} x_k = b_i \ , \ i = 1, \ldots, m, \tag{1}$$

kann die Anzahl m der Gleichungen kleiner, gleich oder größer sein als die Anzahl n der Unbekannten x_k . Es ist entweder eindeutig lösbar, besitzt mehrere Lösungen oder ist widersprüchlich, d.h. gar nicht lösbar. Welcher dieser Fälle jeweils eintritt, hängt ab von den Rängen der Matrizen A und $[A \mid b]$, also von der linearen Abhängigkeit der Gleichungen. Dabei sind A die m x n - Koeffizientenmatrix, $x \in R^n$ und $b \in R^m$ die Vektoren der Unbekannten bzw. der rechten Seiten. Mit ihnen läßt sich (1) in der kürzeren Matrizendarstellung

$$A\, x = b \tag{2}$$

schreiben. Ist ein lineares Gleichungssystem überbestimmt, besitzt also keine Lösung, so wird häufig eine Pseudolösung gesucht, für die die Norm des Restvektors $r = Ax - b$ möglichst klein wird (Ausgleichsrechnung).
Die Lösungsverfahren werden eingeteilt in direkte (Eliminations-) Verfahren, welche die Lösung in endlich vielen Schritten berechnen, und in iterative Verfahren, die, ausgehend von einer Anfangsnäherung, die Lösung durch wiederholte Anwendung einer Iterationsvorschrift ständig verbessern, bis eine gewünschte Genauigkeit erreicht ist.

2.1.1. Gaußscher Algorithmus

Mathematische Grundlagen des Verfahrens

Das Grundprinzip der direkten Verfahren besteht darin, das System (2) durch geeignete Transformation in ein sogenanntes gestaffeltes System

$$A^{*} x = b^{*} \tag{3}$$

überzuführen, wobei die neue Koeffizientenmatrix A^{*} unterhalb der Hauptdiagonalen nur noch Nullelémente enthält. In der i-ten Gleichung treten dann nur noch Variable x_j $(j \geq i)$ auf. Rückwärts schreitend kann man dann nacheinander jeweils eine Unbekannte x_k bestimmen.
Die klassische Form der Eliminationsverfahren ist der Gaußsche Algorithmus. Er soll hier zunächst für ein lineares Gleichungssystem aus n Gleichungen

$$\sum_{k=1}^{n} a_{ik} x_k = b_i , \qquad i = 1, \ldots, n, \tag{4}$$

mit einer regulären Koeffizientenmatrix A (Rang A = n) betrachtet werden. Das lineare Gleichungssystem (4) besitzt dann genau eine Lösung.
Die Koeffizienten a_{ik} einschließlich der rechten Seiten b_i werden in der Matrix $[A|b]$ zusammengefaßt. Im ersten Gauß-Schritt wird nacheinander die 1.Zeile mit den Eliminationskoeffizienten

$$l_{i1} = a_{i1}/a_{11}, \qquad i = 2, \ldots, n,$$

multipliziert und von der i-ten Zeile, $i=2,\dots,n$, subtrahiert. Die letzten n-1 Zeilen stellen dann ein lineares Gleichungssystem für die n-1 Unbekannten $x_2,\dots,x_n$ dar. Auf dieses kleinere System wird der nächste Gauß-Schritt angewandt, usf. Insgesamt sind (n-1) Schritte erforderlich, danach hat A^* in $[A^*|b^*]$ die angestrebte Rechtsdreiecksform.

Diejenige Zeile, die beim k-ten Gauß-Schritt unverändert bleibt und die nach Multiplikation mit den Eliminationskoeffizienten von den übrigen Zeilen subtrahiert wird, nennt man Pivotzeile, ihren k-ten Koeffizienten Pivotelement. Es ist natürlich nicht erforderlich und auch nicht immer möglich, die Zeilen in ihrer natürlichen Reihenfolge als Pivotzeile zu wählen. Zeilen, in denen der k-te Koeffizient gleich Null ist, verbieten sich im k-ten Gauß-Schritt als Pivotzeile von selbst, da hier die Elimination von x_k nicht möglich wäre. Ungeeignet sind auch solche Zeilen, in denen das betreffende Element betragsmäßig sehr klein ist, da bei der numerischen Rechnung die Eliminationskoeffizienten meist einen großen relativen Fehler bekommen. Deswegen wählt man günstig unter den noch verbliebenen Zeilen diejenige als Pivotzeile aus, für die der k-te Koeffizient betragsmäßig am größten ist (Spaltenpivotisierung),

$$|a_{hk}| = \max_i |a_{ik}| \quad , \tag{5}$$

wobei nur solche i zu verwenden sind, die noch keine früheren Pivotzeilen kennzeichnen. Die h-te Zeile ist dann die neue Pivotzeile, a_{hk} das Pivotelement.

Um die Übersicht zu wahren, sind die einzelnen Pivotzeilen in ihrer Reihenfolge zu kennzeichnen. Entweder rückt man durch Zeilenvertauschung die k-te Pivotzeile an die k-te Stelle, was aber einen zusätzlichen Aufwand bereitet, oder aber man führt einen n-dimensionalen Pivot-Indexvektor p ein, der an der k-ten Stelle den Zeilenindex der k-ten Pivotzeile enthält: $p_k = h$.

Die Beziehung (5) lautet dann

$$|a_{hk}| = \max \{|a_{ik}|,\ i \neq p_1, \dots, p_{k-1}\}. \tag{6}$$

Die Spaltenpivotisierung liefert außerdem eine Überprüfung der

Regularität von A. Ist $|a_{hk}| = 0$, so sind die ersten k Spalten von A linear abhängig, A ist singulär. In diesem Fall bricht man den Gaußschen Algorithmus ab.
Nach durchgeführter Spaltenpivotisierung sind im k-ten Gauß-Schritt die i-ten Zeilen, $i \neq p_1, \ldots, p_k$, umzurechnen:

$$\text{Eliminationskoeffizient} \qquad l_{ik} = a_{ik}/a_{hk}, \tag{7}$$

neue Zeile = alte Zeile - Eliminationskoeffizient . Pivotzeile

$$a_{ij}^{neu} = a_{ij}^{alt} - l_{ik} a_{hj}, \quad j = k, \ldots, n+1. \tag{8}$$

Die Pivotisierung bewirkt, daß nach dem letzten Gauß-Schritt das Endschema (3) keine reine Dreiecksform aufweist, sondern die jeweils verkürzten Gleichungen vertauscht sind. Ihre Reihenfolge wird durch den Pivotvektor p bestimmt.
Die Auflösung des gestaffelten Systems beginnt in der Zeile p_n:

$$x_n = b_{p_n}^* / a_{p_n,n}^* .$$

Danach setzt man x_n in die vorhergehenden Gleichungen ein und ermittelt x_{n-1} usf. x_k ergibt sich gemäß

$$x_k = (b_{p_k}^* - \sum_{j=k+1}^{n} a_{p_k,j}^* x_j) / a_{p_k,k}^* , \quad k = n, n-1, \ldots, 1. \tag{9}$$

<u>Aufbau des Algorithmus</u>

S0: Eingabe der Matrix (A|b).
Wähle $\varepsilon > 0$, setze k=1.

S1: Spaltenpivotisierung
Bestimme einen Index h gemäß (6), setze $p_k = h$.

S2: Regularitätstest
Falls $|a_{hk}| < \varepsilon$, ist die Matrix A numerisch singulär.
STOP.

S3: Gauß-Schritt
Für i = 1, ..., n:

Falls $i = p_j$, $j = 1, \ldots, k$, lasse i-te Zeile ungeändert.

Für $i \neq p_j$: Berechne l_{ik} nach (7), a_{ij} nach (8).

S4: Falls $k < n$, setze $k=k+1$, gehe zu S1.

S5: Auflösung des gestaffelten Systems:

Bestimme x_k gemäß (9). STOP.

BASIC-Programm

Das folgende Programm realisiert den beschriebenen Algorithmus.

```
100 PRINT"-----------------------------------------"
120 PRINT"        GAUSS scher  ALGORITHMUS"
140 PRINT"-----------------------------------------"
160 REM *****          >>> KONSTANTEN <<<                   *****
180 Z$="Matrix A ist (numerisch) singulaer !"
200 W$="Das Gleichungssystem hat keine eindeutige Loesung !"
220 REM *****          >>> SCHRITT 0 <<<                    *****
240 INPUT"Anzahl der Gleichungen ";N:DIM A(N,N+1),P(N),X(N)
260 PRINT "Eingabe der Gleichungen einschl. Absolutglied"
280 FOR I=1 TO N:PRINT I;"-te Gleichung:":FOR K=1 TO N+1
300 INPUT A(I,K): NEXT K : NEXT I : INPUT"Testgroesse EPS =";EPS
320 FOR K=1 TO N
340 REM *****          >>> SCHRITT 1 <<<                    *****
360 S=0 : FOR I=1 TO N : FOR J=1 TO K : IF I=P(J) THEN 400
380 NEXT J:T=ABS(A(I,K)):IF T>S THEN S=T:H=I
400 NEXT I : PE=A(H,K) : P(K)=H
420 REM *****          >>> SCHRITT 2 <<<                    *****
440 IF S<EPS THEN PRINT Z$;W$ : END
460 REM *****          >>> SCHRITT 3 <<<                    *****
480 FOR I=1 TO N:FOR J=1 TO K:IF I=P(J) THEN 540
500 NEXT J : L=A(I,K)/PE: FOR J=K TO N+1: A(I,J)=A(I,J)-L*A(H,J)
520 NEXT J
540 NEXT I : NEXT K
560 REM *****          >>> SCHRITT 5 <<<                    *****
580 FOR K=N TO 1 STEP -1:X(K)=A(P(K),N+1)/A(P(K),K)
600 FOR I=1 TO K-1:A(P(I),N+1)=A(P(I),N+1)-A(P(I),K)*X(K):NEXT I
620 NEXT K : PRINT "Loesung des Gleichungssystems:"
640 FOR K=1 TO N : PRINT "X";K;"= ";X(K) : NEXT K
```

Numerisches Beispiel

Das lineare Gleichungssystem

$$\begin{aligned} 4x_1 + 2x_2 + 4x_3 + 5x_4 &= 22 \\ x_2 + 2x_3 + 2x_4 &= 6 \\ 12x_1 + 9x_2 + 6x_3 + 3x_4 &= 3 \\ 4x_1 + x_2 + 2x_3 - x_4 &= 0 \end{aligned}$$

wird durch den Gaußschen Algorithmus in das gestaffelte System

$$\begin{aligned} 2x_3 + 5x_4 &= 21{,}5 \\ - 4x_4 &= -16 \\ 12x_1 + 9x_2 + 6x_3 + 3x_4 &= 3 \\ - 2x_2 \qquad - 2x_4 &= -1 \end{aligned} \quad , \; p = \begin{bmatrix} 3 \\ 4 \\ 1 \\ 2 \end{bmatrix}$$

übergeführt. Es hat die eindeutige Lösung

$$x = (1{,}5;\ -3{,}5;\ 0{,}75;\ 4)^T .$$

Weiterführende Bemerkungen

Neben der Spaltenpivotisierung kann zur Bestimmung des nächsten Pivotelementes die totale Pivotsuche verwendet werden, bei der unter allen noch verbliebenen Zeilen das betragsmäßig größte Element gesucht wird. Im k-ten Gaußschritt wird dann in der Regel eine andere Unbekannte als x_k eliminiert. Die totale Pivotisierung ist jedoch mit einem höheren Aufwand verbunden.

Durch Multiplikation einer beliebig herausgegriffenen Gleichung mit einem großen Faktor können die Koeffizienten in dieser Gleichung so groß gemacht werden, daß das Pivotelement mit Sicherheit in dieser Gleichung auftritt. Eine Pivotisierung wäre dann nicht mehr erforderlich, aber ein solches Vorgehen würde bewirken, daß sich die Koeffizienten der einzelnen Gleichungen um Größenordnungen unterscheiden. Die durch die Pivotisierung angestrebte Stabilisierung der numerischen Rechnung wäre nicht mehr gewährleistet, da bei der Elimination eben wegen der abweichenden Größenordnungen Rundungsfehler und Stellenauslöschungen auftreten könnten.

Für eine sinnvolle Pivotisierung ist also zu fordern, daß die Betragssummen aller Zeilen und Spalten von A von der gleichen Größenordnung sind. Ist dies von vornherein nicht gegeben, so kann durch eine Skalierung, d.h. durch eine Äquivalenztransformation $A^* = D_1 A D_2$ mit geeigneten Diagonalmatrizen D_1, D_2 die formulierte Forderung erfüllt werden.

Gauß-Jordan- und Austauschverfahren sind Varianten des Gaußschen Algorithmus. Beim ersten werden nicht nur die Elemente unter der Hauptdiagonalen, sondern auch diejenigen darüber zu Null gemacht (abgesehen von der Pivotisierung). Im gestaffelten System steht dann in jeder Zeile nur noch eine Unbekannte, die Auflösung ist besonders einfach. Beim Austauschverfahren bringt man das Gleichungssystem auf $y = A x - b$ und tauscht schrittweise die Komponenten von y gegen die von x : $x = A^{-1}(y + b)$. Neben der Lösung $x = A^{-1} b$ ergibt sich hierbei noch die inverse Matrix von A. Das Gauß-Jordan-Verfahren ist jedoch numerisch anfälliger als der reine Gaußsche Algorithmus .

Mit dem Gaußschen Algorithmus können mehrere Gleichungssysteme, die sich nur in ihren rechten Seiten unterscheiden, zugleich gelöst werden, wenn man letztere zu einer Matrix B zusammengefaßt: $A X = B$. Die Spalten von X geben die einzelnen Lösungen an. Allerdings muß man von vornherein alle diese Systeme kennen, eine nachträgliche Lösung eines zusätzlichen Gleichungssystems ist nicht möglich. Diesem Nachteil begegnen wir mit der LU-Zerlegung.

2.1.2. LU-Zerlegung

Mathematische Grundlagen des Verfahrens

Es ist häufig erforderlich, mehrere lineare Gleichungssysteme zu lösen, die sich nur in den rechten Seiten unterscheiden, jedoch dieselbe Koeffizientenmatrix A besitzen. Hier wäre es sehr uneffektiv, den Gaußschen Algorithmus jedesmal vollständig durchzuführen. Es empfiehlt sich, den Gaußschen Algorithmus zunächst nur auf die Koeffizientenmatrix A selbst anzuwenden und dann in jedem konkreten Fall nur noch die rechten Seiten umzurechnen. Zu letz-

terem benötigt man jedesmal die Eliminationskoeffizienten (7), die folglich gespeichert werden müssen.
Nehmen wir zunächst an, daß ein reguläres Gleichungssystem (4) vorliegt, bei dem der Gaußsche Algorithmus ohne Pivotisierung durchgeführt werden kann. Die Koeffizientenmatrix A geht dabei über in eine Rechtsdreiecksmatrix U, die unterhalb der Hauptdiagonalen nur Null-Elemente enthält. Die Eliminationskoeffizienten l_{ik} sammeln wir in einer regulären Linksdreiecksmatrix

$$L = \begin{pmatrix} 1 & 0 & 0 & & 0 \\ l_{21} & 1 & 0 & & 0 \\ l_{31} & l_{32} & 1 & & 0 \\ \cdot & & \cdot & & \cdot \\ \cdot & & & \cdot & \\ \cdot & & & & \cdot \\ l_{n1} & l_{n2} & l_{n3} & & 1 \end{pmatrix}$$

Da die l_{ik} nur für $i > k$ erklärt sind, wird L oberhalb der Hauptdiagonalen mit Null-Elementen aufgefüllt. Sowohl L als auch U sind durch den Gaußschen Algorithmus eindeutig bestimmt. Ihr Produkt stellt die Ausgangsmatrix A dar,

$$A = L\,U \quad , \tag{10}$$

weshalb man von einer Dreieckszerlegung der Matrix A spricht.
Nach der Dreiecksaufspaltung (10) wird das lineare Gleichungssystem $A\,x = b$, jetzt in der Form

$$L\,U\,x = b \; ,$$

in zwei Gleichungssysteme mit Dreiecksmatrizen zerlegt. Zunächst wird aus

$$L\,y = b \tag{11}$$

ein Vektor y berechnet, und zwar in der Reihenfolge $y_1, y_2, \ldots, y_n$ (Vorwärtselimination). Mit ihm ergibt sich x aus

$$U\,x = y \; , \tag{12}$$

wobei man jetzt die Auflösung mit der letzten Gleichung beginnt (Rückwärtselimination).

Bei einer erneuten Lösung des Gleichungssystems mit neuen rechten Seiten braucht die LU-Zerlegung nicht wiederholt zu werden, lediglich Vorwärts- und Rückwärtselimination sind mit dem neuen Vektor b durchzuführen. Selbst bei einmaliger Nutzung der LU-Zerlegung ist der Aufwand an wesentlichen Rechenoperationen (Multiplikationen und Divisionen) nicht größer als beim eigentlichen Gauß-Algorithmus, er ist in beiden Fällen gleich $(1/3)n(n^2-1)+n^2$. Eine erneute Anwendung der LU-Zerlegung erfordert nur noch n^2 Operationen für Vor- und Rückwärtseliminationen; man spart also jedesmal rund $(1/3)n^3$ wesentliche Operationen ein. Eine Erhöhung des Speicherbedarfs tritt ebenfalls nicht ein, da wir wegen ihrer Form die Matrizen L und U in einer Matrix speichern können, am günstigsten durch Überschreiben von A. (Die Hauptdiagonale von L wird dabei nicht gespeichert, ihre Elemente sind immer gleich eins.)

Eine erforderliche Spaltenpivotisierung ändert bei der LU-Zerlegung lediglich die Reihenfolge der Pivotzeilen, was wieder durch den Pivotvektor p festgehalten wird. Und zwar geschieht dies bei L und U in gleicher Weise, weshalb sie nach wie vor in einer gemeinsamen Matrix gespeichert werden können. Diese geänderte Reihenfolge ist bei der Vorwärts- und Rückwärtselimination zu berücksichtigen.

(11) liefert

$$y_{p_k} = b_{p_k} - \sum_{j=1}^{k-1} l_{p_k,j}\, y_{p_j}, \qquad k = 1, \ldots, n, \tag{13}$$

und (12) entspricht der Auflösung wie beim einfachen Gaußschen Algorithmus:

$$x_k = (y_{p_k} - \sum_{j=k+1}^{n} u_{p_k,j}\, x_j)/u_{p_k,k}, \qquad k = n, \ldots, 1. \tag{14}$$

Wir wollen die LU-Zerlegung erweitern auf ein beliebiges lineares Gleichungssystem (1) mit m Gleichungen für n Unbekannte, wobei wir alle Lösungsmöglichkeiten zulassen. Die Koeffizientenmatrix A ist jetzt eine m x n-Matrix, die höchstens den Rang n haben kann (falls $m \geqq n$).

Über die Lösbarkeit von (1) gelten folgende Aussagen:

1. Das System ist lösbar (widerspruchsfrei), wenn nach Hinzufügen von b zur Matrix A der Rang sich nicht erhöht:
   Rang (A | b) = Rang A = r.

2. Es ist eindeutig lösbar, falls r = n ist.

3. Mehrere Lösungen existieren bei Rangabfall: r < n. Die Differenz d = n - r wird als Defekt bezeichnet; in der Lösung bleiben d Unbekannte frei wählbar (d-parametrige Lösung).

Welcher dieser Fälle eintritt, ergibt sich beim Gaußschen Algorithmus von selbst. Ist bei der LU-Zerlegung mit Pivotsuche das k-te Pivotelement gleich Null, so sind die k ersten Spalten von A linear abhängig, der Rang erniedrigt sich um 1. Wir setzen $p_k = 0$; für die noch zu transformierenden Zeilen sind alle $l_{ik}=0$, der k-te Gaußschritt erübrigt sich. Nach durchgeführter Zerlegung gilt wieder (10), wobei natürlich je nach Format von A die Matrizen L und U keine reine Dreiecksform haben. L ist eine reguläre m x m-Matrix, von der bei m > n allerdings nur die ersten n Spalten bestimmt werden; die restlichen Spalten sind je durch ein Eins-Element zu einer regulären Matrix zu ergänzen (ohne Pivotisierung sind dies gerade die Hauptdiagonalelemente).
U ist eine m x n-Matrix, in der diejenigen Zeilen, die nicht im Indexvektor erfaßt sind, nur aus Null-Elementen bestehen.
Der Defekt des Systems ergibt sich aus der Anzahl aller $p_k = 0$.
Jede Lösung des Gleichungssystems (1) setzt sich additiv zusammen aus der allgemeinen Lösung x^H des homogenen Gleichungssystems

$$\sum_{i=1}^{n} a_{ik}\, x_k = 0\,, \qquad i = 1, \ldots, m. \tag{15}$$

und einer speziellen Lösung x^P des inhomogenen Systems (1):

$$x = x^H + x^P\,. \tag{16}$$

Für d = 0 (kein Rangabfall) gilt $x^H = 0$. Ist dagegen d > 0, so können d Unbekannte x_k frei gewählt werden; es sind diejenigen, für die $p_k = 0$ ist. Wir setzen der Reihe nach

$$x^H_{k_j} = t_j , \quad j = 1, \ldots, d,$$

und ermitteln dann x^H durch Auflösung von $U x = 0$.
Da hierbei b nicht benötigt wird, kann x^H bereitgestellt werden, bevor die Vor- und Rückwärtseliminationen durchgeführt werden. Dies ist ein weiterer Vorteil der LU-Zerlegungen.
Bei der Vorwärtselimination ist (13) auf Zeilenindizes i zu erweitern, die nicht in p enthalten sind:

$$y_i = b_i - \sum_{\substack{j=1 \\ p_j \neq 0}}^{n} l_{ij} \; y_{p_j} ; \tag{17}$$

die Widerspruchsfreiheit zeigt sich dann in

$$y_i = 0 \quad \text{für alle } i \neq p_k .$$

In der abschließenden Rückwärtselimination zur Bestimmung von x^P setzen wir

$$x^P_k = 0 \quad \text{für } p_k = 0 \tag{18}$$

und bestimmen die restlichen x^P_k nach (14). Die allgemeine Lösung von (1) wird gemäß (16) zusammengesetzt.

Aufbau des Algorithmus

S0: Eingabe der Koeffizientenmatrix A.
Wähle $\varepsilon > 0$, setze d=0, k=1.

S1: Spaltenpivotisierung:
Bestimme h gemäß (6), setze $p_k = h$.

S2: Falls $|a_{hk}| < \varepsilon$, setze $p_k = 0$, $d = d + 1$,
gehe zu S4.

S3: LU-Zerlegung:
Berechne für $i = 1, \ldots, m$; $i \neq p_l$, $l = 1, \ldots, k$

$l_{ik} = a_{ik}/a_{hk}, \quad a_{ij} = a_{ij} - l_{ik}\, a_{hj}, \quad j = k, \ldots, n.$

S4: Setze $k = k + 1$. Falls $k \leq n$, gehe zu S1.

S5: Lösung des homogenen Systems:

Falls $d>0$, also $p_{k_1} = 0, \ldots, p_{k_d} = 0$,

berechne x_k^H $(k = n, \ldots, 1)$ gemäß

$$x_k^H = \begin{cases} t_i & \text{falls } p_{k_i} = 0,\ i = 1, \ldots, d, \\ \left(-\sum\limits_{j=k+1}^{n} u_{p_k,j}\, x_j\right) / u_{p_k,k} & \text{für } p_k \neq 0 \end{cases}$$

S6: Vorwärtselimination:

Eingabe von b.

Berechne y_i $(i = 1, \ldots, m)$ gemäß (13) für $i = p_k$ und gemäß (17) für $i \neq p_k$

Ist $y_i \neq 0$ für $i \neq p_k$, so besitzt das Gleichungssystem keine Lösung. STOP.

S7: Rückwärtselimination:

Berechne x_k^P $(k = n, \ldots, 1)$ gemäß (18) für $p_k = 0$

bzw. gemäß (14) für $p_k \neq 0$.

S8: Berechne $x = x^H + x^P$. STOP.

BASIC-Programm

Das folgende Programm realisiert den beschriebenen Algorithmus.

```
100 PRINT"-------------------------------------------"
120 PRINT"                LU - ZERLEGUNG"
140 PRINT"-------------------------------------------"
160 REM *****          >>> KONSTANTEN <<<               *****
180 W$="Das System ist widerspruechlich, es hat keine Loesung !"
200 REM *****           >>> SCHRITT 0 <<<               *****
```

```
220 INPUT "Anzahl der Gleichungen und der Unbekannten: m,n";M,N
240 DIM A(M,N),B(M),P(N),X(N)
260 PRINT"Eingabe der Koeffizientenmatrix A"
280 FOR I=1 TO M:PRINT I;"-te Zeile:":FOR K=1 TO N:INPUT A(I,K)
300 NEXT K: NEXT I:INPUT"Testgroesse EPS =";EPS
320 D=0:FOR K=1 TO N
340 REM *****     >>> SCHRITT 1 / SCHRITT 2 <<<                *****
360 S=0 : FOR I=1 TO M:FOR J=1 TO K : IF I=P(J) THEN 400
380 NEXT J:T=ABS(A(I,K)):IF T>S THEN S=T : H=I
400 NEXT I:IF S<EPS THEN D=D+1 : P(K)=0 : GOTO 540
420 PE=A(H,K) : P(K)=H
440 REM *****          >>> SCHRITT 3 <<<                       *****
460 FOR I=1 TO M :FOR J=1 TO K : IF I=P(J) THEN 520
480 NEXT J:L=A(I,K)/PE:FOR J=K TO N:A(I,J)=A(I,J)-L*A(H,J):NEXT J
500 A(I,K)=L
520 NEXT I
540 NEXT K
560 REM *****          >>> SCHRITT 5 <<<                       *****
580 IF D=0 THEN 840
600 DIM H(N,D):E=D+1
620 FOR I=1 TO N:FOR J=1 TO D:H(I,J)=0:NEXT J:NEXT I
640 FOR K=N TO 1 STEP -1: IF P(K)>0 THEN 720
660 E=E-1:H(K,E)=1
680 FOR I=1 TO K-1:IF P(I)>0 THEN H(I,E)=-A(P(I),K)
700 NEXT I : GOTO 800
720 IF E>D THEN 800
740 FOR J=E TO D : H(K,J)=H(K,J)/A(P(K),K): FOR I=1 TO K-1
760 IF P(I)>0 THEN H(I,J)=H(I,J)-A(P(I),K)*H(K,J)
780 NEXT I : NEXT J
800 NEXT K
820 REM *****          >>> SCHRITT 6 <<<                       *****
840 PRINT"Eingabe der Absolutglieder b:":FOR I=1 TO M
860 INPUT B(I):NEXT I: FOR K=1 TO N : IF P(K)=0 THEN 940
880 FOR I=1 TO M : FOR J=1 TO K : IF I=P(J) THEN 920
900 NEXT J:B(I)=B(I)-A(I,K)*B(P(K))
920 NEXT I
940 NEXT K
960 FOR I=1 TO M : FOR J=1 TO N : IF I=P(J) THEN 1000
```

```
980 NEXT J:IF ABS(B(I))>EPS THEN PRINT W$ : GOTO 1240
1000 NEXT I
1020 REM *****          >>> SCHRITT 7 <<<                  *****
1040 FOR K=N TO 1 STEP -1
1060 IF P(K)>0 THEN X(K)=B(P(K))/A(P(K),K) ELSE X(K)=0
1080 FOR I=1 TO K-1:B(P(I))=B(P(I))-A(P(I),K)*X(K):NEXT I:NEXT K
1100 REM *****    >>> SCHRITT 8 / AUSGABE <<<              *****
1120 PRINT "Loesung des Gleichungssystems:":IF D=0 THEN 1220
1140 PRINT"Die Loesung enthaelt";D;"freie(n) Parameter"
1160 FOR I=1 TO N:PRINT"x";I;"=";X(I);:FOR J=1 TO D
1180 PRINT TAB(20+20*(J-1));"+t";J;"*(";H(I,J);")";:NEXT J:PRINT
1200 PRINT:NEXT I:GOTO 1240
1220 FOR I=1 TO N:PRINT"x";I;" = ";X(I):NEXT I
1240 INPUT"Wiederholung mit neuen rechten Seiten ===> (j/n)";E$
1260 IF E$="j" OR E$="J" THEN 840
1280 IF E$="n" OR E$="N" THEN END ELSE 1240
```

<u>Numerisches Beispiel</u>

Für das lineare Gleichungssystem

$$\begin{aligned}
2x_1 + 4x_2 + 3x_3 + x_4 &= 22\\
5x_1 + 5x_2 + 5x_3 + 2x_4 &= 40\\
3x_1 + x_2 + 2x_3 + x_4 &= 18\\
4x_1 - 2x_2 + x_3 + 3x_4 &= 24\\
x_1 + 7x_2 + 4x_3 + x_4 &= 26
\end{aligned}$$

ergibt sich der Pivotvektor $p = (2,4,0,5)^T$, das zugehörige Gleichungssystem enthält folglich nur drei linear unabhängige Gleichungen und besitzt eine einparametrige Lösung:

$$x^H = t(-0,5;\ -0,5;\ 1;\ 0)^T.$$

Die Vorwärtselimination ergibt den Hilfsvektor

$$y = (0,40;\ 0;\ -8;\ 10)^T,$$

mit dessen Hilfe die Rückwärtselimination

$$x^P = (3,5;\ 2,5;\ 0;\ 5)^T$$

liefert.

Die allgemeine Lösung des Gleichungssystems ist somit

$$x = \begin{pmatrix} 3,5 \\ 2,5 \\ 0 \\ 5 \end{pmatrix} + t \begin{pmatrix} -0,5 \\ -0,5 \\ 1 \\ 0 \end{pmatrix}$$

Für $b = (7,10,4,10,8)^T$ dagegen ist $y = (1,10,0,2,8)^T$, wegen $y_1 \neq 0$ ist das Gleichungssystem nicht lösbar, da der Index 1 im Indexvektor nicht auftritt.

Weiterführende Bemerkungen

Neben der LU-Zerlegung für eine beliebige Koeffizientenmatrix A gibt es eine Reihe von direkten Lösungsverfahren, die besondere Eigenschaften von A nutzen, um sowohl Rechenaufwand als auch Speicherplatz zu sparen. Es kann nicht in jedem Fall eindeutig entschieden werden, welches Lösungsverfahren für ein vorliegendes Gleichungssystem am effektivsten ist.

Besonders bei symmetrischen Koeffizientenmatrizen kommt man fast mit dem halben Rechenaufwand aus. Für eine reguläre n x n-Matrix A, bei der die LU-Zerlegung ohne Pivotisierung durchführbar ist (A heißt dann streng regulär), läßt sich U als Produkt $U = D\,L^T$ darstellen, wobei D eine Diagonalmatrix ist, die in der Hauptdiagonalen die Pivotelemente enthält. Die Symmetrie von A überträgt sich auf die Zerlegung

$$A = L\,D\,L^T. \tag{19}$$

Es brauchen nur noch die l_{ik} und die Pivotelemente $u_{kk} = d_{kk}$ berechnet zu werden. Mit (19) läßt sich das Gleichungssystem $A\,x = b$ in den Teilschritten

$$L\,y = b\ ,\quad D\,z = y\ ,\quad L^T\,x = z \tag{20}$$

lösen. Ist A darüber hinaus noch positiv definit, was sich darin äußert, daß in (19) alle d_{kk} positiv sind, so kann (19) noch weiter vereinfacht werden:

$$A = \tilde{L}\,\tilde{L}^T \quad \text{mit } \tilde{L} = L\,\tilde{D}.$$

$\tilde{D}$ entsteht aus D, indem aus den Diagonalelementen die Wurzeln gezogen werden: $\tilde{D}\,\tilde{D} = D$. Dieses nach Cholesky benannte Verfahren erfordert jedoch gegenüber von (19) die zusätzliche Berechnung von n Wurzeln. Dafür vereinfacht sich (20) auf

$$L\,y = b\ , \quad L^T x = y.$$

Vereinfachungen gegenüber der allgemeinen LU-Zerlegung und darauf basierende spezielle Lösungsverfahren ergeben sich auch, wenn nur relativ wenige Elemente $\neq 0$ sind. Dabei ist zu unterscheiden, ob die Nicht-Null-Elemente nach gewissen Regeln (Block-, Bandmatrizen) oder regellos verteilt sind. Für letztere benutzt man eine Kompaktspeichertechnik (vgl. RHEINBOLDT,MESZTENYI (1973)), für erstere wird im nächsten Abschnitt ein Verfahren beschrieben.

2.1.3. Lineare Gleichungssysteme mit Bandmatrizen

Mathematische Grundlagen des Verfahrens

Tritt das Lösen von linearen Gleichungssystemen als Teilaufgabe umfassenderer mathematischer Verfahren auf, so übertragen sich gewisse Eigenschaften des Verfahrens auch auf die Koeffizientenmatrix A. So treten bei der Diskretisierung von Differentialgleichungen (vgl. Kapitel 5) Gleichungssysteme auf, deren Matrizen lediglich in der Hauptdiagonalen und den beiden benachbarten Kodiagonalen besetzt sind:

$$A = \begin{pmatrix} d_1 & c_1 & & & 0 \\ a_2 & d_2 & c_2 & & . \\ & . & . & . & . \\ & & a_{n-1} & d_{n-1} & c_{n-1} \\ 0 & . & . & a_n & d_n \end{pmatrix}$$

Da bei solchen Aufgaben die Anzahl der Unbekannten meist recht groß ist, empfiehlt es sich, die LU-Zerlegung dieser speziellen

Struktur anzupassen, um sowohl Rechenaufwand als auch Speicherbedarf einzusparen. Wir speichern die drei Diagonalen in je einem Spaltenvektor ab und kommen so mit 3 statt mit n Spalten aus. Wir wollen, in Übereinstimmung mit vielen Anwendungen, weiter voraussetzen, daß die Matrix A diagonaldominant ist, daß also die Hauptdiagonalelemente betragsmäßig nicht kleiner sind als die Betragssumme der übrigen Elemente in ihrer Zeile:

$$|d_k| \geqq |a_k| + |c_k|.$$

Dann läßt sich der Gaußsche Algorithmus ohne Pivotisierung durchführen. Die Bandstruktur der tridiagonalen Matrix A überträgt sich auf die beiden Dreiecksfaktoren

$$L = \begin{pmatrix} 1 & & & & \\ l_1 & 1 & & & \\ & \cdot & & & \\ & & \cdot & & \\ & & l_{n-2} & 1 & \\ & & & l_{n-1} & 1 \end{pmatrix} \quad \text{und } U = \begin{pmatrix} u_1 & c_1 & & & \\ & u_2 & c_2 & & \\ & & \cdot & & \\ & & & \cdot & \\ & & & u_{n-1} & c_{n-1} \\ & & & & u_n \end{pmatrix}$$

Das erste Pivotelement ist $u_1=d_1$, im folgenden ergeben sich immer abwechselnd Eliminationskoeffizient

$$l_k = a_{k+1}/u_k \tag{21}$$

und Pivotelement

$$u_{k+1} = d_{k+1} - l_k c_k, \quad k=1,\ldots,n-1. \tag{22}$$

Die Elemente c_k der oberen Kodiagonalen gehen unverändert in die Matrix U ein. Die Vorwärtselimination L y = b vereinfacht sich jetzt zu

$$\begin{aligned} y_1 &= b_1 \\ y_k &= b_k - l_{k-1} y_{k-1}, \quad k = 2, \ldots, n, \end{aligned} \tag{23}$$

und die Rückwärtselimination U x = y liefert die Lösung

$$\begin{aligned} x_n &= y_n/u_n \\ x_k &= (y_k - c_k x_{k+1})/u_k, \quad k = n-1, \ldots, 1. \end{aligned} \tag{24}$$

Aufbau des Algorithmus

S0: Eingabe der 3 Diagonalen.
Setze $u_1 = d_1$, k=1. Wähle >0.

S1: Ist $|u_k| < \varepsilon$, so ist A nicht diagonal dominant.
STOP.

S2: LU-Zerlegung
Berechne l_k nach (21), u_{k+1} nach (22).

S3: Setze k = k+1. Falls k < n, gehe zu S1.

S4: Vorwärtselimination:
Eingabe von b.
Berechne y_k nach (23).

S5: Rückwärtselimination:
Berechne x_k nach (24). STOP.

BASIC-Programm

Das folgende Programm realisiert den beschriebenen Algorithmus.

```
100 PRINT"-----------------------------------------"
120 PRINT"    LINEARE  GLEICHUNGSSYSTEME"
140 PRINT"MIT  TRIDIAGONALER  KOEFFIZIENTENMATRIX"
160 PRINT"-----------------------------------------"
180 REM *****             >>> KONSTANTEN <<<                    *****
200 Z$="Die Matrix A ist nicht diagonal dominant."
220 REM *****             >>> SCHRITT 0 <<<                     *****
240 INPUT"Anzahl der Gleichungen:"; N: DIM A(N),D(N),C(N-1),B(N)
260 PRINT"Eingabe der Koeffizienten"
280 PRINT"1-te Zeile:":INPUT D(1):INPUT C(1)
300 FOR I=2 TO N-1:PRINT I;"-te Zeile:"
320 INPUT A(I):INPUT D(I):INPUT C(I):NEXT I
340 PRINT"Letzte Zeile:":INPUT A(N):INPUT D(N)
360 INPUT "Testgroesse EPS="; EPS
380 REM *****             >>> SCHRITT 1 <<<                     *****
400 FOR K=1 TO N-1:IF ABS(D(K))<EPS THEN PRINT Z$ : END
420 REM *****             >>> SCHRITT 2 <<<                     *****
440 A(K)=A(K+1)/D(K) : D(K+1)=D(K+1)-A(K)*C(K):NEXT K
```

```
460 IF ABS(D(N))<EPS THEN PRINT Z$: END
480 REM *****          >>> SCHRITT 4 <<<                  *****
500 PRINT "Eingabe der rechten Seiten bi:"
520 FOR I=1 TO N : INPUT B(I) : NEXT I
540 FOR K=2 TO N : B(K)=B(K)-A(K-1)*B(K-1) : NEXT K
560 REM *****     >>> SCHRITT 5 / AUSGABE <<<             *****
580 B(N)=B(N)/D(N):FOR K=N-1 TO 1 STEP -1
600 B(K)=(B(K)-C(K)*B(K+1))/D(K):NEXT K
620 PRINT "Loesung des Gleichungssystems:"
640 FOR I=1 TO N:PRINT "X";I;"= ";B(I) : NEXT I
```

Numerisches Beispiel

Für das lineare Gleichungssystem

$$\begin{array}{rcrcrcrcrcr} 3x_1 & + & x_2 & & & & & & & = & 9 \\ 2x_1 & + & 4x_2 & + & x_3 & & & & & = & 15 \\ & - & 2x_2 & + & 5x_3 & + & 2x_4 & & & = & -3 \\ & & & & 4x_3 & + & 9x_4 & + & x_5 & = & 35 \\ & & & & & & x_4 & - & 2x_5 & = & -2 \end{array}$$

ergeben sich nach Vor- und Rückwärtselimination

$$y = \begin{pmatrix} 9 \\ 9 \\ 2,4 \\ 33,2857 \\ -6,3962 \end{pmatrix}, \qquad x = \begin{pmatrix} 2 \\ 3 \\ -1. \\ 4 \\ 3 \end{pmatrix}.$$

Weiterführende Bemerkungen

Welchen Einfluß die Gestalt der Koeffizientenmatrix auf das Lösungsverfahren hat, erkennt man, wenn in einer tridiagonalen Matrix nicht die Hauptdiagonalelemente, sondern die Elemente der oberen Kodiagonalen dominant sind:

$$|c_k| > |a_k| + |d_k| .$$

Es ergibt sich ein Lösungsverfahren, das wesentlich von dem eben gezeigten abweicht:
Mit Hilfe der ersten Gleichung drückt man x_2 durch x_1 aus, die zweite Gleichung wird nach x_3 aufgelöst, wobei zusätzlich x_2 wieder durch x_1 ausgedrückt wird, usf. Es ergibt sich für alle Unbekannten

$$x_k = h_k + g_k x_1, \quad k = 2, \ldots, n, \tag{25}$$

wobei h_k und g_k die durch die Auflösung entstehenden Koeffizienten sind.
Die letzte Gleichung liefert x_1, womit (25) alle anderen Unbekannten liefert. Diese als Schießverfahren bekannte Methode tritt bei der numerischen Lösung von Randwertproblemen bei Differentialgleichungen 2. Ordnung auf.

2.1.4. QR-Zerlegung

Mathematische Grundlagen des Verfahrens

Ist bei einem linearen Gleichungssystem die Anzahl der Gleichungen größer als die Zahl der Unbekannten (bei gewissen Problemen sogar wesentlich größer), so ist zu erwarten, daß es keinen Lösungsvektor x gibt, der alle Gleichungen befriedigt. Probleme dieser Art treten in der Ausgleichsrechnung auf. Bei einem physikalischen, technischen, ökonomischen oder biologischen Prozeß z. B. ist der Zusammenhang zwischen zwei Prozeßgrößen u und v in der Regel noch durch eine Anzahl von Parametern bestimmt, die wir hier mit $x_1,\ldots,x_n$ bezeichnen. Der prinzipielle Zusammenhang zwischen u und v sei bekannt, er wird durch eine Funktion beschrieben:

$$v = f(u; x_1,\ldots,x_n). \tag{26}$$

Die Parameter dagegen können meist nur durch Messungen bestimmt werden, wobei noch die Schwierigkeit hinzukommen kann, daß sie sich nicht direkt messen lassen. Man mißt demzufolge u und v unter verschiedenen Versuchsbedingungen und schließt aus den Ergebnissen auf die Größe der Parameter. Um Meßungenauigkeiten

weitgehend auszugleichen, werden mehr Messungen ausgeführt, als zur Bestimmung der unbekannten Parameter nötig wären. Man bekommt so aus (26) mehr Gleichungen, als Unbekannte vorhanden sind; das Gleichungssystem ist überbestimmt.
Ist in (26) die Abhängigkeit von den $x_1, \dots, x_n$ linear, so ergibt sich (eventuell nach Zusammenfassen gleichartiger Glieder) ein lineares Gleichungssystem

$$A\,x = b \tag{27}$$

mit $m > n$. Dieses hat in der Regel keine Lösung. Wir suchen folglich eine Pseudolösung, die auf folgende Weise charakterisiert wird. Für eine Lösung gilt $A\,x - b = 0$, also auch $\|A\,x - b\| = 0$. Für eine Pseudolösung fordern wir: Es ist ein Vektor x so zu bestimmen, daß

$$\|A\,x - b\| = \min! \quad \text{bzw.} \quad \|A\,x - b\|^2 = \min! \tag{28}$$

Bei Verwendung der euklidischen Vektornorm suchen wir also für ein überbestimmtes lineares Gleichungssystem eine Lösung von (27) nach der Gaußschen Methode der kleinsten Quadrate. Wir setzen voraus, daß A n linear unabhängige Spalten enthält, also Rang A gleich n ist. Um das Gleichungssystem aufzulösen, führen wir wieder eine Dreieckszerlegung von A durch:

$$A = Q\,R. \tag{29}$$

Dabei enthält die $m \times n$ - Matrix R unter der Hauptdiagonalen nur Nullelemente, was eine Rückwärtselimination des gestaffelten Systems gestattet. Allerdings bestehen die letzten m-n Zeilen von R nur aus Nullelementen, was zu Widersprüchen führt, wenn die rechten Seiten in diesen Gleichungen nach der Transformation ungleich Null sind. (27) geht nach Multiplikation mit Q^{-1} über in

$$R\,x = c \quad \text{mit} \quad c = Q^{-1}\,b,$$

also

$$\begin{pmatrix} r_{11} & r_{12} & \cdots & r_{1n} \\ & r_{22} & \cdots & r_{2n} \\ & & & \\ 0 & & & r_{nn} \\ 0 & & \cdots & 0 \\ & & & \\ 0 & & \cdots & 0 \end{pmatrix} \cdot \begin{pmatrix} x_1 \\ x_2 \\ \vdots \\ x_n \end{pmatrix} = \begin{pmatrix} c_1 \\ c_2 \\ \vdots \\ c_n \\ c_{n+1} \\ \vdots \\ c_m \end{pmatrix} \qquad (30)$$

Das Gleichungssystem (30) zerfällt somit in ein eindeutig lösbares System

$$R_{(n,n)} x = c_{(n)} \qquad (31)$$

und ein zweites Teilsystem

$$0\, x = c_{(m-n)},$$

das widersprüchlich ist, falls eines der $c_{n+1}, \ldots, c_m$ von Null verschieden ist.

Um die Minimalforderung (28) abzusichern, führen wir A mittels einer orthogonalen Transformation (Drehungen oder Spiegelungen) in R über, d.h., für Q verwenden wir eine orthogonale Matrix: $Q^{-1} = Q^T$. Bei einer derartigen Transformation bleibt die euklidische Norm eines Vektors r unverändert.

$$\| Q^T r \| = \| r \| .$$

Für den "Restvektor" $r = A\,x - b$ gilt

$$\| r \|^2 = \| Q^T r \|^2 = \| Rx - c \|^2 = \| R_{(n,n)} x - c_{(n)} \|^2 + \| c_{(m-n)} \|^2 . \qquad (32)$$

$\| r \|$ nimmt seinen kleinstmöglichen Wert an, wenn auf der rechten Seite von (32) der erste Term verschwindet, x also eine Lösung von (31) ist:

$$\| r \|_{min} = \| c_{(m-n)} \| . \qquad (33)$$

Die Matrix R wird aus A erzeugt durch n nacheinander ausgeführte Spiegelungen. Bei der ersten Spiegelung

$$Q_1\, A = A^{(1)} \qquad (34)$$

wird der erste Spaltenvektor a_1 von A auf den Vektor

$$a_1^{(1)} = (-\operatorname{sgn} a_{11} \|a_1\|, 0, 0, \dots, 0)^T \tag{35}$$

gespiegelt. Die Wahl des Vorzeichens erfolgt dabei aus Gründen der numerischen Stabilität; für den Fall $a_{11} = 0$ vereinbaren wir $\operatorname{sgn} a_{11} = -1$. Diese Transformation wird durch den normierten Spiegelungsvektor

$$n_1 = \frac{1}{\beta_1}(a_1 - a_1^{(1)})$$

mit

$$\beta_1 = \|a_1 - a_1^{(1)}\| = \sqrt{2s_1(s_1 + |a_{11}|)}, \quad s_1 = \|a_1\|$$

bestimmt. Eine anschauliche Vorstellung, wie die übrigen Spaltenvektoren a_j, $j=2,\dots,n$, gespiegelt werden, ergibt sich, wenn man a_j auf den Spiegelungsvektor projiziert,

$$a_j^P = (n_1^T a_j)\, n_1 = (n_1 n_1^T) a_j$$

und a_j gemäß

$$a_j = a_j^P + (a_j - a_j^P)$$

zerlegt. Beim Spiegeln ändert a_j^P lediglich das Vorzeichen, während der restliche Anteil unverändert bleibt:

$$a_j^{(1)} = -a_j^P + (a_j - a_j^P) = a_j - 2(n_1 n_1^T) a_j. \tag{36}$$

Dies entspricht einer orthogonalen Householder-Transformation

$a_j^{(1)} = Q_1 a_j$ mit der symmetrischen m x m-Matrix

$$Q_1 = I - 2\, n_1 n_1^T.$$

Die Auswertung von (36) ergibt für die ersten Komponenten

$$a_{1j}^{(1)} = -\frac{\operatorname{sgn} a_{11}}{s_1}(a_1^T a_j) \tag{37}$$

und für die weiteren Komponenten

$$a_{ij}^{(1)} = a_{ij} - \lambda_j a_{i1}, \quad i=2,\dots,m, \qquad (38)$$

wobei der Umrechnungskoeffizient

$$\lambda_j = \frac{2}{\beta_1^2}((\operatorname{sgn} a_{11}) s_1 a_{1j} + a_1^T a_j)$$

jeweils für alle Elemente einer Spalte gleich ist. Ist bereits (37) bekannt, so läßt sich dieser Koeffizient auf die einfacher zu handhabende Form

$$\lambda_j = \frac{\operatorname{sgn} a_{11}}{s_1 + |a_{11}|}(a_{1j} - a_{1j}^{(1)}) \qquad (39)$$

bringen. Wir können somit die Matrix $A^{(1)}$ aus A folgendermaßen ermitteln:

Die 1. Spalte ergibt sich nach (35), die 1. Zeile nach (37) und die übrigen Elemente nach (38), wobei wir λ_j nach (39) verwenden. Die explizite Ermittlung von Q_1 und die Matrizenmultiplikation (34) wird auf diese Weise umgangen, wenn wir zur Auflösung des linearen Gleichungssystems nur R erzeugen wollen.

An den ersten Schritt der QR-Zerlegung schließt sich eine weitere Spiegelung

$$Q_2 A^{(1)} = A^{(2)}$$

an. Sie soll den ersten Spaltenvektor unverändert lassen, was nach sich zieht, daß auch die ersten Komponenten aller anderen Spaltenvektoren erhalten bleiben. Der zweite Spaltenvektor wird analog zu (35) auf

$$a_2^{(2)} = (r_{12}, (-\operatorname{sgn} a_{22}^{(1)}) s_2, 0, 0, \dots, 0)^T$$

gespiegelt, wobei unter s_2 jetzt die Norm des 2. Spaltenvektors ohne Berücksichtigung der 1. Komponente zu verstehen ist:

$$s_2^2 = \left(a_{22}^{(1)}\right)^2 + \dots + \left(a_{m2}^{(1)}\right)^2.$$

Entsprechendes gilt für die weiteren Spiegelungen.

Insgesamt führen wir nacheinander n Spiegelungen durch.
Im k-ten Schritt sind zu berechnen:

$$r_{kk} = \left(-\operatorname{sgn} a_{kk}\right) s_k \tag{40}$$

$$r_{kj} = -\frac{\operatorname{sgn} a_{kk}}{s_k}(a_k^T a_j) \tag{41}$$

$$a_{ij}^{neu} = a_{ij}^{alt} - \lambda_j a_{ik}^{alt} \tag{42}$$

$$\text{mit } \lambda_j = \frac{\operatorname{sgn} a_{kk}}{s_k + |a_{kk}|}(a_{kj} - r_{kj}), \quad j = k+1, \ldots, n; \quad i = k+1, \ldots, m. \tag{43}$$

Ergibt sich in einem der Schritte $s_k = 0$, so sind entgegen der Voraussetzung die Spalten von A linear abhängig; in diesem Fall brechen wir die QR-Zerlegung ab.
Als Ergebnis des beschriebenen Verfahrens ergibt sich

$$Q_n \ldots Q_2 Q_1 A = R. \tag{44}$$

Die einzelnen Spiegelungen sind symmetrisch: $Q_k^{-1} = Q_k^T = Q_k$. Bei der Produktbildung geht jedoch die Symmetrie verloren. Aus (44) ergibt nach Multiplikation mit $Q_n, \ldots, Q_1$

$$A = Q_1 \ldots Q_n R = Q R$$

mit $Q = Q_1 \ldots Q_n$. (44) entspricht somit

$$Q^T A = R.$$

Zur Lösung des linearen Gleichungssystems (27) wenden wir die QR-Zerlegung ebenfalls auf den Vektor b an,

$$Q^T A x = Q^T b,$$

und erhalten das gestaffelte System (30), aus dem sich die Pseudolösung x und die minimale Abweichung (33) ergeben.

Aufbau des Algorithmus

S0: Eingabe von $(A|b)$.
Wähle $\varepsilon > 0$. Setze $k = 1$.

S1: Regularitätstest

Berechne $s_k^2 = a_{kk}^2 + \ldots + a_{mk}^2$

Ist $|s_k^2| < \varepsilon$, so ist Matrix A nicht spaltenregulär.
STOP.

S2: QR-Zerlegung

Berechne r_{kk} nach (40),
r_{kj}, $j = k+1, \ldots, n+1$, nach (41),
λ_j, $j = k+1, \ldots, n+1$, nach (43),
a_{ij}, $i = k+1, \ldots, m$;
$j = k+1, \ldots, n+1$, nach (42).

S3: Falls $k < n$, setze $k=k+1$, gehe zu S1.

S4: Auflösung des gestaffelten Systems:

$$x_k = \left(r_{k,n+1} - \sum_{j=k+1}^{n} r_{kj}\, x_j\right) / r_{kk}, \quad k=n,\ldots,1$$

S5: Berechne die minimale Abweichung

$$\min \|A\,x - b\| = \sqrt{a_{n+1,n+1}^2 + \ldots + a_{m,n+1}^2}.$$

STOP.

BASIC-Programm

Das folgende Programm realisiert den beschriebenen Algorithmus.

```
100 PRINT"--------------------------------"
120 PRINT"          QR-ZERLEGUNG"
140 PRINT"--------------------------------"
160 REM *****           >>> KONSTANTEN <<<                *****
180 Z$="Die Spalten von A sind linear abhaengig !!"
200 W$="Abbruch der QR-Zerlegung !"
220 REM *****          >>> SCHRITT 0 <<<                  *****
```

```
240 INPUT"Anzahl der Gleichungen und Variablen ===> m,n :";M,N
260 DIM A(M,N+1),X(N)
280 PRINT "Eingabe der Koeffizienten (einschl. rechter Seite)"
300 FOR I=1 TO M:PRINT I;"-te Gleichung :":FOR J=1 TO N+1
320 INPUT A(I,J): NEXT J:NEXT I:INPUT "Testgroesse ";EPS
340 FOR K=1 TO N
360 REM *****           >>> SCHRITT 1 <<<                    *****
380 S=0:FOR J=K TO M:S=S+A(J,K)*A(J,K):NEXT J
400 IF S<EPS THEN PRINT Z$ : PRINT W$ : END
420 REM *****           >>> SCHRITT 2 <<<                    *****
440 IF A(K,K)=0 THEN SI=1 ELSE SI=-SGN(A(K,K))
460 H=SI*SQR(S)
480 FOR J=K+1 TO N+1 : P=0 : FOR I=K TO M
500 P=P+A(I,K)*A(I,J):NEXT I : HZ=H*P/S:LA=(HZ-A(K,J))/(A(K,K)-H)
520 FOR I=K+1 TO M : A(I,J)=A(I,J)+LA*A(I,K): NEXT I
540 A(K,J)=HZ : NEXT J : A(K,K)=H : NEXT K
560 REM *****           >>> SCHRITT 4 <<<                    *****
580 PRINT "Kleinste-Quadrate-Loesung :"
600 FOR I=N TO 1 STEP -1:X(I)=A(I,N+1)/A(I,I):FOR J=1 TO I-1
620 A(J,N+1)=A(J,N+1)-A(J,I)*X(I) : NEXT J: NEXT I
640 FOR I=1 TO N : PRINT "X";I;"= ";X(I) : NEXT I
660 REM *****           >>> SCHRITT 5 <<<                    *****
680 R2=0:FOR I=N+1 TO M:R2=R2+A(I,N+1)*A(I,N+1) : NEXT I
700 PRINT "Minimale Abweichng Norm (A x - b) = ";SQR(R2)
```

Numerischen Beispiel

Das lineare Gleichungssystem

$$
\begin{array}{rcrcrcrcr}
x_1 & + & 2x_2 & + & 4x_3 & + & x_4 & = & 18 \\
2x_1 & + & 2x_2 & + & 2x_3 & + & 3x_4 & = & 28 \\
4x_1 & + & 2x_2 & + & 4x_3 & + & 2x_4 & = & 28 \\
x_1 & + & 4x_2 & + & x_3 & + & x_4 & = & 27 \\
3x_1 & & & + & 2x_3 & + & 4x_4 & = & 23 \\
2x_1 & + & 6x_2 & + & 2x_3 & + & x_4 & = & 20 \\
x_1 & & & + & 2x_3 & + & 2x_4 & = & 5
\end{array}
$$

besitzt keine Lösung. Die Pseudolösung $x = (2,3,1,4)^T$ stellt eine "bestmögliche Erfüllung" dar, mit ihr nimmt die euklidische Norm $\|A\,x - b\| = 14{,}2127$ ihr Minimum an.

Weiterführende Bemerkungen

Unter der Kondition eines Gleichungssystems versteht man sein Verhalten gegenüber kleinen Störungen in den Elementen der Koeffizientenmatrix A. Bewirken kleine Störungen der Koeffizienten, die bei der numerischen Rechnung aufgrund von Rundungsfehlern unvermeidbar sind, große Änderungen in der Lösung, so nennt man das System schlecht konditioniert. Die verschiedenen Lösungsverfahren unterscheiden sich auch darin, ob sich bei ihnen die Kondition verschlechtert (Gauß-Algorithmus) oder erhalten bleibt (QR-Zerlegung). Fassen wir die Spalten der Matrix A als Vektoren des R^m auf, so bleiben bei den Spiegelungen der QR-Zerlegung sowohl ihre Normen als auch die Winkel zwischen ihnen erhalten; die Kondition verschlechtert sich nicht.

Die QR-Zerlegung auf Gleichungssysteme mit regulärer n x n-Matrix anzuwenden heißt, den Rechenaufwand wesentlich zu erhöhen. Sie empfiehlt sich aber dann, wenn das System eine schlechte Kondition besitzt, die durch den Gauß-Algorithmus noch verschlechtert würde.

Auch die Lösung eines überbestimmten Gleichungssystems mit Hilfe der Gaußschen Normalengleichungen, wie in der Ausgleichsrechnung üblich, wirkt sich verschlechternd auf die Kondition aus. Die Multiplikation von (27) mit der transponierten Matrix A^T liefert ein reguläres System

$$A^T A\,x = A^T b\,,$$

welches dieselbe Lösung besitzt wie die QR-Zerlegung.

Die Lösung, die sich bei einem überbestimmten Gleichungssystem ergibt, läßt sich folgendermaßen geometrisch interpretieren: Die n (linear unabhängigen) Spaltenvektoren von A spannen einen n-dimensionalen Unterraum des R^m auf, den man Spaltenraum von A nennt. Ist der Vektor b ein Element dieses Unterraums, so besitzt

$Ax = b$ eine eindeutige Lösung. Alle anderen Vektoren b, die nicht zum Spaltenraum gehören, zerlegen wir in

$$b = b_A + b_O. \tag{45}$$

b_A ist dabei die (senkrechte) Projektion von b in den Spaltenraum, b_O ist Element des dazu orthogonalen Unterraums: $A\, b_O = 0$. Als Pseudolösung von $Ax = b$ ergibt sich jetzt die Lösung desjenigen Systems, das wir erhalten, wenn b durch b_A ersetzt wird: $Ax = b_A$. x ist dann die Kleinste-Quadrate-Lösung, die minimale Abweichung ist gleich der Norm von b_O:

$$\|r\| = \|Ax - b\| = \|Ax - b_A - b_O\| = \|b_O\|.$$

Zwischen x und b_O besteht eine umkehrbar eindeutige Zuordnung. Wir gelangen also zu einer eindeutig lösbaren Problemstellung, wenn wir uns gemäß (45) auf den Spaltenraum von A beschränken (verallgemeinerte Umkehrabbildung, Pseudoinverse).

2.2. Iterationsverfahren

Bei den bisher dargestellten direkten Lösungsverfahren für lineare Gleichungssysteme besitzen wir den Vorteil, daß sich die exakte Lösung des Systems nach endlich vielen arithmetischen Operationen ergibt. Nachteilig sind aber die teilweise recht aufwendigen Lösungsverfahren. Außerdem ist eine Verfälschung der Ergebnisse durch Rundungsfehler möglich.
In dieser Hinsicht sind die iterativen Verfahren vorteilhafter. Sie gehen von einer gewählten Näherungslösung x^0 aus und erzeugen nach einer Iterationsvorschrift eine Folge immer besserer Näherungen x^1, x^2, ... Rundungs- (selbst Rechen-)fehler gleichen sich dabei selbständig aus, da jede Näherung als Ausgang für die nächste genutzt wird; diese Verfahren haben somit eine "glättende" Wirkung. Günstig auf den Lösungsalgorithmus wirken sich auch die relativ einfach gestalteten Iterationsvorschriften aus. Diesen Vorteilen steht der Nachteil gegenüber, daß die Konvergenz

der Folge der Iterierten gegen die wirkliche Lösung gesichert werden muß. Dies wird in starkem Maße von der Gestalt der Koeffizientenmatrix bestimmt.

2.2.1. Gesamt- und Einzelschrittverfahren

Mathematische Grundlagen des Verfahrens

Für das lineare Gleichungssystem

$$\sum_{j=1}^{n} a_{ij} x_j = b_i \quad , \quad i = 1, \ldots, n, \tag{46}$$

setzen wir voraus, daß die Koeffizientenmatrix A regulär ist; (46) besitze also eine eindeutige Lösung x^*. Wir bringen (46) auf eine für die Iteration geeignete Form, indem wir jeweils die i-te Gleichung nach der Unbekannten x_i auflösen:

$$x_i = (b_i - \sum_{\substack{j=1 \\ j \neq i}}^{n} a_{ij} x_j) \; / \; a_{ii} \quad , \quad i = 1, \ldots, n. \tag{47}$$

Setzt man nun auf den rechten Seiten die Komponenten x_j^{k-1} der (k-1)-ten Näherung x^{k-1} ein, erhält man links die Komponenten der k-ten Näherung x^k. Dabei lassen sich zwei Vorgehensweisen unterscheiden:

a) Gesamtschrittverfahren (Jacobi-Verfahren)

Man benutzt direkt die Iterationsvorschrift (47), indem man in den rechten Seiten immer die Komponenten der vorhergehenden Näherung verwendet:

$$x_i^k = (b_i - \sum_{\substack{j=1 \\ j \neq i}}^{n} a_{ij} x_j^{k-1}) \; / \; a_{ii} \quad , \quad i = 1, \ldots, n. \tag{48}$$

Bei diesem (historisch älteren) Verfahren strebt die Folge der Näherungen x^1, x^2, ... im allgemeinen langsamer gegen die Lösung x^* als bei dem

b) Einzelschrittverfahren (Gauß-Seidel-Verfahren)
Hier benutzt man in (47) neben den alten Komponenten sofort auch die neuen Komponenten, sofern sie bereits berechnet wurden; also in der 1.Gleichung die alten Komponenten $x_2,\dots,x_n$, in der 2.Gleichung die neue Komponente x_1 und die alten $x_3,\dots,x_n$, usf.

$$x_i^k = (b_i - \sum_{j=1}^{i-1} a_{ij}\, x_j^k - \sum_{j=i+1}^{n} a_{ij}\, x_j^{k-1}) \,/\, a_{ii} . \tag{49}$$

Nach der Vorschrift (48) bzw. (49) berechnet man solange Näherungsvektoren x^k, bis der Fehler, d.h. die Abweichung $|x^* - x^k|$, eine gewünschte Schranke unterschreitet. Da wir x^* jedoch nicht kennen, ersetzen wir diese Forderung durch die Bedingung, daß die Normdifferenz zweier aufeinander folgender Näherungen unterhalb dieser Schranke bleibt:

$$\| x^k - x^{k-1} \| < \varepsilon . \tag{50}$$

Es kann jedoch nicht garantiert werden, ob (50) von einem gewissen k ab überhaupt erfüllbar ist. Nur wenn A bestimmte Eigenschaften besitzt, kann die Konvergenz des Jacobi- oder Gauß-Seidel-Verfahrens nachgewiesen werden. Ein einfach zu überprüfendes Merkmal ist das Zeilensummenkriterium: Das Verfahren konvergiert, wenn die Matrix A streng diagonal dominant ist, wenn also die Diagonalglieder betragsmäßig größer sind als die Betragssumme aller anderen Elemente der betreffenden Zeile:

$$|a_{ii}| > \sum_{\substack{j=1 \\ j\neq i}}^{n} |a_{ij}| , \quad i=1,\dots,n . \tag{51}$$

Entsprechendes gilt für die Spalten. Aber selbst wenn (51) nicht erfüllt ist, liegt in vielen Fällen Konvergenz vor. Unter Umständen gelingt durch Umnumerierung der Gleichungen oder der Unbekannten, die strenge Diagonaldominanz zu erzeugen. Eine Umnumerierung ist auch erforderlich, wenn eines der Diagonalelemente gleich Null ist, da in diesem Fall (48) oder (49) nicht direkt anwendbar sind.

Aufbau des Algorithmus

S0: Eingabe von A und b.
Eingabe eines Startvektors x^0 (Standard: $x^0 = (0,\ldots0)^T$)
Wähle die Abbruchschranke $\varepsilon>0$ und die Testgröße >0.
Setze k = 1.

S1: Test: $a_{ii} \neq 0$, $i = 1, \ldots, n$.
Falls ein $|a_{ii}| < \delta$, vertausche i-te Zeile mit j-ter Zeile ($a_{ji} \neq 0$).

S2: Zeilensummenkriterium
Überprüfe (51); falls erfüllt, Konvergenz gesichert.

S3: Berechne x^k nach (48) im Gesamtschrittverfahren
bzw. nach (49) im Einzelschrittverfahren.

S4: Abbruchtest:
Falls $\|x^k - x^{k-1}\| < \varepsilon$, gehe zu S6.

S5: Setze k=k+1 , gehe zu S3.

S6: Ausgabe: Lösung x^k
Erreichte Genauigkeit $\|x^k - x^{k-1}\|$
Anzahl k der Iterationen

BASIC-Programm

Das folgende Programm realisiert den beschriebenen Algorithmus.

```
100 PRINT"----------------------------------------"
120 PRINT"  GESAMT- UND EINZELSCHRITTVERFAHREN"
140 PRINT"----------------------------------------"
160 REM *****            >>> SCHRITT 0 <<<                    *****
180 INPUT "Anzahl der Gleichungen  "; N
200 DIM A(N,N+1) : DIM XA(N) : DIM XN(N)
220 PRINT "Eingabe der Gleichungen einschl.rechter Seite"
240 FOR I=1 TO N : PRINT I;"-te Gleichung:"
260 FOR J=1 TO N+1 : INPUT A(I,J) : NEXT J : NEXT I
280 PRINT"Nullvektor als Startvektor ? =====> (j,n)"
300 INPUT S$ : IF S$="j" OR S$="J" THEN 360
320 PRINT "Eingabe des Startvektors:"
340 FOR I=1 TO N : INPUT XA(I) : NEXT I : GOTO 380
```

```
360 FOR I=1 TO N : XA(I)=0 : NEXT I
380 INPUT "Abbruchschranke = Zugelassener Fehler ";EPS
400 INPUT "Testgroesse fuer Diagonalelemente ";D
420 K=1
440 REM *****          >>> SCHRITT 1 <<<                  *****
460 FOR I=1 TO N : IF ABS(A(I,I))>=D THEN 640
480 FOR I0=I+1 TO N : IF ABS(A(I0,I))>=D THEN 620
500 NEXT I0
520 FOR I1=I-1 TO 1 STEP -1 : IF ABS(A(I1,I))>=D THEN 580
540 NEXT I1
560 PRINT "Matrix A ist (numerisch) singulaer.": END
580 FOR J=1 TO N+1 : G=A(I,J) : A(I,J)=A(I1,J) : A(I1,J)=G
600 NEXT J : I=I1 : GOTO 640
620 FOR J=1 TO N+1: G=A(I,J) : A(I,J)=A(I0,J) : A(I0,J)=G :NEXT J
640 NEXT I
660 REM *****          >>> SCHRITT 2 <<<                  *****
680 FOR I=1 TO N: Z=0 : FOR J=1 TO N : Z=Z+ABS(A(I,J)) : NEXT J
700 IF Z<2*ABS(A(I,I)) THEN 760
720 PRINT "Das Zeilensummenkriterium ist nicht erfuellt !"
740 GOTO 820
760 NEXT I
780 PRINT "Das Zeilensummenkriterium ist erfuellt,"
800 PRINT "die Konvergenz ist gesichert."
820 PRINT "Iteration nach (1) Gesamtschrittverfahren oder
840 INPUT "                 (2) Einzelschrittverfahren ";F
860 ON F GOTO 900,980
880 REM ***** >>> SCHRITT 3 / Gesamtschrittverfahren <<<   *****
900 FOR I=1 TO N : S=0: FOR J=1 TO N : S=S+A(I,J)*XA(J) : NEXT J
920 XN(I)=(A(I,N+1)+A(I,I)*XA(I)-S)/A(I,I)
940 NEXT I : GOTO 1100
960 REM ***** >>> SCHRITT 3 / Einzelschrittverfahren <<<  *****
980 FOR I=1 TO N : SN=0 : SA=0
1000 FOR J=1 TO I-1 : SN=SN+A(I,J)*XN(J) : NEXT J
1020 FOR J=I+1 TO N : SA=SA+A(I,J)*XA(J) : NEXT J
1040 XN(I)=(A(I,N+1)-SN-SA)/A(I,I)
1060 NEXT I
1080 REM *****          >>> SCHRITT 4 <<<                 *****
1100 FS=0 : FOR I=1 TO N : FS=FS+(XN(I)-XA(I))^2 : NEXT I
```

```
1120 IF SQR(FS)<EPS THEN 1220
1140 REM *****          >>> SCHRITT 5 <<<                        *****
1160 FOR I=1 TO N : XA(I)=XN(I) : NEXT I
1180 K=K+1 : GOTO 860
1200 REM *****          >>> SCHRITT 6 <<<                        *****
1220 PRINT"Nach k=";K;"Iterationsschritten ergibt sich"
1240 PRINT"die Loesung" :FOR I=1 TO N
1260 PRINT"X";I;"= ";XN(I) : NEXT I
1280 PRINT"Erreichte Genauigkeit ||X(k)-X(k-1)|| =";SQR(FS)
```

Numerisches Beispiele

In den folgenden Beispielen wurde mit der Abbruchschranke = 0,0001 gerechnet (δ= 0,001).

Im linearen Gleichungssystem

$$
\begin{aligned}
4x_1 + x_2 + x_3 + x_4 &= 14 \\
x_1 + 3x_3 + x_4 &= 3 \\
2x_1 + 6x_2 + 2x_3 + x_4 &= 24 \\
2x_1 + 2x_2 + x_3 + 7x_4 &= 37
\end{aligned}
$$

ist nach Vertauschen der 2. mit der 3. Gleichung die Koeffizientenmatrix diagonal dominant. Das Jacobi-Verfahren liefert mit dem Startvektor $x^0 = (0,0,0,0)^T$ nach 38 Iterationen die Lösung

$$
x = \begin{pmatrix} 1,99998 \\ 2,99998 \\ -1,00002 \\ 3,99998 \end{pmatrix} .
$$

Mit dem Gauß-Seidel-Verfahren erhält man nach 9 Iterationen

$$
x = \begin{pmatrix} 2,00001 \\ 2,99999 \\ -1,00001 \\ 4 \end{pmatrix} .
$$

Die Diagonaldominanz ist im Gleichungssystem

$$\begin{aligned} 2x_1 + x_2 + 3x_3 + 2x_4 &= 12 \\ x_1 + x_2 + x_3 + x_4 &= 8 \\ 3x_1 + x_2 + 6x_3 + x_4 &= 7 \\ 2x_1 + x_2 + x_3 + 8x_4 &= 38 \end{aligned}$$

nicht gegeben. A ist jedoch symmetrisch und positiv definit. Das Einzelschrittverfahren benötigt für die Lösung

$$x = \begin{pmatrix} 2,00237 \\ 2,99898 \\ -1,00095 \\ 3,99966 \end{pmatrix}$$

207 Iterationen. Das Gesamtschrittverfahren divergiert.

Weiterführende Bemerkungen

Die beschriebenen Iterationsverfahren kann man auf die gemeinsame Form

$$x^k = x^{k-1} + C\,(b - Ax^{k-1})$$

bringen. Der zweite Term liefert die Korrektur, um die x^{k-1} im k-ten Iterationsschritt geändert wird. Die einzelnen Verfahren unterscheiden sich in der Wahl der erzeugenden Matrix C: Beim Gesamtschrittverfahren ist $C = D^{-1}$, beim Einzelschrittverfahren $C = (A - R)^{-1}$. (D ist eine Matrix, die nur die Diagonalelemente von A enthält, R besteht aus den Elementen oberhalb der Hauptdiagonalen.) Könnte man $C = A^{-1}$ verwenden, erhielte man bereits im 1. Schritt die exakte Lösung. Da die Inverse von A jedoch nicht bekannt ist, muß man bestrebt sein, solche Matrizen C zu nutzen, die A^{-1} möglichst gut annähern.

Auf diesem Grundgedanken baut eine ganze Reihe weiterer Iterationsverfahren auf, die bestimmte, leicht erkennbare Eigenschaften von A nutzen, um ein geeignetes C festzulegen. Die Verfahren werden einmal dahingehend erweitert, daß die erzeugende Matrix C in jedem Iterationsschritt geändert wird (instationäre Iterationsverfahren):

$$x^k = x^{k-1} + C_k(b - Ax^{k-1}).$$

Zum anderen kann man zur Bestimmung von x^k nicht nur x^{k-1}, sondern auch weiter zurückliegende Näherungen x^{k-2}, x^{k-3},... heranziehen (mehrstufige Iterationsverfahren).

2.2.2. Relaxationen

Mathematische Grundlagen des Verfahrens

Die Relaxation ist eine konvergenzverbessernde Modifikation bei der iterativen Lösung linearer Gleichungssysteme. Mit ihr läßt sich die Anzahl der benötigten Iterationsschritte verringern. Ist bei der Iterationsfolge die i-te Komponente monoton wachsend,

$$\ldots < x_i^{k-1} < x_i^k < \ldots, \tag{52}$$

so kann die Annäherung an x_i^* dadurch verstärkt werden, daß man im k-ten Schritt von x_i^{k-1} nicht zu x_i^k selbst, sondern zu

$$x_i^{k-1} + \omega(x_i^k - x_i^{k-1}), \qquad \omega > 1,$$

übergeht und diesen Wert als Startwert für die nächste Iteration verwendet.
Bezeichnen wir die durch die Iterationsverfahren (Jacobi, Gauß-Seidel) erhaltene Komponenten mit $\tilde{x}_i^k$, die durch Relaxation verbesserte Näherung mit

$$x_i^k = x_i^{k-1} + \omega(\tilde{x}_i^k - x_i^{k-1}), \tag{53}$$

so erhalten wir statt (52)

$$\ldots < x_i^{k-1} < \tilde{x}_i^k < x_i^k < \ldots,$$

wobei für diese zweimalige Verbesserung nur einmal ein Iterationsverfahren erforderlich ist; die zweite Verbesserung erfolgt nach der einfachen Vorschrift (53). Benutzt man zur Iteration das Einzelschrittverfahren (49), so ergibt sich

$$x_i^k = \omega(b_i - \sum_{j=1}^{i-1} a_{ij} x_j^k - \sum_{j=i+1}^{n} a_{ij} x_j^{k-1})/a_{ii} + (1 - \omega)x_i^{k-1}.$$

Entsprechendes gilt, falls für eine andere Komponente die Folge monoton fallend ist. Die Monotonie ist also nur komponentenweise zu fordern.

Für $\omega = 1$ stimmt das Relaxationsverfahren mit der Grunditeration überein. Bei monotonen Näherungsfolgen wählen wir $\omega > 1$ (Überrelaxation). $\omega < 1$ wäre angebracht, wenn die Folge alterniert. Dieser Fall tritt aber praktisch kaum ein.

Problematisch ist die richtige Wahl des Relaxationsfaktors. Einerseits gewährleistet ein großes ω eine schnellere Konvergenz, andererseits kann durch einen zu großen Faktor die Monotonie oder die Konvergenz überhaupt gestört werden. Eine definitive Antwort auf diese Frage ist auf relativ wenige, eng begrenzte Klassen von Matrizen A beschränkt. Ist beispielsweise A symmetrisch und positiv definit, so konvergiert die Relaxation genau für den Parameterbereich $0 < \omega < 2$. Welcher Wert aus diesem Intervall jedoch der optimale ist, wird damit nicht beantwortet. Erst durch Abschätzung der Eigenwerte der Iterationsmatrix können für gewisse Matrizen A der günstigste Relaxationsfaktor oder zumindest Schranken für ihn angegeben werden.

Wir beschränken uns im Interesse einer größeren Matrizenmenge auf eine einfache Version des Relaxationsverfahrens.

Nach jedem Schritt wird die (komponentenweise) Monotonie der Näherungsvektoren überprüft. Ist sie gegeben, wählen wir einen Faktor $1 < \omega < 2$. Sowie aber die Monotonie gestört ist, kehren wir zur Grunditeration ($\omega = 1$) zurück.

<u>Aufbau des Algorithmus</u>

S0: Eingabe von A und b.
Eingabe eines Startvektor x^0 (Standard: $x^0 = (0, \ldots, 0)^T$).

Wähle eine Abbruchschranke $\varepsilon > 0$ und eine Testgröße $\delta > 0$.
Wähle einen Relaxationsfaktor ω $(1 < \omega < 2)$.
Setze $k = 1$.

S1: Test $a_{ii} \neq 0$, $i = 1, \ldots, n$.
Falls ein $|a_{ii}| < \delta$, vertausche i-te Zeile mit j-ten Zeile $(a_{ji} \neq 0)$.

S2: Grunditeration:
Berechne x^k nach (49).

S3: Monotonietest:
Falls für $i = 1, \ldots, n$:

$$\operatorname{sgn}(x_i^k - x_i^{k-1}) \neq \operatorname{sgn}(x_i^{k-1} - x_i^{k-2}),$$

gehe zu S5.

S4: Relaxation:
Berechne $x^k = \omega x^k + (1 - \omega)x^{k-1}$.

S5: Abbruchtest: Falls $\|x^k - x^{k-1}\| < \varepsilon$,
gewünschte Genauigkeit erreicht. Gehe zu S7.

S6: Setze $k = k + 1$, gehe zu S2.

S7: Ausgabe: Lösung x^k.
Erreichte Genauigkeit $\|x^k - x^{k-1}\|$.
Anzahl k der Iterationen.

<u>BASIC-Programm</u>

Das folgende Programm realisiert den beschriebenen Algorithmus.

```
100 PRINT"------------------------------"
120 PRINT"              RELAXATION"
140 PRINT"------------------------------"
160 REM *****            >>> SCHRITT 0 <<<                    *****
180 INPUT "Anzahl der Gleichungen   ";N
200 DIM A(N,N+1) : DIM XA(N) : DIM XN(N) : DIM M(N)
220 PRINT "Eingabe der Gleichungen einschl. rechter Seite"
240 FOR I=1 TO N : PRINT I;"-te Gleichung:"
260 FOR J=1 TO N+1 : INPUT A(I,J) : NEXT J : NEXT I
280 PRINT"Nullvektor als Startvektor ? =====> (j/n)"
```

```
300 INPUT S$ : IF S$="j" OR S$="J" THEN 360
320 PRINT "Eingabe des Startvektors:"
340 FOR I=1 TO N : INPUT XA(I) : NEXT I : GOTO 380
360 FOR I=1 TO N : XA(I)=0 : NEXT I
380 INPUT "Abbruchschranke = Zugelassener Fehler ";EPS
400 INPUT "Testgroesse fuer Diagonalelemente ";D
420 FOR I=1 TO N : M(I)=1 : NEXT I
440 INPUT "Relaxationsfaktor [ 1 < Om < 2 ] ";OM
460 K=1
480 REM *****          >>> SCHRITT 1 <<<                   *****
520 FOR I=1 TO N : IF ABS(A(I,I))>=D THEN 700
540 FOR I0=I+1 TO N : IF ABS(A(I0,I))>=D THEN 680
560 NEXT I0
580 FOR I1=I-1 TO 1 STEP -1 : IF ABS(A(I1,I))>=D THEN 640
600 NEXT I1
620 PRINT "Matrix a ist (numerisch) singulaer." : END
640 FOR J=1 TO N+1 : G=A(I,J) : A(I,J)=A(I1,J) : A(I1,J)=G
660 NEXT J : I=I1 : GOTO 700
680 FOR J=1 TO N+1 : G=A(I,J):A(I,J)=A(I0,J):A(I0,J)=G : NEXT J
700 NEXT I
720 REM *****          >>> SCHRITT 2 <<<                   *****
760 FOR I=1 TO N : SN=0 :SA=0
780 FOR J=1 TO I-1 : SN=SN+A(I,J)*XN(J) : NEXT J
800 FOR J=I+1 TO N : SA=SA+A(I,J)*XA(J) : NEXT J
820 XN(I)=(A(I,N+1)-SN-SA)/A(I,I) : NEXT I
840 REM *****          >>> SCHRITT 3 <<<                   *****
880 E=0 : FOR I=1 TO N : V=SGN(XN(I)-XA(I))
900 IF V<>M(I) THEN M(I)=V : E=1
920 NEXT I : ON E GOTO 1040
940 REM *****          >>> SCHRITT 4 <<<                   *****
980 FOR I=1 TO N : XN(I)=OM*XN(I)+(1-OM)*XA(I) : NEXT I
1000 REM *****         >>> SCHRITT 5 <<<                   *****
1040 FS=0 : FOR I=1 TO N : FS=FS+(XN(I)-XA(I))^2 : NEXT I
1060 IF SQR(FS)<EPS THEN 1200
1080 REM *****         >>> SCHRITT 6 <<<                   *****
1120 FOR I=1 TO N : XA(I)=XN(I) : NEXT I: K=K+1 : GOTO 760
1160 REM *****         >>> SCHRITT 7 <<<                   *****
1200 PRINT "Nach k=";K;"Iterationen ergibt sich die Loesung"
```

```
1220 FOR I=1 TO N : PRINT "X";I;"= ";XN(I) : NEXT I
1240 PRINT "Erreichte Genauigkeit ||X(k)-X(k-1)|| = ";SQR(FS)
```

Numerisches Beispiel

Für das zweite Beispiel des Abschnitts 2.2.1 ergibt sich mit dem Relaxationsfaktor $\omega = 1,5$ die Lösung:

$$x = \begin{pmatrix} 2,00157 \\ 2,99932 \\ -1,00063 \\ 3,99977 \end{pmatrix}$$

Hierfür werden 146 Iterationen benötigt, also deutlich weniger als die 207 Schritte beim reinen Einzelschrittverfahren.

Weiterführende Bemerkungen

Neben dem Einzelschrittverfahren kann auch das Gesamtschrittverfahren als Grunditeration zur Relaxation verwendet werden, was aber seltener geschieht.
Man kann die Relaxation noch effektiver gestalten, indem man den Faktor von Schritt zu Schritt verändert. Allerdings kostet die geeignete Wahl von ω_k einen zusätzlichen Aufwand und wird außerdem von der Gestalt der Matrix A stark beeinflußt. Allgemeingültige Aussagen lassen sich nicht treffen.
Ähnliches gilt auch für mehrstufige Relaxationsverfahren.

Abschließend sei auf die moderne Darstellung von Methoden der numerischen linearen Algebra in RICE (1981), GOLUB/VAN LOAN (1983), KIELBASINSKI/SCHWETLICK (1988) hingewiesen, in denen auch Verweise auf leistungsfähige Software zu diesem Gegenstand zu finden sind.

Nichtlineare Gleichungen und nichtlineare Gleichungssysteme 3

Dieses Kapitel enthält numerische Verfahren zur Ermittlung von Wurzeln der Gleichungen

$$F(x) = 0 \quad ; \quad F(x)=(f_1(x),\dots,f_n(x))^T ; \quad x \in R^n . \qquad (1)$$

Im Abschnitt 3.1 wird der Fall betrachtet, daß $x \in R^1$ und $F(x)=f(x)$ R^1 ist. Als Beispiel einer ganzen Klasse von Intervallunterteilungsmethoden gilt dabei das vorgestellte Bisektionsverfahren. Die regula falsi als Verfahren, welches das geometrische Verhalten von f(x) zur Nullstellenbestimmung bei alleiniger Verwendung von Funktionswerten ausnutzt, wird anschließend betrachtet. Den Abschnitt 3.1 komplettiert das Newton-Verfahren für Funktionen einer Veränderlichen.
Lohnenswert ist die gesonderte Betrachtung von Polynomgleichungen in einer komplexen Veränderlichen. Die Vorteile der effizienten Funktionswertberechnung durch das Horner-Schema wird im Bairstow-Verfahren ausgenutzt. Seine Beschreibung ist Inhalt des Abschnittes 3.2.
Mit der Lösung eines Gleichungssystems von n Gleichungen mit n Unbekannten beschäftigen wir uns im Abschnitt 3.3. Dem gewöhnlichen Iterationsverfahren schließen sich das Newton-Verfahren und seine Modifikationen an. Den Abschluß des Kapitels bildet das

regularisierte Gauß-Newton-Verfahren zur Lösung nichtlinearer Regressionsprobleme. Es besitzt wegen der zunehmenden Zahl in der Praxis auftretender Parameteridentifikationsprobleme besondere Bedeutung.

3.1.1. Das Bisektionsverfahren

Mathematische Grundlagen des Verfahrens

Mit dem Bisektionsverfahren soll eine reelle Wurzel x^* der Gleichung $f(x) = 0$ ermittelt werden. Setzt man voraus, daß die Funktion $f(x)$ stetig ist und zwei Werte a und b mit $f(a).f(b) < 0$ bekannt sind, so ist nach dem Satz von Bolzano die Existenz einer Nullstelle x^* von $f(x)$ im Intervall $[a, b]$ gesichert. Hierauf beruht das Bisektionsverfahren.

Ausgehend von zwei Punkten x_1 und x_2, mit $f(x_1) > 0$ und $f(x_2) < 0$, bestimmt man den Funktionswert im Punkt $c = (x_1 + x_2)/2$.

Ist $f(c) = 0$, so setzt man $x^* = c$ und hat eine Lösung der betrachteten Gleichung gefunden.

Im Fall $f(c) > 0$ wird x_1 durch $x_3 = c$ ersetzt und die Nullstellensuche im Intervall $[x_3, x_2]$ fortgesetzt. Nimmt dagegen die Funktion $f(x)$ im Punkt $x = c$ einen negativen Wert an, so liegt mit $x_3 = c$ im Intervall $[x_1, x_3]$ eine Nullstelle.

Für die auf diese Art und Weise begründete Iterationsvorschrift ergibt sich bei gegebener Länge des Ausgangsintervalls $[x_1, x_2]$ und gewählter Abbruchgenauigkeit

$$|x_k - x_{k-1}| < \varepsilon$$

die Anzahl der durchzuführenden Halbierungen aus der Beziehung

$$|x_k - x_{k-1}| = (1/2)^{k-2} |x_1 - x_2| < \varepsilon \qquad (k \geq 3).$$

Aufbau des Algorithmus

S0: Eingabe der Intervallgrenzen a, b; der maximalen Iterationszahl ITMAX und der Abbruchgenauigkeit $\mathcal{E} > 0$.
Setze $k = 0$.
Falls a oder b schon Nullstelle STOP.

S1: Falls $f(a)f(b) > 0$ Verfahren nicht anwendbar, gehe zu S0.

S2: Setze $x_0 = a$ und $x_2 = b$.

Falls $|x_0 - x_2| < \mathcal{E}$, ist $x^* = x_0$ Lösung. STOP
Berechne $x_1 = (x_2 + x_0)/2$ und $f(x_1)$.

S3: Falls $|f(x_1)| < \mathcal{E}$, ist $x^* = x_1$ Lösung. STOP
Falls $f(x_0)f(x_1) < 0$, setze $b = x_1$ sonst $a = x_1$.
Falls $k >$ ITMAX STOP.
Setze $k = k+1$ und gehe zu S2.

BASIC-Programm

Das folgende Programm realisiert den beschriebenen Algorithmus.

```
100 PRINT"----------------------"
120 PRINT"BISEKTIONSVERFAHREN"
140 PRINT"----------------------"
160 REM *****           >>> KONSTANTEN <<<                  *****
180 A1$="ABBRUCHTEST ERFUELLT"
200 A2$="MAXIMALE ITERATIONSZAHL ERREICHT"
220 A3$="NULLSTELLE GEFUNDEN"
240 REM *****           >>> SCHRITT 0  <<<                  *****
260 INPUT"ABBRUCHSCHRANKE : ";EPS
280 INPUT"MAXIMALE ITERATIONSZAHL : ";ITMAX
300 INPUT"UNTERE INTERVALLGRENZE : ";A
320 INPUT"OBERE INTERVALLGRENZE : ";B:PRINT
340 K=0:X=A:GOSUB 800:Y1=Y:X=B:GOSUB 800:Y2=Y
360 IF ABS(Y1)<EPS OR ABS(Y2)<EPS THEN PRINT A3$ ELSE 420
380 IF ABS(Y1)<EPS THEN XN=A ELSE XN=B:GOTO 700
400 REM *****           >>> SCHRITT 1 <<<                   *****
420 IF Y1*Y2<0 THEN 480
```

```
440 PRINT"FUNKTIONSWERTE HABEN GLEICHES VORZEICHEN"
460 PRINT:PRINT"NEUE INTERVALLGRENZEN EINGEBEN":PRINT:GOTO 300
480 REM *****          >>> SCHRITT 2 <<<                 *****
500 IF ABS(A-B)<EPS THEN XN=A:GOTO 700
520 X0=A:X1=(A+B)/2:X2=B
540 X=X0:GOSUB 800:Y0=Y
560 X=X1:GOSUB 800:Y1=Y
580 X=X2:GOSUB 800:Y2=Y
600 REM *****          >>> SCHRITT 3 <<<                 *****
620 IF ABS(Y1)<EPS THEN XN=X1:GOTO 700
640 IF Y0*Y1<0 THEN B=X1 ELSE A=X1
660 IF K>=ITMAX THEN PRINT A2$:PRINT:GOTO 760
680 K=K+1:GOTO 520
700 REM *****           >>> AUSGABE <<<                  *****
720 PRINT A1$:PRINT
740 PRINT"ERGEBNIS NACH ";K;"ITERATIONEN":PRINT
760 PRINT"x = ";XN,:X=XN:GOSUB 800:PRINT"f(x) = ";Y
780 END
800 REM *****          >>> FUNKTION <<<                  *****
820 Y=-1 +EXP(X)
840 RETURN
```

Numerisches Beispiel

$$y = x^3 - x^2 + x - 1$$

	ITMAX	a	b	k	x	f(x)
10^{-5}	50	-10	10	19	1	7.62939E-06
10^{-6}	50	-10	50	23	1	3.57826E-07

Weiterführende Bemerkungen

Das Bisektionsverfahren hat insbesondere Bedeutung bei der Lokalisierung von Eigenwerten erlangt (vgl. KIELBASZINSKY/SCHWETLICK (1988)). Die Weiterentwicklung für Parallelrechner findet

man bei FRANKLIN/SOONG (1981).
Aus der Berechnung der Funktionswerte in n+1 Punkten kann das Suchintervall auf die Länge 1/n in einem Iterationsschritt verkürzt werden.

3.1.2. Das Sekantenverfahren (Regula falsi)

Mathematische Grundlagen des Verfahrens

Ziel des Sekantenverfahrens ist es, eine reelle Wurzel der vorgegebenen Gleichung f(x) = 0 zu ermitteln. Dabei setzt man voraus, daß zwei hinreichend gute Näherungswerte der gesuchten Lösung durch Abschätzen, Probieren bzw. durch grafische Lösung bekannt sind. Für diese Anfangswerte x_1 und x_2 setzt man in der Originalform der regula falsi voraus, daß sie die gesuchte Lösung x^* der Gleichung f(x) = 0 eingabeln:

$$x_1 \le x^* \le x_2.$$

Dabei wird davon ausgegangen, daß die zugehörigen Funktionswerte $y_1 = f(x_1)$ und $y_2 = f(x_2)$ unterschiedliche Vorzeichen besitzen. Verbindet man die Punkte $P_1(x_1,y_1)$ und $P_2(x_2,y_2)$ durch eine Gerade (Sekante):

$$\frac{y - y_1}{x - x_1} = \frac{y_2 - y_1}{x_2 - x_1} \tag{2}$$

so ergibt sich als Schnittpunkt der Sekante mit der x-Achse (y = 0) ein verbesserter Näherungswert x_3:

$$x_3 = x_1 - y_1(x_2 - x_1)/(y_2 - y_1). \tag{3}$$

Zur weiteren Verbesserung der Näherungslösung x_3 wird der Funktionswert $y_3 = f(x_3)$ berechnet und der so erhaltene Punkt $P_3(x_3,y_3)$ mit demjenigen Punkte P_1 oder P_2 verbunden, dessen Ordinate das entgegengesetzte Vorzeichen zu $f(x_3)$ aufweist. Damit erhält man als Schnittpunkt der Sekante mit der x-Achse erneut einen verbesserten Näherungswert, mit dem man wiederum die gesuchte Wurzel x^* eingabeln kann (vgl. Abb. 1).

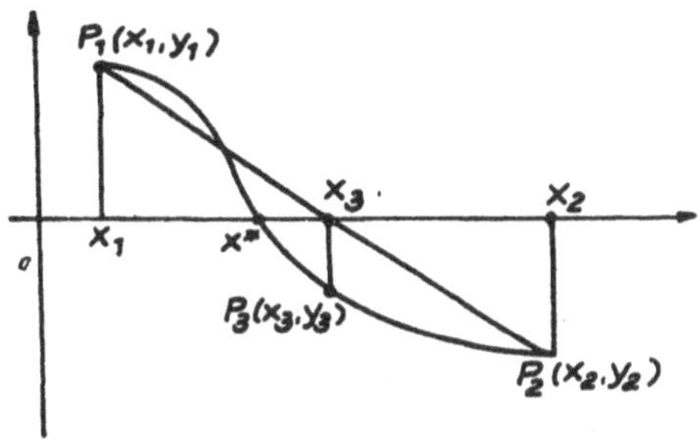

Abb. 1 Geometrische Darstellung des Sekantenverfahrens

Dieses Verfahren wird fortgesetzt, bis sich der Funktionswert des ermittelten Näherungswertes x_3 hinreichend wenig von Null unterscheidet oder eine maximale Anzahl von Iterationsschritten erreicht ist.

<u>Aufbau des Algorithmus</u>

S0: Wähle Abbruchschranke $\mathcal{E}$, maximale Iterationszahl ITMAX und Anfangswerte x_1 und x_2.

S1: Falls $|f(x_1)| < \mathcal{E}$ oder $|f(x_2)| < \mathcal{E}$, dann ist x_1 bzw. x_2 Lösung STOP
Falls $f(x_1)f(x_2) < 0$, setze IT = 1, gehe zu S2.
Gehe zu S0.

S2: Berechnung von x_3 nach (3)
Falls $|f(x_3))| < \mathcal{E}$, dann x_3 Lösung. STOP.

S3: Falls $f(x_3)f(x_1) < 0$, dann $x_2 = x_3$, sonst $x_1 = x_3$.
Setze IT = IT + 1.
Falls IT $\geqq$ ITMAX STOP.
Gehe zu S2.

BASIC-Programm

Das folgende Programm realisiert den beschriebenen Algorithmus.

```
100 PRINT"----------------"
120 PRINT" REGULA  FALSI"
140 PRINT"----------------"
160 REM *****          >>> KONSTANTEN <<<                    *****
180 A1$="MAXIMALE ITERATIONSZAHL ERREICHT"
200 A2$="ABBRUCH ERREICHT"
220 REM *****          >>> SCHRITT 0 <<<                     *****
240 DEF FNY(X)=x^3-11*x+8
260 INPUT"ABBRUCHSCHRANKE EPS = ";EPS
280 INPUT"MAXIMALE ITERATIONSZAHL ITMAX = ";ITMAX
300 INPUT"ANFANGSWERT X1 = ";X1
320 INPUT"ANFANGSWERT X2 = ";X2: PRINT:PRINT
340 REM *****          >>> SCHRITT 1 <<<                     *****
360 Y1=FNY(X1):Y2=FNY(X2):IF ABS(Y1)<EPS THEN X3=X1:GOTO 620
380 IF ABS(Y2)<EPS THEN X3=X2:GOTO 620
400 IF Y1*Y2<0 THEN GOTO 460
420 PRINT"DIE FUNKTIONSWERTE HABEN GLEICHE VORZEICHEN"
440 PRINT"NEUE ANFANGSWERTE EINGEBEN": GOTO 300
460 REM *****          >>> SCHRITT 2 <<<                     *****
480 FOR IT=1 TO ITMAX
500 Y1=FNY(X1):Y2=FNY(X2):X3=X1-Y1*(X2-X1)/(Y2-Y1):Y3=FNY(X3)
520 IF ABS(Y3)<EPS THEN 620
540 REM *****          >>> SCHRITT 3 <<<                     *****
560 IF Y3*Y1<0 THEN X2=X3   ELSE X1=X3
580 NEXT IT
600 IF IT>=ITMAX THEN PRINT A1$:GOTO 680
620 REM *****          >>> AUSGABE <<<                       *****
640 PRINT A2$:PRINT
660 PRINT "ERGEBNIS NACH ";IT;" ITERATIONEN"
680 PRINT:PRINT "X =";X3,";     f(";X3;") = ";FNY(X3)
700 END
```

Numerisches Beispiel

Gesucht sind die Nullstellen der Funktion

$$f(x) = x^3 - 11x + 8.$$

1. Eingabe: $x_1 = 0$, $x_2 = 2$, $\mathcal{E} = 10^{-5}$, ITMAX = 30.

   Ergebnis nach 7 Iterationen:
   $x = 0,768541$, $y = -9,53674$ E-6

2. Eingabe: $x_1 = 1$, $x_2 = 5$, $\mathcal{E} = 10^{-5}$, ITMAX = 20.

   Ergebnis: Abbruch nach max. Iterationszahl:
   $x = 2,86286$, $y = -0,0276127$

Weiterführende Bemerkungen

Die beschriebene einschließende Form der regula falsi besitzt globale Konvergenzeigenschaften. Es kann jedoch der Fall eintreten, daß über mehrere Iterationsschritte hinweg einer der beiden Punkte, durch welche die Sekante gelegt wird, unverändert bleibt. Dies zieht u. a. eine sehr langsame Verbesserung der Güte der erreichten Näherung nach sich. Einen Ausweg stellt das sequentielle Sekantenverfahren dar.
Mit den Startwerten x^0 und x^1 lautet diese klassische Vorschrift zur Lösung von Gleichungen mit einer Unbekannten

$$x^{k+1} = x^k - \frac{(x^k - x^{k-1})}{f(x^k) - f(x^{k-1})} f(x^k), \qquad k = 1, 2, \ldots \qquad (4)$$

Ist x^* eine einfache Nullstelle und f in einer Umgebung von x^* zweimal stetig differenzierbar, konvergiert die Folge $\{x^k\}$ bei hinreichend guten Startwerten gegen x^*, und die Konvergenzgeschwindigkeit hat den Wert $\varkappa = 1/2(1 + \sqrt{5})$.
Während die Vorschrift (4) eine stabile Formulierung darstellt, führt die vom theoretischen Standpunkt aus gleiche Formel

$$x^{k+1} = x^k - \frac{f(x^k)}{\dfrac{f(x^k)-f(x^{k-1})}{x^k - x^{k-1}}} \tag{5}$$

zu numerischen Instabilitäten.
Ausführliche Betrachtungen zum Sekantenverfahren findet man bei COLLATZ (1964). Die Beziehungen zwischen Sekantenverfahren und Newton-Verfahren stellten SCHMIDT (1963) und BITTNER (1963) heraus. Beide Arbeiten gehen in ihren Uberlegungen über den eindimensionalen Fall hinaus.

3.1.3. Das Newton-Verfahren

Mathematische Grundlagen des Verfahrens

Zur Lösung der Aufgabe

$$f(x) = 0 \qquad \text{mit } f: R^1 \longrightarrow R^1 \tag{6}$$

wird die Funktion f(x) in der Umgebung der gesuchten Nullstelle x^* durch eine lineare Funktion ersetzt. Zu einem gewählten Näherungswert x_0 berechnet man den Funktionswert $f(x_0)$ sowie die erste Ableitung $f'(x_0)$ und kann damit die Gleichung der Tangente im Punkt $P_0(x_0,y_0)$ an die Kurve $y = f(x)$ angeben:

$$\frac{y - y_0}{x - x_0} = f'(x_0). \tag{7}$$

Hieraus ergibt sich die lineare Funktion $y = f(x_0)+f'(x_0)(x-x_0)$, deren Nullstelle einen verbesserten Näherungswert x_1 für x^* liefert:

$$x_1 = x_0 - \frac{f(x_0)}{f'(x_0)}. \tag{8}$$

Der erhaltene Wert x_1 wird als Ausgangswert einer erneuten Verbesserung verwendet und das Verfahren solange fortgesetzt, bis die vorgegebene Genauigkeit erreicht wird (vgl. Abb. 2).

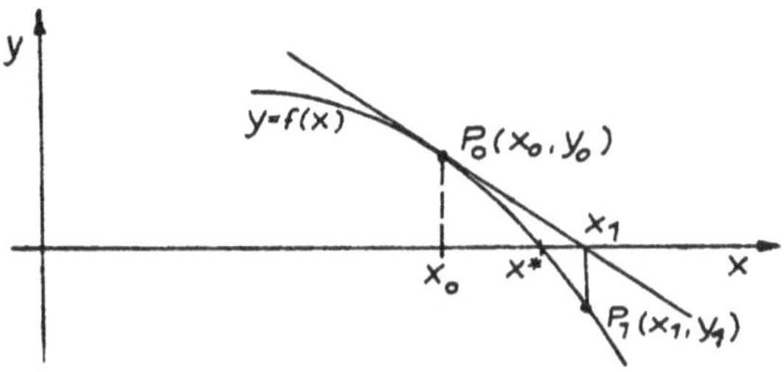

Abb. 2 Geometrische Darstellung des Newton-Verfahrens

Das so erklärte Newton-Verfahren ist lokal quadratisch konvergent. Falls für eine Umgebung $U(x^*)$ mit $x_0 \in U(x^*)$

$$\frac{|f(x)f''(x)|}{[f'(x)]^2} < 1 \qquad \forall\, x \in U(x^*) \tag{9}$$

gilt, erhält man

$$\lim_{k\to\infty} x_k = x^* \; ; \quad |x_{k-1} - x^*| < C\,|x_k - x^*|^2$$

Aufbau des Algorithmus

S0: Wähle eine Anfangsnäherung x_0,
eine Abbruchschranke $\varepsilon > 0$
und eine maximale Iterationszahl ITMAX.
Setze $k = 0$.

S1: Falls $|f(x_k)| < \varepsilon$, dann $x^* = x_k$ Lösung. STOP.

Falls $|f(x_k)f''(x_k)| < (f'(x_k))^2$, gehe zu S0.

S2: Setze $x_{k+1} = x_k - f(x_k)/f'(x_k)$.

S3: Falls $k >$ ITMAX STOP.
Setze $k = k+1$ und gehe zu S1.

BASIC-Programm

Das folgende Programm realisiert den beschriebenen Algorithmus.

```
100 PRINT"------------------------"
120 PRINT"NEWTON - VERFAHREN"
140 PRINT"------------------------"
160 REM *****   >>> FUNKTIONEN / ABLEITUNGEN  <<<          *****
180 DEF FNY(X)=X^2-COS(X)
200 DEF FNYA(X)=2*X+SIN(X)
220 DEF FNYB(X)=2+COS(X)
240 REM *****         >>> KONSTANTEN <<<                   *****
260 A1$="KONVERGENZBEDINGUNG NICHT ERFUELLT"
280 A2$="MAXIMALE ITERATIONSZAHL ERREICHT"
300 A3$="ABBRUCHTEST ERFUELLT"
320 REM *****         >>> SCHRITT 0  <<<                   *****
340 INPUT"ABBRUCHSCHRANKE : ";EPS
360 INPUT"MAXIMALE ITERATIONSZAHL : ";ITMAX
380 INPUT"ANFANGSWERT : ";X0:PRINT
400 REM *****         >>> SCHRITT 1 <<<                    *****
420 FOR K=1 TO ITMAX
440 Y=FNY(X0):Y1=FNYA(X0):Y2=FNYB(X0)
460 IF ABS(Y)<EPS THEN PRINT A3$:PRINT:GOTO 640
480 IF ABS(Y*Y2/Y1^2)<1 THEN 520
500 PRINT A1$:PRINT:GOTO 380
520 REM *****         >>> SCHRITT 2 <<<                    *****
540 X1=X0-Y/Y1: X0=X1:NEXT K
580 IF K>=ITMAX THEN PRINT A2$:PRINT:GOTO 620
600 REM *****                AUSGABE                       *****
620 PRINT "ERGEBNIS NACH ";K;" ITERATIONEN":PRINT
640 PRINT "X =";X1,"f(x) = ";FNY(X1)
660 END
```

Numerisches Beispiel

Gegeben ist die Funktion $y = x^2 - \cos x$.
Gesucht sind alle reellen Nullstellen der Funktion!
Aus der grafischen Lösung erhält man geeignete Anfangswerte. Bei einer vorgegebenen Abbruchschranke $\varepsilon = 10^{-5}$ und einer maximalen Iterationszahl ITMAX = 50 ergeben sich in Abhängigkeit vom jeweiligen Startpunkt die folgenden Resultate:

Startpunkt x_0	Iterationszahl	Ergebnis
0.5	4	$x^* = x_4 = 0.824132$
-0.3	50	keine Konvergenz
-0.7	3	$x^* = x_3 = -0.824132$

Weiterführende Bemerkungen

Das eindimensionale Newton-Verfahren verdeutlicht sehr eindrucksvoll die Wirksamkeit von Verfahren, die mit Informationen höherer Ordnung, d.h. mit Ableitungen arbeiten.
Die praktisch beobachteten numerischen Effekte haben in den 40-er und 50-er Jahren zur systematischen Untersuchung der Verbesserung der Näherung in jedem Iterationsschritt geführt (vgl. WILLERS (1957) und BACHMANN (1971)). Eine Fortsetzung der Taylor-Entwicklung über das lineare Glied hinaus ist theoretisch möglich. Der steigende Aufwand pro Iterationsschritt kompensiert jedoch u.U. die höhere Konvergenzgeschwindigkeit. Außerdem müssen stärkere Voraussetzungen durch die Funktion f(x) erfüllt sein.

3.2. Das Bairstow-Verfahren

Mathematische Grundlagen des Verfahrens

Das Bairstow-Verfahren dient zur näherungsweisen Bestimmung der Nullstellen eines Polynoms.
Es beruht auf der sukzessiven Abspaltung eines quadratischen Faktors und der daraus resultierenden Erniedrigung des Grades des

Polynoms um jeweils zwei.
Sein Vorteil besteht darin, daß bei gegebenen Wurzeleingrenzungen bzw.-annäherungen, die man aus anderen Verfahren erhalten kann, recht schnell eine beliebig genaue Näherung gewonnen werden kann.
Dividieren wir ein vorgegebenes Polynom

$$p_n(z) = a_n z^n + a_{n-1} z^{n-1} + \ldots + a_0 \tag{10}$$

durch das Polynom

$$m(z) = z^2 + pz + q$$

mit p und q als unbekannten Koeffizienten, so ergibt sich

$$p_n(z) = (z^2 + pz + q)g(z) + r_1 z + r_0. \tag{11}$$

Hierbei sind r_1 und r_0 Funktionen von p und q, und g(z) ist ein Polynom vom Grade n-2.
Ziel des Bairstow-Verfahrens ist es, solche Werte p' und q' zu bestimmen, daß r_1 und r_0 gleich Null werden und das Polynom die Gestalt

$$p_n(z) = (z^2 + p'z + q')g(z) \tag{12}$$

annimmt.
Eine ausführliche Darstellung des Polynoms g(z) und die explizite Beschreibung von r_1 und r_0 liefert:

$$\begin{aligned} p_n(z) = (b_n z^{n-2} &+ b_{n-1} z^{n-3} + \ldots + b_2) * \\ &(z^2 + pz + q) + b_1(z + p) + b_0. \end{aligned} \tag{13}$$

Aus dem Vergleich von (11) und (13) resultiert

$$b_1 = r_1 \quad ; \quad b_1 p + b_0 = r_0.$$

Die Größen r_1 und r_0 werden gleichzeitig Null, wenn $b_1 = 0$ und $b_0 = 0$ ist. Offensichtlich sind b_1 und b_0 von p und q abhängig. Die Aufgabe besteht nun darin, die Größen p und q so zu bestimmen, daß der quadratische Ausdruck m(z) eine solche Gestalt annimmt, die $b_1 = 0$ und $b_0 = 0$ zum Ergebnis hat.

Hierzu verwendet man das zweidimensionale Newton-Verfahren mit einem Startpunkt (p^0, q^0). Der k-te Schritt hat die Gestalt:

$$0 = b_0(p^k, q^k) + \left(\frac{\partial b_0}{\partial p}\right)_k (p^{k+1} - p^k) + \left(\frac{\partial b_0}{\partial q}\right)_k (q^{k+1} - q^k) \qquad (14.1)$$

$$0 = b_1(p^k, q^k) + \left(\frac{\partial b_1}{\partial p}\right)_k (p^{k+1} - p^k) + \left(\frac{\partial b_1}{\partial q}\right)_k (q^{k+1} - q^k) \qquad (14.2)$$

Die in der Rechnung benötigten Größen b_1 und b_0 erhält man durch Koeffizientenvergleich von (10) und (13):

$$\begin{aligned} z^n &: \quad a_n = b_n \\ z^{n-1} &: \quad a_{n-1} = b_{n-1} + pb_n \qquad (15) \\ z^j &: \quad a_j = b_j + pb_{j+1} + qb_{j+2} \quad ; \quad j = n-2,\ n-3,\ \ldots,\ 1,\ 0. \end{aligned}$$

Setzt man $b_{n+2} = 0$ und $b_{n+1} = 0$, so kann man für (15) die zusammenfassende Rekursionsformel

$$b_j = a_{j+2} - qb_{j+2} - pb_{j+1}, \qquad j = n, \ldots, 0, \qquad (16)$$

benutzen, um b_1 und b_0 in jedem Iterationsschritt zu berechnen. Außer den Größen b_0 und b_1 werden deren partielle Ableitungen nach p bzw. nach q benötigt. Dabei kann man nun von (16) ausgehen und die partiellen Ableitungen nach p und nach q bilden. Unter Beachtung der funktionalen Abhängigkeit $b = b(p,q)$ erhält man bei Anwendung der Produktregel als partielle Ableitung nach q :

$$\frac{\partial b_n}{\partial q} = 0; \ \frac{\partial b_j}{\partial q} = -b_{j+2} - q\frac{\partial b_{j+2}}{\partial q} - p\frac{\partial b_{j+1}}{\partial q} \ ; \ j = n-1,\ n-2, \ldots, 0.$$

Verschiebt man den Index j um 2 und setzt $c_j = -\dfrac{\partial b_{j-2}}{\partial q}$, so ergibt sich :

$$c_{n+3} = 0 \quad ; \quad c_{n+2} = 0;$$

$$c_j = b_j - p\,c_{j+1} - q\,c_{j+2} \qquad ; \qquad j = n+1, \ldots, 2\ .$$

Differenziert man (16) nach p, so erhält man:

$$\frac{\partial b_n}{\partial p} = 0 \;; \frac{\partial b_j}{\partial p} = -b_{j+1} - q\frac{\partial b_{j+2}}{\partial p} - p\frac{\partial b_{j+1}}{\partial p} \;; \quad j = n-1,\ n-2, \ldots, 0$$

Verschiebt man hier den Index j um 1 und setzt $c_j = -\frac{\partial b_{j-1}}{\partial p}$, so folgt :

$$c_{n+2} = 0 \quad ; \quad c_{n+1} = 0 \;;$$

$$c_j = b_j - p\,c_{j+1} - q\,c_{j+2} \;; \quad j = n, \ldots, 1.$$

Als Ergebnis erhalten wir, daß die c_j auf die gleiche Weise aus den Werten b_j gebildet werden, wie die Werte b_j aus den a_j. Also kann wieder das doppelzeilige Horner-Schema angewendet werden. Die dabei interessierenden Größen sind

$$c_1 = -\frac{\partial b_0}{\partial p}, \qquad c_2 = -\frac{\partial b_1}{\partial p},$$

$$c_2 = -\frac{\partial b_0}{\partial q}, \qquad c_3 = -\frac{\partial b_1}{\partial q}.$$

Setzt man ihre Werte zusammen mit den Werten von b_1 und b_0 in die oben angegebenen Formeln des Newton-Verfahrens ein, so erhält man das lineare Gleichungssystem

$$\begin{pmatrix} c_1^k & c_2^k \\ c_2^k & c_3^k \end{pmatrix} \begin{pmatrix} p^{k+1} - p^k \\ q^{k+1} - q^k \end{pmatrix} = \begin{pmatrix} b_0^k \\ b_1^k \end{pmatrix} \tag{17}$$

Die Lösung ergibt die Werte p^{k+1}, q^{k+1}. Mit den neuen Werten kann das Verfahren gegebenenfalls wiederholt werden.

Aufbau des Algorithmus

S0: Eingabe: Polynomgrad n, Koeffizienten a_j $(j = 0, \ldots, n)$
Wähle Startwerte p und q, die maximale Iterationszahl ITMAX sowie eine Abbruchschranke ε. Setze $m = n$ und $k = 0$.

S1: Falls m = 2, so gehe zu S7.

S2: Setze $b_n = c_n = a_n$; $b_{n-1} = a_{n-1} + p$; $c_{n-1} = b_{n-1} + p$.

$$b_{n-2} = a_{n-2} + b_{n-1}p + q \; ; \; c_{n-2} = b_{n-2} + c_{n-1}p + q.$$

Berechne für j = n-3, ..., 0:

$$b^k_j = a_j - b^k_{j+2}q^k - b^k_{j+1}p^k,$$

$$c^k_j = b_j - c^k_{j+2}q^k - c^k_{j+1}p^k.$$

S3: Falls $|b^k_{-1}| < \varepsilon$ und $|b^k_{-2}| < \varepsilon$, gehe zu S8.

S4: Falls k = ITMAX, STOP.

S5: Bestimme p_{k+1} und q_{k+1} aus (17)

S6: Setze k = k+1 und gehe zu S2.

S7: Bestimme x_1 und x_{1-1} als Lösung von

$$x^2 + p_k x + q_k = 0.$$

Setze n = n-2, $a_{j-2} = b_j$ (j = n-1, ..., 2)
und gehe zu S1.

S8: Falls m = 2: Bestimme x^1 und x^2 als Lösungen von
$a_2x^2 + a_1x + a_0 = 0$, STOP.
Falls m = 1: Setze $x_1 = -a_0/a_1$, STOP.
Falls m = 0, STOP.

BASIC-Programm

Das folgende Programm realisiert den beschriebenen Algorithmus.

```
100 PRINT"---------------------"
120 PRINT"BAIRSTOW - VERFAHREN"
140 PRINT"---------------------"
160 REM *****                  KONSTANTEN                      *****
180 F1$="ITERATIONSZAHL ZU GROSS":F2$="DETERMINANTE ZU GROSS"
200 F3$="DETERMINANTE ZU KLEIN"
220 REM *****                  SCHRITT 0                       *****
```

```
240 PRINT:INPUT"GRAD DES POLYNOMS :";N:PRINT
260 DIM A(N),B(N+2),C(N+2),X$(N)
280 FOR J=N TO 0 STEP -1
300 PRINT"KOEFFIZIENT VON X^";J;" : ";:INPUT"";A(J)
320 NEXT J:PRINT:INPUT"ANFANGSWERTE FUER P,Q :";P,Q:PRINT
340 INPUT"ABBRUCHSCHRANKE :";EPS:PRINT
360 N1=N:M=N:P0=P:Q0=Q:FOR J=0 TO N:A(J)=A(J)/A(N):NEXT J
380 REM *****                   SCHRITT 1                        *****
400 IF N<=2 THEN 820
420 P=P0:Q=Q0:IT=1
440 REM *****                   SCHRITT 2                        *****
460 B(N)=1:C(N)=1:B(N-1)=A(N-1)+P:C(N-1)=B(N-1)+P
480 B(N-2)=A(N-2)+B(N-1)*P+Q:C(N-2)=B(N-2)+C(N-1)*P+Q
500 FOR J=N-3 TO 0 STEP -1
520 B(J)=A(J)+B(J+1)*P+B(J+2)*Q:C(J)=B(J)+C(J+1)*P+C(J+2)*Q
540 NEXT J:IF ABS(B(1))<EPS AND ABS(B(0))<EPS THEN 760
560 REM *****                   SCHRITT 3                        *****
580 D=C(2)*C(2)-C(1)*C(3):IF IT>50 THEN PRINT F1$:GOTO 640
600 IF ABS(D)>1E+20 THEN PRINT F2$:GOTO 640
620 IF ABS(D)>.0001 THEN 700 ELSE PRINT F3$
640 REM *****                   SCHRITT 4                        *****
660 INPUT"NEUE STARTWERTE FUER P,Q ";P,Q:PRINT
680 IT=1:GOTO 440
700 REM *****                   SCHRITT 5                        *****
720 P=P-(B(1)*C(2)-B(0)*C(3))/D:Q=Q-(B(0)*C(2)-B(1)*C(1))/D
740 IT=IT+1:GOTO 440
760 REM *****                   SCHRITT 6                        *****
780 GOSUB 960:X$(M)=X1$:X$(M-1)=X2$
800 FOR J=N-1 TO 2 STEP -1:A(J-2)=B(J):NEXT J:N=N-2:M=N:GOTO 380
820 REM *****                   SCHRITT 7                        *****
840 IF N=1 THEN X$(1)=STR$(-A(0))
860 IF N<>2 THEN 900
880 P=-A(1):Q=-A(0):GOSUB 960:X$(1)=X1$:X$(2)=X2$
900 REM *****                   AUSGABE                          *****
920 PRINT:PRINT:PRINT"E R G E B N I S":PRINT
940 FOR J=1 TO N1:PRINT"X";J;" = ";X$(J):NEXT J:END
960 REM *****  UP : QUADRATISCHE GLEICHUNG                       *****
980 C=P/2:D=C*C+Q:IF D>=0 THEN 1040
```

```
1000 E=SQR(-D):R$=STR$(C):I$=STR$(E):X1$=R$+" + "+I$+" * i"
1020 X2$=R$+" - "+I$+" * i":RETURN
1040 E=SQR(D):X1=C+E:X2=C-E:X1$=STR$(X1):X2$=STR$(X2):RETURN
```

Numerisches Beispiel

$P(z) = z^7 - 8z^5 + 30z^4 - 59z^3 + 30z^2 - 50z.$

Mit $p = 0$, $q = 1$, $\varepsilon = 10^{-5}$ erhält man:

z1 = -4.31663 ; z2 = 2.31662 ; z3 = 0
z4 = 1 - 2*i ; z5 = 1 + 2*i
z6 = 1.33741E-08 - 1*i ; z7 = 1.33741E-08 + 1*i

(i ist die imaginäre Einheit)

Weiterführende Bemerkungen

Bei der Durchführung des Bairstow-Verfahrens kommt es darauf an, die Anzahl der Iterationsschritte zur Bestimmung der Größen p und q möglichst gering zu halten. Hieraus resultiert die Notwendigkeit, über gute Näherungen für die Wurzeln des Polynoms zu verfügen. Zu ihrer Bereitstellung gibt es zwei Möglichkeiten:

1. Vorschalten eines anderen Verfahrens, z. B. des Bernoulli-Verfahrens.
2. Bestimmung von Näherungen unter Verwendung von Einschließungssätzen.

Neben Resultaten von BÖRSCH; SUPAN (1963) sei hier auf Ergebnisse von BACHMANN (1967) und SCHMIDT; DRESSEL (1967) verwiesen:
Ist w C eine Näherung für eine Nullstelle des Polynoms

$$p_n(x) = a_n x^n + a_{n-1} x^{n-1} + \dots + a_1 x + a_0$$

mit $a_n = 1$ und Koeffizienten a_j C $(j = 0, \dots, n-1)$, so läßt sich nach Bachmann aus dem Satz von Rouche folgende Abschätzung herleiten:
Erfüllen die Zahlen m_j und M_j für $j = 0, \dots, n$ die Ungleichung

$$m_j < |a_j| < M_j$$

und ist die reelle Zahl $r > 0$ eine Lösung der Ungleichung

$$\sum_{\substack{j=0\\j\neq k}}^{n} M_j r^j < m_k r^k, \tag{18}$$

so besitzt p genau k Nullstellen $z_1, \ldots, z_k$ im Kreis $|z - w| < r$. Wählt man

$$t_k = 2 \max \left(2M_j/m_k \right) = (1/2) \min \left(m_k/(2M_j) \right),$$

so ist mit $r = t_k$ (18) erfüllt und für k Nullstellen von p gilt

$$|z_l - w| < t_k \quad ; \quad l = 1, \ldots, k.$$

Der Fixpunktsatz von Brouwer ist Grundlage der Fehlerabschätzung von SCHMIDT/DRESSEL (1967):

Gilt für die reellen Zahlen $r_1, \ldots, r_n$:

$$0 = r_l < \min_{\substack{j=1,\ldots,n\\j\neq l}} |w_j - w_l|$$

und

$$R_l < r_l, \quad R_l = |p(w_l)| / \left(|w_j - w_l| - r_j \right)$$

so ist die Abschätzung

$$|z_l - w_l| \leq R_l \quad ; \; l = 1, \ldots, n \quad \text{verifizierbar.}$$

3.3. Das gewöhnliche Iterationsverfahren

Mathematische Grundlagen des Verfahrens

Die Lösung des nichtlinearen Gleichungssystems

$$F(x) = 0 \quad ; \quad F(x) = (f_1(x), \ldots, f_m(x))^T \tag{19}$$

kann mit einem geeignet gewählten Operator $G(x)$ auf ein Fixpunktproblem zurückgeführt werden.

Dabei ist ein Punkt $x^* \in R^n$ zu bestimmen, für welchen

$$x^* = G(x^*) \tag{20}$$

gilt.

Fixpunktprobleme sind insbesondere seit den Arbeiten von S. Banach sehr ausführlich untersucht worden (siehe z. B. COLLATZ (1964)). Die dabei erzielten Resultate bilden die Grundlage für den Nachweis der Konvergenz der folgenden aus (18) konstruktiv abgeleiteten Vorgehensweise. Bestimme x^{k+1} gemäß

$$x^{k+1} = G(x^{*}). \tag{21}$$

Genügt der Operator G(x) auf einer Umgebung $U(x^{*})$ der Kontraktionsbedingung:

$$\|G(x) - G(y)\| < C \|x - y\| \quad ; \forall x, y \in U(x^{*}) , 0 < C < 1, \tag{22}$$

so ergibt sich im Falle $x^{k} \in U(x^{*})$ aus (20) und (21)

$$\|G(x^{k}) - G(x^{*})\| < C \|x^{k} - x^{*}\| .$$

Damit konvergiert die Folge $\{x^{k}\}$ gegen x^{*}.
Für die Wahl des Operators G gibt es unterschiedliche Möglichkeiten. In der vorliegenden Implementierung wurde

$$G = I - F \tag{23}$$

gewählt, wobei I der Einheitsoperator ist. Die Kontraktionskonstante C läßt sich aus einer Taylor-Entwicklung des Operators G in einem Punkt $x \in U(x^{*})$ bestimmen.
Aus $G(y) = G(x) + G'(x)(y - x)$ mit $\xi \in [x, y]$ läßt sich bei zweimal stetiger Differenzierbarkeit von G(x) die Abschätzung

$$\|G(y) - G(x)\| < C \|y - x\| \quad ; \quad \forall x \in U(x^{*})$$

gewinnen, wobei $C = \max_{x \in U(x^{*})} \|G'(x)\|$ gesetzt wird.

<u>Aufbau des Algorithmus</u>

S0: Wahl eines Startpunktes x^{0} und
einer Abbruchgenauigkeit $\varepsilon > 0$.
Setze k=0

S1: Bestimme x^{k+1} nach (19) mit (21) : $x^{k+1} = x^{k} - F(x^{k})$.

S2: Falls $\|x^{k+1} - x^{k}\| < \varepsilon$, ist $x^{*} = x^{k+1}$ Lösung. STOP.

S3: Setze k = k + 1 und gehe zu S1.

BASIC-Programm

Das folgende Programm realisiert den beschriebenen Algorithmus.

```
100 PRINT"-----------------------------------"
120 PRINT"GEWOEHNLICHES ITERATIONSVERFAHREN"
140 PRINT"-----------------------------------"
160 REM *****          >>> SCHRITT 0 <<<                    *****
180 INPUT"DIMENSION DES PROBLEMS (Anz. Gleich./Var.) :",N
200 DIM X(N),Y(N),XA(N)
220 PRINT"STARTVEKTOR :":FOR I=1 TO N:INPUT"X=",X(I):NEXT I
240 INPUT"GENAUIGKEIT :", EPS
260 INPUT"MAX. ITERATIONSZAHL :",ITMAX
280 T$="LOESUNG :" :K=0
300 REM *****          >>> SCHRITT 1 <<<                    *****
320 IF K=ITMAX+1 THEN T$="MAX.ITERATIONSZAHL ERREICHT !":GOTO 480
340 PRINT"*******  ITERATIONSSCHRITT  *******"
360 FOR I=1 TO N:PRINT"X(";I;")=";X(I):GOSUB 620:Y(I)=Y:NEXT I
380 NO=0:FOR I=1 TO N:X(I)=X(I)-Y(I):NO=NO+Y(I)*Y(I):NEXT I
400 NO=SQR(NO):PRINT"NORM = ";NO
420 REM *****          >>> SCHRITT 2 <<<                    *****
440 IF NO<EPS THEN GOTO 480 ELSE K=K+1:GOTO 300
460 REM *****           >>> AUSGABE <<<                     *****
480 PRINT:PRINT"**********  ERGEBNIS  **********"
500 PRINT T$
520 FOR I=1 TO N:PRINT"X(";I;") = ";X(I):GOSUB 620:Y(I)=Y:NEXT I
540 NO=0:FOR I=1 TO N:NO=NO+Y(I)*Y(I):NEXT I:NO=SQR(NO)
560 PRINT:PRINT"NORM VON F(X) :";NO
580 PRINT"ANZAHL DER ITERATIONEN :";K
600 END
620 ON I GOTO 640,660
640 Y=X(1)-X(2)*X(2):RETURN
660 Y=X(2)-X(1)*X(1):RETURN
```

Numerisches Beispiel

Mit Hilfe des gewöhnlichen Iterationsverfahrens wurde eine Wurzel des Gleichungssystems

$$x_1 - x_2^2 = 0$$

$$x_2 - x_1^2 = 0$$

bestimmt. Der Startpunkt $x^0 = (0.3, 0.2)^T$ gehört zur Umgebung der Lösung $x^* = (0,0)^T$, in welcher der Operator

$$G = I-F = (-x_2^2, -x_1^2)^T$$

der Kontraktionsbedingung (20) genügt. Nach 4 Iterationsschritten wurde die Näherung (0 , 1.86483E-17) erreicht, in welcher der Abbruchtest mit $\varepsilon = 0.00001$ erfüllt war.

Weiterführende Bemerkungen

Die Bedeutung des zugrundeliegenden Fixpunktsatzes geht weit über das hier vorgestellte gewöhnliche Iterationsverfahren hinaus. Zum einen lassen sich weitere konstruktive Aspekte nennen, etwa die Begründung des Gesamtschrittverfahrens in der linearen Algebra. Hier wird die Matrix A der vektorwertigen Funktion

$$F(x) = Ax + b$$

aufgespalten in

$$A = B + D,$$

wobei D eine Diagonalmatrix ist, die regulär sei. Der Operator G hat dann die Gestalt

$$G(x) = -D^{-1}(Bx + b).$$

Ausführliche Betrachtungen zum Gesamtschrittverfahren wurden bereits in Kapitel 2 angestellt.

Zum anderen ist das Fixpunktprinzip Grundlage der Konvergenzuntersuchungen einer großen Klasse von Iterationsverfahren. Approximiert man etwa $F(x)$ im Punkt x^k durch $F(x^k)+F(x^0)(x - x^k)$, so ergibt sich das lineare Gleichungssystem

$$F(x^k) + F(x^0)(x - x^k) = 0 ,$$

welches zur vereinfachten Variante des in späteren Abschnitten betrachteten Newton-Verfahrens gehört.
Der zum Nachweis der Konvergenz dieses Verfahrens eingeführte Operator lautet

$$G(x) = x - F(x^0)^{-1}F(x).$$

Darlegungen zur Konvergenz von Iterationsverfahren findet man bei COLLATZ(1964), SCHWETLICK(1979) und ORTEGA; RHEINBOLDT(1970). In dem zuletzt genannten Buch wird ebenso wie bei SCHMIDT, DRESSEL (1967) für spezielle Operatoren G die Monotonie der Konvergenz der Iterierten (im Sinne der natürlichen Halbordnung) nachgewiesen.

3.4. Newton-Verfahren und Modifikationen

3.4.1. Newton-Verfahren und Newton-Verfahren mit konsistenter Approximation der Jacobi-Matrix

Mathematische Grundlagen des Verfahrens

Zur Lösung der Aufgabe

$$F(x) = 0 \quad \text{mit } F\colon R^n \longrightarrow R^n \tag{24}$$

wird die Funktion $F(x) = (f_1(x), \ldots, f_n(x))^T$ in einer vorliegenden Näherung x^k der Wurzel x^* von (1) linearisiert. Dadurch ergibt sich zunächst der Punkt y^k als Lösung des linearen Gleichungssystems

$$F(x^k) + B_k(x - x^k) = 0. \tag{25}$$

Hierbei wird als Matrix B_k die Jacobi-Matrix $H(x^k) = (h^k)_{ij}$

$$B_k = H(x^k) = (h^k)_{ij} = \left(\frac{\partial f_i(x)}{\partial x_j}\right)_{x=x^k} \tag{26}$$

der Funktion F im Punkt x^k verwendet.

In der Originalversion wird die Lösung y^k von (22) als Iterierte x^{k+1} angesehen. Man erhält für diese Vorgehensweise unter den Voraussetzungen

(i) $F(x)$ stetig differenzierbar in einer offenen konvexen Menge $D \subset R^n$.

(ii) $\exists\, x_* \in R^n$ sowie r und $\beta > 0$, so daß $U(x^*, r) \subset D$, $F(x_*) = 0$, und

(iii) $H(x^*)^{-1}$ existiert mit $\| H(x^*)^{-1} \| \leq \beta$.

die folgende Aussage:

Es existiert ein $\varepsilon > 0$, sodaß für $x^0 \in U(x^*, \varepsilon)$ durch die beschriebene Vorgehensweise eindeutig eine Folge $\{x^k\}$ bestimmt ist, welche gegen x^* konvergiert und für die

$$\| x^{k+1} - x^* \| < C \, \| x^k - x^* \|^2 \tag{27}$$

gilt.

Den Vorteilen der Q-quadratischen Konvergenz bei vorliegender guter Startnäherung für den Fall, daß $H(x^*)$ nichtsingulär ist, stehen folgende Nachteile gegenüber:

1. Im allgemeinen keine globale Konvergenz.
2. Berechnung von $H(x^k)$ in jedem Schritt der Iteration notwendig.
3. Lösung eines linearen Gleichungssystems, welches unter Umständen schlecht konditioniert ist.

Der erste Nachteil kann durch die Verwendung einer gedämpften Version des Newton-Verfahrens bzw. seiner Modifikationen beseitigt werden. Dabei wird y^k nicht sofort als Nachfolger von x^k akzeptiert. Man wählt $x^{k+1} = x^k + \alpha_k s^k$ mit $s^k = y^k - x^k$ und $\alpha_k = (1/2)^{j_k}$, wobei j_k die kleinste nichtnegative ganze Zahl ist, für welche bezüglich der Funktion

$$\varphi(x) = (1/2) \, \| F(x) \|^2 = (1/2) \sum_{i=1}^{n} f_i^2(x)$$

die Ungleichung

$$\varphi(x^k + \alpha_k s^k) \leq \varphi(x^k) + q\,\alpha_k \nabla\varphi(x^k)^T s^k \tag{28}$$

mit $0 < q < 1$ gilt.

Es läßt sich unter hinreichend schwachen Voraussetzungen zeigen, daß für genügend großes k_0 gilt:

$$\alpha_k = 1 \qquad \forall k > k_0.$$

Damit geht in einer Umgebung von x^* das gedämpfte in das ungedämpfte Newton-Verfahren über. Man hat eine globale und lokal überlinear konvergente Methode zur Lösung der Aufgabe (1).

Eine Möglichkeit, den zweiten Nachteil zu beseitigen, besteht in der konsistenten Approximation $B^k = (b^k)_{ij}$ der Matrix $H(x)$ der Funktion $F(x)$. Hierbei wird h^k_{ij} durch die dividierte Differenz

$$b^k_{ij} = \frac{f_i(x^k + h^k_j e_j) - f_i(x^k)}{h^k_j} \tag{29}$$

ersetzt.

Für die in der Implementierung gewählte Diskretisierungsschrittweite

$$h_k = \|x^k - x^{k-1}\| \, (1 + \|x^k\|)$$

kann lokal die Konvergenzgeschwindigkeit $\varkappa = (1 + \sqrt{5})/2$ nachgewiesen werden.

Aufbau des Algorithmus

Beim folgenden Newton-Verfahren kann zur Konstruktion der Matrix B^k wahlweise mit partiellen Ableitungen oder mit einer konsistenten Approximation der Jacobi-Matrix gearbeitet werden.

S0: Eingabe: Dimension n, Abbruchgenauigkeit ε_0
Abstiegsparameter q, Startvektor x^0.

S1: Berechne B_k^k nach der Vorschrift (23) bzw. (26).

S2: Bestimme y^k als Lösung des linearen Gleichungssystems (22)

S3: Setze $s^k = y^k - x^k$.

Ermittle die kleinste nichtnegative Zahl j_k, für die

mit $\alpha_k = (1/2)^{j_k}$ gilt:

$$\varphi(x^k + \alpha_k s^k) - \varphi(x^k) \leqq q\ \alpha_k\ (\nabla \varphi(x^k))^T s^k$$

und setze $x^{k+1} = x^k + \alpha_k s^k$.

S4: Ist $\| x^{k+1} - x^k \| < \mathcal{E}$, so ist $x^* = x^{k+1}$ Lösung. STOP.

S5: Setze k = k + 1 und gehe zu S1.

BASIC-Programm

Das folgende Programm realisiert den beschriebenen Algorithmus.

```
100 PRINT"----------------------------"
120 PRINT"   NEWTON - VERFAHREN "
140 PRINT"----------------------------"
160 REM *****            >>> KONSTANTEN  <<<                    *****
180 T1$="ABBRUCHTEST ERFUELLT !"
200 T2$="MAXIMALE ITERATIONSZAHL ERREICHT !"
220 REM *****           >>> SCHRITT 0  <<<                     *****
240 INPUT"DIMENSION DES PROBLEMS : ";N
260 INPUT"ABBRUCHSCHRANKE IST : ";EPS
280 INPUT"ABSTIEGSPARAMETER (0 < Q < 1)";QF
300 INPUT"MAXIMALE ITERATIONSZAHL : ";ITMAX
320 LST=0:M=N:PRINT
340 DIM A(N,N+1),X(N+1),XA(N)
360 PRINT"EINGABE DES STARTVEKTORS"
380 FOR I=1 TO N: PRINT"WERT DER";I;".VARIABLEN VON XO: ";
400 INPUT XA(I):X(I)=XA(I):NEXT I
420 PRINT CHR$(12):PRINT"BERECHNUNG DER JACOBI-MATRIX":PRINT
440 PRINT:PRINT:PRINT"(A)nalytische Ableitungen"
460 PRINT"(K)onsistente Approximation der Ableitungen":PRINT
480 INPUT"AUSWAHL  =====> (A/K) ";E$:V$="aAkK"
```

```
500 IF INSTR(V$,E$)=0 THEN GOTO 420
520 REM *****     >>> BEGINN DES ITERATIONSZYKLUS <<<      *****
540 FOR IT=1 TO ITMAX
560 REM *****          >>> SCHRITT 1 <<<                   *****
580 IF E$="A" OR E$="a" THEN GOTO 640
600 DN=0:FOR I=1 TO N:DN=DN+(X(I)-XA(I))^2:NEXT I
620 DN=SQR(DN):IF DN<EPS THEN DN=EPS
640 FOR I=1 TO N:GOSUB 1380:A(I,N+1)=-YY:DF(I)=YY: FOR J=1 TO N
660 IF E$="A" OR E$="a" THEN GOSUB 1520 ELSE GOSUB 1460
680 A(I,J)=YYY: NEXT J,I
700 FOR I=1 TO N:FOR K=1 TO N:A(I,N+1)=A(I,N+1)+A(I,K)*X(K)
720 NEXT K,I
740 FOR I=1 TO N:XA(I)=X(I):NEXT I
760 GOSUB 1320:YA=Y
780 REM *****          >>> SCHRITT 2 <<<                   *****
800 GOSUB 1680
820 REM *****          >>> SCHRITT 3 <<<                   *****
840 FOR I=1 TO N:S(I)=X(I)-XA(I):NEXT I
860 RA=0:FOR I=1 TO N:RA=RA+S(I)*DF(I):NEXT I
880 AL=1
900 FOR I=1 TO N:X(I)=X(I)+AL*S(I):NEXT I
920 GOSUB 1320
940 IF (Y-YA)<AL*QF*RA THEN 1020
960 FOR I=1 TO N:X(I)=X(I)-AL*S(I):NEXT I
980 IF AL<EPS THEN GOTO 1020
1000 AL=AL/2:GOTO 900
1020 REM *****         >>> SCHRITT 4 <<<                   *****
1040 NO=0:FOR I=1 TO N:NO=NO+(X(I)-XA(I))^2:NEXT I:NO=SQR(NO)
1060 IF NO<EPS THEN LST=1
1080 REM *****         >>> ERGEBNISDRUCK <<<               *****
1100 PRINT"**********************************************"
1120 PRINT IT;". NAEHERUNG":PRINT
1140 FOR I=1 TO N:X(I)=A(I,N+1):PRINT"X";I;"=";X(I):NEXT I
1160 PRINT"WERTE DER FUNKTIONEN (GLEICHUNGEN) : "
1180 FOR I=1 TO N:GOSUB 1400:PRINT YY:NEXT I
1200 GOSUB 1320:PRINT"NORM VON F(X)= ";Y
1220 IF IT=ITMAX THEN PRINT T2$
1240 IF LST=1 THEN PRINT T1$:GOTO 1300
```

```
1260 REM *****          >>> SCHRITT 5 <<<                        *****
1280 NEXT IT
1300 END
1320 REM *****          >>> NORM F(X) <<<                        *****
1340 Y=0:FOR I=1 TO N:GOSUB 1400:Y=Y+YY*YY:NEXT I
1360 Y=SQR(Y):RETURN
1380 REM *****       >>> GLEICHUNGEN F(X) <<<                    *****
1400 ON I GOTO 1420,1440
1420 YY=X(1)+X(2)-3:RETURN
1440 YY=X(1)^2+X(2)^2-9:RETURN
1460 REM *****    >>> JACOBI - MATRIX -KONSISTENT <<<            *****
1480 HD=DN *(1+ABS(X(J))):GOSUB 1400:Y1=YY:X(J)=X(J)+HD
1500 GOSUB 1400:YYY=(YY-Y1)/HD:X(J)=X(J)-HD:RETURN
1520 REM *****     >>> JACOBI-MATRIX-ANALYTISCH <<<              *****
1540 ON I GOTO 1560,1620
1560 ON J GOTO 1580,1600
1580 YYY=1:RETURN
1600 YYY=1:RETURN
1620 ON J GOTO 1640,1660
1640 YYY=2*X(1):RETURN
1660 YYY=2*X(2):RETURN
1680 REM *****            >>> QR-MODUL <<<                       *****
1700 L=N:IF N=M THEN L=N-1
1720 FOR J=1 TO L:B=0:FOR I=J TO M:B=B+A(I,J)*A(I,J):NEXT I
1740 A$="DIE SPALTEN VON A SIND LINEAR ABHAENGIG!"
1760 IF B=0 THEN PRINT CHR$(12);A$:END
1780 A=-SGN(A(J,J))*SQR(B):IF A(J,J)=0 THEN A=-SQR(B)
1800 ALPHA=B-A(J,J)*A:A(J,J)=A(J,J)-A:FOR K=J+1 TO N+1
1820 S=0:FOR I=J TO M:S=S+A(I,J)*A(I,K):NEXT I:X(K)=S/ALPHA
1840 FOR I=J TO M:A(I,K)=A(I,K)-A(I,J)*X(K):NEXT I:NEXT K
1860 A(J,J)=A:NEXT J:IF A(N,N)=0 THEN PRINT CHR$(12);A$:END
1880 A(N,N+1)=A(N,N+1)/A(N,N):FOR J=N-1 TO 1 STEP -1
1900 FOR I=N TO J+1 STEP -1:A(J,N+1)=A(J,N+1)-A(J,I)*A(I,N+1)
1920 NEXT I:A(J,N+1)=A(J,N+1)/A(J,J):NEXT J
1940 D=0:IF M=N THEN D=0:GOTO 1980
1960 FOR I=N+1 TO M:D=D+A(I,N+1)*A(I,N+1):NEXT I:D=SQR(D)
1980 FOR I=1 TO N:X(I)=A(I,N+1):NEXT I:RETURN
```

Numerisches Beispiel

Mit dem Newton-Verfahren wurde das nichtlineare Gleichungssystem

$$f_1(x) = x_1 + x_2 - 3 = 0$$

$$f_2(x) = x_1^2 + x_2^2 - 9 = 0$$

gelöst. Die beiden Gleichungen sind gemeinsam für die Punkte

$x^*_1 = (0,3)^T$ und $x^*_2 = (3,0)^T$ erfüllt.

Das im Programm implementierte Beispiel ergab für $\varepsilon = 0.00001$; $q = 0.5$ und der maximalen Iterationszahl 25 in Abhängigkeit vom Startvektor x^0 folgende Ergebnisse:

$(x^0)^T$	Jacobi-Matrix analytisch It.	Lösung	Jacobi-Matrix approximiert It.	Lösung
(1,-1)	6	(3,-1.933548E-6)	9	(3.000001, 3.862078E-6)
(100,0)	10	(3,-1.933657E-6)	20	(3,0)
(5,5)		lin. Abhängigkeit		lin. Abhängigkeit
(3,5)	7	(2.384186E-7,3)	10	(-2.383157E-7,3)
(0,10)	7	(2.384186E-7,3)	9	(-4.767542E-7,3)

Für Startpunkte der Form (a,a) ist die Jacobi-Matrix für unser Beispiel singulär. Daher erfolgt ein Programmabbruch.

Weiterführende Bemerkungen

Die angegebene konsistente Approximation der Ableitungen im Newton-Verfahren stellt nur die einfachste Form derartiger Vorschriften dar. Sie zeichnet sich durch eine hohe Stabilität aus, erfordert aber die Berechnung der Ableitungen in weiteren n Hilfspunkten. Die charakterisierende Eigenschaft, daß für klein werdende Diskretisierungsschrittweiten die Approximation immer besser mit der Jacobi-Matrix von f(x) übereinstimmt, also konsistent ist, wird auch von anderen Vorschriften erfüllt. Am bekanntesten sind die sogenannten sequentiellen Sekantenverfahren, bei denen die Gradienten in n zurückliegenden Iterationspunkten verwendet werden. Zum Nachweis der Konsistenz, der Durchführbarkeit der Iteration und der überlinearen Konvergenz ist allerdings erforderlich, daß sich diese Punkte in sogenannter allgemeiner Lage befinden. Eine Forderung, die a priori kaum zu erfüllen ist. Bekannte Vertreter dieser Verfahrensklasse sind die Vorschriften von Heinrich/Wolfe/Bittner und von Danilin/Pcenicnij.

3.4.2. Quasi-Newton-Verfahren

Mathematische Grundlagen des Verfahrens

Eine weitere Möglichkeit, Ableitungen bei der Lösung des Gleichungssystems (1) zu vermeiden und gleichzeitig die Lösung eines Gleichungssystems zu umgehen, stellen Quasi-Newton-Verfahren dar. Dabei wird die Jacobi-Matrix H(x) der Funktion F(x) durch eine Approximation B_k ersetzt, welche der Bedingung

$$B_k(x^k - x^{k-1}) = F(x^k) - F(x^{k-1}) \tag{30}$$

genügt. Die Quasi-Newton-Gleichung (27) kann auch in der Form

$$(B_{k+1} - B_k)\, s^k = y^k - B_k\, s^k \tag{31}$$

geschrieben werden. Geht man davon aus, daß die Wirkung von B_{k+1} auf die zu s orthogonalen Richtungen unverändert bleibt (s. SCHWETLICK(1979)), so ergibt sich

$$(B_{k+1} - B_k)\, s = 0 \quad ; \quad s \in R^n : (s^k)^T s = 0 \tag{32}$$

Aus (29) folgt, daß $B_{k+1} - B_k$ die Gestalt

$$B_{k+1} - B_k = (u^k)(s^k)^T$$

besitzt, wobei u^k ein beliebiger Vektor des R^n ist. Die Beziehungen (28) und (30) liefern die Aufdatierungsvorschrift von Broyden

$$B_{k+1} = B_k + \frac{(y^k - B_k s^k)(s^k)^T}{(s^k)^T (s^k)} . \tag{33}$$

Mit geeignet gewähltem Startvektor und geeignet gewählter Matrix B_0 ist die Folge der Iterierten x^k dann erklärt durch

$$x^{k+1} = x^k - B_k^{-1} F(x^k). \tag{34}$$

Für das durch (30) und (31) beschriebene Broyden-Verfahren kann der folgende lokale Konvergenzsatz bewiesen werden.

<u>Satz</u>: Gilt für die Nullstelle x^* von $F(x)$:

a) Die Funktion $F(x)$ ist auf einer ganzen Umgebung $S(x^*)$ erklärt.

b) Die Ableitung F' von F existiert auf $S(x^*)$ und ist dort Lipschitz-stetig, außerdem existiert die Inverse $F'(x^*)^{-1}$,

so gibt es Zahlen $\delta, \rho > 0$ sowie $M, N > 0$ derart, daß folgendes gilt : Das Broyden-Verfahren ist für jeden Startpunkt $x^0 \in S_0 = \{ x: \| x-x^* \| \leq \delta \}$ und jede Startmatrix A_0 mit $\| B_0 - F'(x^0) \| \leq \rho$ durchführbar, die Iterierten x^k liegen in S_0 und die Matrizen A_k genügen den Abschätzungen

$$\| B_k \| < M \quad \text{und} \quad \| B_k^{-1} \| < N.$$

Darüber hinaus läßt sich verifizieren :

Entweder das Verfahren endet nach endlich vielen Schritten wegen $F(x^N) = 0$ mit $x^N = x^*$ oder die Folge $\{x^k\}$ konvergiert überlinear gegen x^*.

Praktisch von Vorteil ist die Arbeit mit der sogenannten inversen Aufdatierungsformel für $A_{k+1} = (B_k)^{-1}$

$$A_{k+1} = A_k + \frac{(y^k - A_k s^k)(y^k - A_k s^k)}{(y^k - A_k s^k)^T s^k}$$

Davon wird im Algorithmus Gebrauch gemacht.

Aufbau des Algorithmus

S0: Wähle eine Anfangsnäherung x^0 für eine Lösung von $F(x) = 0$
Wähle die Abbruchgenauigkeit ε . Setze $A_0 = I$ und $k = 0$.

S1: Bestimme sk gemäß

$$s^k = - A_k F(x^k) \text{ und setze } x^{k+1} = x^k + s^k.$$

S2: Ist $\| x^{k+1} - x^k \| < \varepsilon$, so ist $x^* = x^{k+1}$ Lösung. STOP.

S3: Ermittle $y^k = F(x^{k+1}) - F(x^k)$ und A_{k+1} gemäß (34).
Setze $k = k + 1$ und gehe zu S1.

BASIC-Programm

Das folgende Programm realisiert den beschriebenen Algorithmus.

```
100 PRINT"-----------------------------------"
120 PRINT"VERFAHREN DER VARIABLEN METRIK"
140 PRINT"-----------------------------------"
160 REM *****          >>> KONSTANTEN <<<                  *****
180 T1$="ABBRUCHTEST ERFUELLT !"
200 T2$="MAXIMALE ITERATIONSZAHL ERREICHT !"
220 REM *****          >>> SCHRITT 0 <<<                   *****
240 INPUT"DIMENSION DES PROBLEMS : ";N
260 INPUT"MAXIMALE ITERATIONSZAHL : ";ITMAX
280 INPUT"ABBRUCHSCHRANKE IST : ";EPS
300 DIM X(N),P(N),Q(N),XA(N),S(N),B(N,N):LST=0
320 PRINT"STARTVEKTOR : ":FOR I=1 TO N:PRINT"X";I;" : ";
340 INPUT X(I):FOR J=1 TO N:B(I,J)=0:NEXT J,I
360 FOR I=1 TO N:B(I,I)=1:NEXT I:
380 REM *****    >>> BEGINN DES ITERATIONSZYKLUS <<<        *****
400 FOR IT=1 TO ITMAX
420 REM *****          >>> SCHRITT 1 <<<                   *****
440 FOR I=1 TO N:GOSUB 1140:Q(I)=YY:DF(I)=YY:NEXT I
460 NO=0
480 FOR I=1 TO N:S(I)=0:FOR J=1 TO N
```

```
500 S(I)=S(I)-B(I,J)*Q(J):NEXT J:NEXT I
520 FOR I=1 TO N:XA(I)=X(I):NEXT I
540 GOSUB 1100 :YA=Y
560 FOR I=1 TO N:X(I)=X(I)+S(I):NEXT I
580 FOR I=1 TO N:R(I)=X(I)-XA(I):NEXT I
600 FOR I=1 TO N:GOSUB 1140:Q(I)=-Q(I)+YY:NEXT I
620 FOR I=1 TO N:W(I)=0:FOR J=1 TO N:W(I)=W(I)+B(I,J)*Q(J)
640 NEXT J,I:FOR I=1 TO N:P(I)=R(I)-W(I): NEXT I
660 FOR I=1 TO N:FOR J=1 TO N:BB(I,J)=P(I)*R(J):NEXT J,I
680 FOR I=1 TO N:FOR J =1 TO N:BA(I,J)=0:FOR K=1 TO N:
700 BA (I,J)=BA(I,J)+BB(I,K)*B(K,J):NEXT K,J,I
720 NE=0:FOR I=1 TO N:NE=NE+W(I)*R(I):NEXT I
740 FOR I=1 TO N:FOR J=1 TO N
760 B(I,J)=B(I,J)+BA(I,J)/NE
780 NEXT J,I
800 REM *****          >>> SCHRITT 2 <<<                    *****
820 NO=0:FOR I=1 TO N:NO=NO+S(I)^2:NEXT I
840 NO=SQR(NO):IF NO<EPS THEN LST=1
860 GOSUB 1100
880 REM *****          >>> ERGEBNISDRUCK <<<                *****
900 PRINT"**********************************************"
920 PRINT IT;".NAEHERUNG"
940 FOR I=1 TO N:PRINT X(I):NEXT I
960 PRINT "NORM F(X) : ";Y
980 IF IT=ITMAX THEN PRINT T2$
1000 IF LST=1 THEN PRINT T1$:GOTO 1060
1020 REM *****          >>> SCHRITT 3 <<<                   *****
1040 NEXT IT
1060 END
1080 REM *****          >>> PROBLEMFUNKTION <<<             *****
1100 Y=0:FOR I=1 TO N:GOSUB 1140:Y=Y+YY*YY:NEXT I:Y=SQR(Y):RETURN
1120 REM *****        >>> GLEICHUNGEN F(X) <<<              *****
1140 ON I GOTO 1160,1180
1160 YY=X(1)+X(2)-3:RETURN
1180 YY=X(1)^2+X(2)^2-9:RETURN
```

Numerisches Beispiel

Zum Vergleich mit dem Newton-Verfahren wurde das Gleichungssystem des Punktes 3.4.1 mit gleichen Parametern gerechnet. Es ergaben sich die Lösungen für die dort angegebenen Startwerte nach 10, 11, 11, 13, 12 Iterationen. Bemerkenswerter Unterschied ist, daß der Startpunkt $(5,5)^T$ beim Quasi-Newton-Verfahren auch zur Lösung $(0,3)^T$ führt (wegen der Ableitungsfreiheit) und daß beim Startvektor $(100,0)^T$ hier nicht $(3,0)^T$ sondern $(0,3)^T$ erreicht wird.

Weiterführende Bemerkungen

Quasi-Newton-Verfahren haben in den vergangenen Jahren eine zunehmende Beachtung gefunden. Zunächst von BROYDEN (1970) für die Lösung linearer Gleichungssysteme eingesetzt, gehören sie heute zur Standardtechnik für die Lösung nichtlinearer Gleichungssysteme. Insbesondere die, allerdings erst viel später von Burmeister bewiesene, n-Schritt quadratische Konvergenz und das Vermeiden von linearen Gleichungssystemen sowie Ableitungen erwiesen sich als vorteilhafte Eigenschaften. So entstand eine ganze Reihe von Aufdatierungsformeln, von denen insbesondere diejenigen der sogenannten Broyden-Klasse erwähnenswert sind. Als leistungsfähiger Vertreter kann neben der implementierten BFGS-Formel eine Aufdatierungsvorschrift von KLEINMICHEL (1981) gelten. Der lokale Charakter der Verfahren kann nicht ohne zusätzliche Forderungen an die Matrizen aufgehoben werden. Globalisierungsbemühungen sind insbesondere beim Einsatz von Quasi-Newton-Verfahren zur Minimierung von Funktionen bekannt geworden. Zugehörige Implementierungen findet man bei RICHTER (1988). Sehr schöne Ubersichten über Quasi-Newton-Verfahren sind bei DENNIS/SCHNABEL (1982) und SCHWETLICK (1979) zu finden.

3.4.3. Regularisiertes Gauß-Newton-Verfahren

Mathematische Grundlagen des Verfahrens

Das regularisierte Gauß-Newton-Verfahren dient der Lösung des nichtlinearen Quadratmittelproblems

$$\phi(x) = (1/2)F(x)^T F(x) = (1/2)\sum_{i=1}^{m} f_i(x)^2 = \min! \quad \text{bei } x \in R^n \tag{35}$$

Hierbei bezeichnet

$$F(x) = (f_1(x), \ldots, f_m(x))^T$$

eine Funktion $F: R^n \longrightarrow R^m$, wobei $m > n$ ist.
Wendet man das Newton-Verfahren zur Lösung der Gleichung

$$\nabla\phi(x) = (\nabla F(x))^T F(x) = 0$$

an, so ergibt sich aus der notwendigen Bereitstellung von $\nabla^2\phi(x)$ ein unvertretbar hoher Rechenaufwand in jedem Iterationsschritt. Vorteilhaft kann dagegen ausgenutzt werden, daß in (1) die Summe von Quadraten auftritt.
Man linearisiert im Punkt x^k die Funktion $F(x)$ und bildet die quadratische Ersatzfunktion

$$\psi(x) = (1/2)\,\|F(x^k) + \nabla F(x^k)(x - x^k)\|^2. \tag{36}$$

Die notwendige Minimumbedingung $\nabla\psi(x) = 0$ führt zur Gaußschen Normalengleichung für die in (33) auftretenden linearisierten Funktionen

$$\nabla F(x^k)^T \nabla F(x^k)(x - x^k) + \nabla F(x^k)^T F(x^k) = 0. \tag{37}$$

Für hinreichend kleine Werte von $\phi(x^*)$ kann nachgewiesen werden, daß die durch die Lösung von (37) bestimmte Folge $\{x^k\}$ lokal konvergiert.
Um globale Konvergenz zu erreichen, wird das Verfahren so modifiziert, daß die Funktion $\phi(x)$ in den Iterierten x^k mit wachsendem k monoton abnimmt:

$$\phi(x^{k+1}) < \phi(x^k).$$

Da dies mit den nach Vorschrift (37) berechneten Näherungen i.allg. nicht erreichbar ist, wird die Matrix $\nabla F(x^k)^T \nabla F(x^k)$ regularisiert

$$C_k(\gamma_k) = (1-\gamma_k)I + \gamma_k(\nabla F(x^k)^T \nabla F(x^k)) \tag{38}$$

und mit der Lösung y^k des Gleichungssystems

$$C_k(\gamma_k)(x - x^k) + \nabla F(x^k)^T F(x^k) = 0 \tag{39}$$

eine Abstiegsrichtung $s^k(\gamma_k) = y^k - x^k$ bestimmt.
Der Parameter γ_k wird akzeptiert, wenn

$$\phi(x^k + \gamma_k s^k(\gamma_k)) \leq \phi(x^k) - \delta \nabla\phi(x^k)^T s^k(\gamma_k) \tag{40}$$

gilt. Wie SCHWETLICK (1979) zeigt, ist die beschriebene Vorgehensweise mit einem beliebigen Startpunkt x^0 durchführbar und erzeugt eine Folge $\{x^k\}$ mit $\phi(x^{k+1}) \leq \phi(x^k)$ und $\lim_{k\to\infty} \phi(x^k) = 0$, falls für die Funktion F(x) gilt:

(i) Die Niveaumenge $W_0 = \{x: \phi(x) \leq \phi(x^0)\}$ ist abgeschlossen.

(ii) Auf W_0 ist F differenzierbar und es gibt positive Konstanten N_1, L_1 mit $\|F'(x)\| \leq N_1 \quad \forall x \in W_0$ und

$$\|\nabla F(x) - \nabla F(y)\| \leq L_1 \|x - y\| \qquad \forall x, y \in W_0 \text{ mit}$$

$$z = \lambda x + (1-\lambda)y \in W_0 \qquad (\lambda \in [0,1]).$$

Unter geringfügig zusätzlichen Bedingungen läßt sich sichern: Konvergiert die unendliche Folge $\{x^k\}$ gegen eine Nullstelle x^* von F, so gilt $\gamma_k = 1$ ab $k > k_0$, d. h., die Vorschriften (39) und (40) gehen in das nichtregularisierte Gauß-Newton-Verfahren über, welches Q-quadratisch gegen eine Lösung x^* von (35) konvergiert.

Aufbau des Algorithmus

S0: Wähle $x^0 \in R^n$, $\alpha \in (0, 1)$, $\delta \in (0, 1/2)$, $\varepsilon > 0$.
Setze $\gamma = 1$ und $k = 0$.

S1: Falls $\| \nabla \phi (x^k) \| < \varepsilon$, ist $x^* = x^k$ Lösung. STOP

S2: Setze $\gamma_k = \min\{(\gamma_{k-1}/\alpha), 1\}$.

S3: Berechne y^k als Lösung des Gleichungssystems
$(\nabla F(x^k))^T F(x^k) + C_k(\gamma_k)(x - x^k) = 0$.

S4: Falls
$\phi(x^k + \gamma_k s^k(\gamma_k)) \leq \phi(x^k) + \delta \gamma_k (\nabla \phi(x^k))^T s^k(\gamma_k)$,
gehe nach S6.

S5: Setze $\gamma_k = \alpha \gamma_k$ und gehe zu S3.

S6: Setze $x^{k+1} = x^k + \gamma_k s^k$; $k = k + 1$ und gehe zu S1.

BASIC-Programm

Das folgende Programm realisiert den beschriebenen Algorithmus.

```
100 PRINT"-----------------------------------------------------"
120 PRINT "REGULARISIERTES GAUSS-NEWTON-VERFAHREN"
140 PRINT"-----------------------------------------------------"
160 REM *****          >>> KONSTANTEN <<<                     *****
180 T1$="ABBRUCHTEST ERFUELLT !"
200 T2$="MAXIMALE ITERATIONSZAHL ERREICHT !"
220 REM *****           >>> SCHRITT 0 <<<                     *****
240 INPUT"ANZAHL DER PARAMETER:";N
260 INPUT"ANZAHL DER MESSSTELLEN:";MN
280 INPUT"ABBRUCHSCHRANKE IST :  ";EPS
300 INPUT"ABSTIEGSPARAMETER IST:";QF
320 INPUT"MAXIMALE ITERATIONSZAHL :  ";ITMAX
340 LST=0:M=N:PRINT
360 DIM A(N,N+1),X(N+1),XA(N),G(MN,N),RS(MN)
380 DIM T(MN),YM(MN)
400 PRINT"EINGABE DER STARTNAEHERUNG"
420 FOR I=1 TO N
```

```
440 PRINT"WERT DER";I;".VARIABLEN : ";
460 INPUT X(I):NEXT I
480 FOR I =1 TO MN:READ T(I):NEXT
500 FOR I=1 TO MN:READ YM(I):NEXT
520 GOSUB 1540:PRINT "ANFANGSDEFEKT:",PHI
540 REM *****      >>> BEGINN DES ITERATIONSZYKLUS <<<      *****
560 FOR IT=1 TO ITMAX
580 REG=0:PG=1
600 REM *****          >>> SCHRITT 1 <<<                    *****
620 FOR I=1 TO MN:GOSUB 1380:RS(I)=Y:NEXT I
640 FOR I=1 TO MN:FOR J=1 TO N:GOSUB 1460
660 G(I,J)=YY:NEXT J:NEXT I
680 FOR I=1 TO N:FOR J=1 TO N:A(I,J)=0!
700 FOR K=1 TO MN:A(I,J)=A(I,J)+G(K,I)*G(K,J)
720 NEXT K:NEXT J:NEXT I
740 IF REG=0 THEN 780
760 FOR I=1 TO N:A(I,I)=A(I,I)+PG/(1.1-PG):NEXT I
780 FOR I=1 TO N:A(I,N+1)=0!
800 FOR J=1 TO MN:A(I,N+1)=A(I,N+1)-G(J,I)*RS(J)
820 NEXT J
840 DF(I)=-A(I,N+1):NEXT I
860 FOR I=1 TO N:FOR K=1 TO N:A(I,N+1)=A(I,N+1)+A(I,K)*X(K)
880 NEXT K,I
900 FOR I=1 TO N:XA(I)=X(I):NEXT I
920 GOSUB 1540:PHA=PHI
940 GOSUB 1800
960 FOR I=1 TO N:S(I)=X(I)-XA(I):NEXT I
980 RA=0:FOR I=1 TO N:RA=RA+S(I)*DF(I):NEXT I
1000 AL=1
1020 FOR I=1 TO N:X(I)=X(I)+AL*S(I):NEXT I
1040 GOSUB  1540
1060 IF (PHI-PHA)<AL*QF*RA THEN 1160
1080 FOR I=1 TO N:X(I)=X(I)-AL*S(I):NEXT I
1100 IF AL<EPS THEN 1140
1120 AL=AL/2:GOTO 1020
1140 FOR I=1 TO N:X(I)=XA(I):NEXT I:REG=1:PG=PG/2:GOTO 600
1160 NO=0:FOR I=1 TO N:NO=NO+(X(I)-XA(I))^2:NEXT I:NO=SQR(NO)
1180 IF NO<EPS THEN LST=1
```

```
1200 REM *****        >>> ERGEBNISDRUCK <<<                    *****
1220 PRINT"*********************************************"
1240 PRINT IT;". NAEHERUNG":PRINT
1260 FOR I=1 TO N:X(I)=A(I,N+1):PRINT"X";I;"=";X(I):NEXT
1280 GOSUB 1540:PRINT"F(X)=";PHI
1300 IF IT=ITMAX THEN PRINT T2$
1320 IF LST=1 THEN PRINT T1$:GOTO 1360
1340 NEXT IT
1360 END
1380 REM *****        >>> PROBLEMFUNKTION <<<                  *****
1400 Y=X(1)+X(2)*(T(I)^X(3))-YM(I)
1420 RETURN
1440 REM *****        >>> 1.ABLEITUNGEN <<<                    *****
1460 ON J GOTO 1480,1500,1520
1480 YY=1:RETURN
1500 YY=T(I)^X(3):RETURN
1520 TI=T(I):YY=X(2)*LOG(TI)*T(I)^X(3):RETURN
1540 REM *****           >>> DEFEKT <<<                        *****
1560 PHI=0!
1580 FOR I=1 TO MN:GOSUB 1380
1600 PHI=PHI+Y^2
1620 NEXT I
1640 RETURN
1800 REM *****          >>> QR-MODUL <<<                       *****
1820 L=N:IF N=M THEN L=N-1
1840 FOR J=1 TO L:B=0:FOR I=J TO M:B=B+A(I,J)*A(I,J):NEXT I
1860 A$="DIE SPALTEN VON A SIND LINEAR ABHAENGIG!"
1880 IF B=0 THEN PRINT A$:END
1900 A=-SGN(A(J,J))*SQR(B):IF A(J,J)=0 THEN A=-SQR(B)
1920 ALPHA=B-A(J,J)*A:A(J,J)=A(J,J)-A:FOR K=J+1 TO N+1
1940 S=0:FOR I=J TO M:S=S+A(I,J)*A(I,K):NEXT I:X(K)=S/ALPHA
1960 FOR I=J TO M:A(I,K)=A(I,K)-A(I,J)*X(K):NEXT I:NEXT K
1980 A(J,J)=A:NEXT J:IF A(N,N)=0 THEN PRINT A$:RETURN
2000 A(N,N+1)=A(N,N+1)/A(N,N):FOR J=N-1 TO 1 STEP -1
2020 FOR I=N TO J+1 STEP -1:A(J,N+1)=A(J,N+1)-A(J,I)*A(I,N+1)
2040 NEXT I:A(J,N+1)=A(J,N+1)/A(J,J):NEXT J
2060 D=0:IF M=N THEN D=0:GOTO 2100
2080 FOR I=N+1 TO M:D=D+A(I,N+1)*A(I,N+1):NEXT I:D=SQR(D)
```

```
2100 FOR I=1 TO N:X(I)=A(I,N+1):NEXT I:RETURN
2120 DATA 0.5,1.0,1.5,2,4,6,8,10,12,15,18,25,30,48,54
2140 DATA 15.5,16.0,17.5,17.7,19.7,22.7,24.8,26.4,27.6,29.5
2160 DATA 31.0,34.7,35.0,39.0,39.6
```

Numerisches Beispiel

Die Abhängigkeit des Wassergehalts y der Gerste von der Weichzeit t kann durch die Funktion

$$y = x_1 + x_2 t^x$$

beschrieben werden. Auf der Grundlage der Meßreihe

i	1	2	3	4	5	6	7	8	9	10
t_i	0.5	1.0	1.5	2	4	6	8	10	12	15
y_i	15.5	16.0	17.5	17.7	19.7	22.7	24.8	26.4	27.6	29.5

i	11	12	13	14	15
t_i	18	25	30	48	54
y_i	31.0	34.7	35.0	39.0	39.6

wurden die Parameter x_1, x_2 und x_3 mit Hilfe des regularisierten Gauß-Newton-Verfahrens geschätzt.

Die Funktion

$$\phi(x) = (1/2)\, F(x)^T F(x) = (1/2) \sum_{i=1}^{m} (f_i(x))^2,$$

$$f_i(x) = y_i - (x_1 + x_2 t_i^{x_3}),$$

wird dabei mit Hilfe des Paares (t_i, y_i) beschrieben.

Mit der Abbruchschranke $\varepsilon = 0.00001$, dem Abstiegsparameter q=0.5 und dem Startpunkt $x^0 = (1, 1, 1)^T$ ergibt sich nach 7 Iterationsschritten die Näherung

$x_1 = 7.352891$; $x_2 = 8.770344$; $x_3 = 0.3342507$

mit $F(x) = 9.390191$.

Als Abbruchtest diente die Bedingung $\| F(x^{k+1}) - F(x^k) \| < \varepsilon$.

Weiterführende Bemerkungen

Das regularisierte Gauß-Newton-Verfahren ist in den vergangenen Jahren unter verschiedenen Aspekten stark in den Vordergrund gerückt. Parameterschätzungen stellen oft den quantitativen Aspekt der Bereitstellung von Modellen, die durch Funktionen oder Differentialgleichungen beschrieben werden, dar. Mit der zunehmenden theoretischen Durchdringung der Technikwissenschaften spielen derartige Modelle eine immer größer werdende Rolle. Die Frage der Adäquatheit der zugrundeliegenden Modelle wird an dieser Stelle nicht erörtert, dies findet man in Kapitel 6. Die Diskussion von Fragen der stabilen Parameterschätzung, der "Ausreißer" und fehlerbehafteten Messungen würden den Rahmen des Buches sprengen. Ausführungen hierzu findet man z. B. bei SCHWETLICK/TILLER (1985). Auf Beziehungen zwischen Regularisierungstechniken und sogenannten Trust-Region-Verfahren wird von FLETCHER (1982) eingegangen. Bei dieser in letzter Zeit sehr in den Vordergrund getretene Lösungstechnik wird dem regularisierten Problem ein einfaches Optimierungsproblem zugeordnet. Die Größe des zulässigen Bereiches steht dabei im Zusammenhang mit der Wahl des Regularisierungsparameters und wird adaptiv bestimmt. Ausführungen zu Trust-Region-Techniken findet man bei DENNIS/SCHNABEL (1982) und bei MORE/SOERENSEN (1983).

Numerische Integration 4

Läßt sich die Funktion f(x) nicht geschlossen integrieren oder liegt f(x) nur in Form einer Wertetabelle vor, so ist man gehalten, nach geeigneten numerischen Verfahren zu suchen, um den Wert des bestimmten Intergrals

$$I = \int_a^b f(x)\,dx \tag{1}$$

zu approximieren. Dies erweist sich auch deshalb als notwendig, da die näherungsweise Berechnung von (1) immer mehr Bestandteil zu implementierender Vorschriften wird.

Unter den in der Vergangenheit bereitgestellten Näherungen haben sich insbesondere diejenigen als leistungsfähig erwiesen, welche die Form

$$I_n = \sum_{i=0}^{n} A_i f(x_i) \tag{2}$$

besitzen, und als numerische Integrationsformeln bzw. numerische Quadraturformeln bezeichnet werden.

Die Knoten x_i $(i = 1, \ldots, n)$ entstammen dabei dem als endlich vorausgesetzten Integrationsintervall $[a,b]$ und werden im Weiteren als gleichabständig vorausgesetzt:

$$x_i = a + ih \quad (i = 0, \ldots, n);\ h = (b - a)/n.$$

Für die Bestimmung der Quadratur-Koeffizienten A_i, in welchen sich die einzelnen Integrationsverfahren unterscheiden, wird der

Integrand f(x) durch ein Lagrangesches Interpolationspolynom n-ten Grades F(x) angenähert.

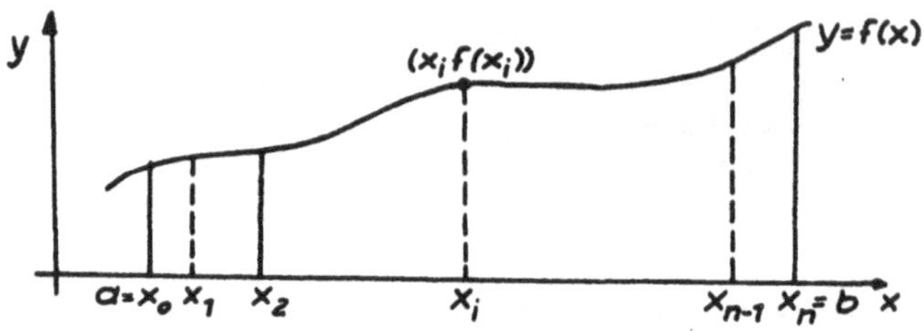

Abb. 3

Dieses Polynom F(x) verläuft durch die Punkte $(x_i, f(x_i))$ $(i = 0,1,\dots,n)$ (d. h. $f(x_i) = F(x_i)$) und hat nach WILLERS (1957) die Form

$$F(x) = \sum_{i=0}^{n} f(x_i)\, L_i(x) \tag{3}$$

$$\text{mit } L_i(x) = \frac{\varphi_i(x)}{\varphi_i(x_i)}, \quad \varphi_i(x) = \prod_{\substack{j=0 \\ j\neq i}}^{n} (x - x_j). \tag{4}$$

Integriert man nun anstelle von f(x) das Polynom n-ten Grades F(x), dann entsteht die Näherungsbeziehung

$$\int_a^b f(x)\, dx \approx \sum_{i=0}^{n} A_i f(x_i) \tag{5}$$

mit den Gewichten

$$A_i = \int_a^b L_i(x)\, dx. \tag{6}$$

Gibt man nun mit n die Anzahl der Stützstellen konkret vor, so können aus (6) die Gewichte A_i berechnet werden.
Für n = 0, 1, 2 und 3 ergeben sich die folgenden Quadraturformeln:

n = 0: Rechteckformel

$$I_0 = (b - a)\, f(a), \tag{7}$$

n = 1: Sehnen-Trapez-Formel

$$I_1 = h/2[f(a) + f(b)], \tag{8}$$

n = 2: Keplersche Faßregel

$$I_2 = h/3[f(x_0) + 4f(x_1) + f(x_2)], \tag{9}$$

n = 3: 3/8-Regel

$$I_3 = 3h/8[f(x_0) + 3f(x_1) + 3f(x_2) + f(x_3)]. \tag{10}$$

Die Abweichungen zwischen I und I_n lassen sich über eine Taylor-Entwicklung der Funktion f(x) beschreiben.
Für die praktische Berechnung des Fehlers sind die sich ergebenden Ausdrücke jedoch unbrauchbar, da in ihnen die Ableitungen der zu integrierenden Funktion an einer unbekannten Zwischenstelle $\xi \in (a,b)$ auftreten. Allgemein läßt sich sagen, daß die Formeln von Newton-Cotes um so genauer sind, je größer n ist. Es zeigt sich jedoch, daß die Formeln mit ungerader Ordinatenzahl (n gerade) die vorteilhafteren sind, da für gerades n sogar Polynome vom Grad n+1 exakt integriert werden (da $f^{(n+2)}(x) = 0$, falls f(x) ein Polynom (n+1)-ten Grades ist).
Die Formel (9) ist also z. B. ebenso genau wie (10).

Verallgemeinerte Mittelwertformeln

Bei der praktischen Berechnung von Integralen werden die verallgemeinerten Mittelwertformeln benutzt. Diese erhält man, indem das Integrationsintervall [a,b] in Teilintervalle zerlegt und auf jedes Teilintervall eine Quadraturformel von Newton-Cotes angewendet wird. Auf diese Art und Weise entstehen z. B. die folgenden Formeln:

verallgemeinerte Rechteckregel:

$$I_R = h(f(x_0) + f(x_1) + \dots + f(x_{n-1})) \tag{11}$$

mit $h = (b - a)/n$, $x_i = a + ih$ $(i = 0, 1, \dots, n)$

verallgemeinerte (Sehnen-)Trapezregel:

$$I_T = (h/2)\{f(x_0) + 2f(x_1) + 2f(x_2) + \dots + 2f(x_{n-1}) + f(x_n)\} \tag{12}$$

verallgemeinerte Simpson-Regel (n gerade):

$$I_S = (h/3)\{f(x_0) + 4[f(x_1 + f(x_3) + \ldots + f(x_{n-1})] + + 2[f(x_2) + f(x_4) + \ldots + f(x_{n-2})] + f(x_n)\} \quad (13)$$

Diese verallgemeinerten Formeln sind um so genauer, je größer n (d. h. je kleiner h) ist.
Anhand der verallgemeinerten Simpson-Regel (13) soll demonstriert werden, wie man eine Abschätzung des Quadraturfehlers erhält.
Mit der Schrittweite h wird die Größe I_S berechnet:

$$I_{S(h)} = (h/3)(y_0 + 4y_1 + 2y_2 + 4y_3 + \ldots + 2y_{n-2} + 4y_{n-1} + y_n); \quad (14)$$

$$y_i = f(x_i)$$

und anschließend mit der Schrittweite 2h:

$$I_{S(2h)} = (2h/3)(y_0 + 4y_2 + 2y_4 + \ldots + 4y_{n-2} + y_n). \quad (15)$$

Im Falle der Simpson-Regel muß hierbei n ein Vielfaches von 4 sein. Näherungsweise gilt dann für den Fehler F bei Anwendung der Simpson-Regel (13):

$$F \approx \frac{1}{15}(I_{S(h)} - I_{S(2h)}). \quad (16)$$

Ähnliche Gleichungen für den Quadraturfehler gibt es auch für weitere Newton-Cotes-Formeln (siehe ENGELN, MÜHLGES (1982)).

Aufbau des Algorithmus

S1: Wähle die Integrationsgrenzen a und b und die Anzahl n der Teilintervalle.

S2: Berechne

$h = (b - a)/n$ und

$x_i = a + ih \; (i = 0, \ldots, n)$

sowie $g = \sum_{\substack{i=1 \\ i \text{ gerade}}}^{n-1} f(x_i)$

und $u = \sum_{\substack{i \text{ ungerade} \\ i=1}}^{n-1} f(x_i)$

S3: Bestimme die Größen

$$I_R = h(f(x_0) + u + g)$$

und $I_T = h/2(f(x_0) + 2(u + g) + f(x_n))$.

S4: Test {N gerade} $\xrightarrow{\text{"nein"}}$ $I_{S(h)}$ und $I_{S(2h)}$ nicht berechenbar. STOP.

S5: Berechne $I_{S(h)} = h/3(f(x_0) + f(x_n) + 4u + 2g)$.

S6: Test {n/4 ganzzahlig} $\xrightarrow{\text{"nein"}}$ $I_{S(2h)}$ nicht berechenbar. STOP.

S7: Setze h = 2h, n = n/2 und berechne $I_{S(2h)}$ gemäß (15).

S8: Ermittle $F = 1/15|I_{S(h)} - I_{S(2h)}|$. STOP

Numerisches Beispiel

Die Berechnung des exakt lösbaren Integrals

$$\int_0^1 \frac{dx}{1+x^2} = \frac{\pi}{4} \approx 0{,}785\ 398\ 163$$

mit dem obigen Programm liefert die folgenden Ergebnisse, die die Bemerkungen über die Genauigkeit der dargestellten Integrationsregeln verdeutlichen.

N	10	20	40	100
Rechteckregel	0,809982	0,797794	0,791622	0,787894
Trapezregel	0,784982	0,785294	0,785372	0,785394
Simpson-Regel	0,785398	0,785398	0,785398	0,785398
F		$3{,}97364 \cdot 10^{-9}$	0,0	0,0

BASIC-Programm

```
100 PRINT"-----------------------------------------------------"
120 PRINT"INTEGRATION MIT RECHTECK-,TRAPEZ- UND SIMPSON-REGEL"
140 PRINT"-----------------------------------------------------"
160 REM *****                 >>> INTEGRAND <<<                  *****
180 DEF FNF(X)=1/(1+X^2)
200 REM *****                  >>> EINGABE <<<                   *****
220 INPUT "Untere Integrationsgrenze a=";A
240 INPUT "Obere Integrationsgrenze  b=";B
260 INPUT "Anzahl der Teilintervalle N=";N
280 REM *****         >>> RECHTECK- UND TRAPEZREGEL <<<         *****
300 H=(B-A)/N
320 GOSUB 760
340 REM *****                  >>> AUSGABE <<<                   *****
360 PRINT "Integrand: f(x)=1/(1+x^2)"
380 PRINT "Integrationsgrenzen:";A;B
400 PRINT "Anzahl der Teilintervalle N=";N
420 PRINT "Int. n. Rechteckregel IR=";H*(FNF(A)+U+G)
440 PRINT "Int. n. Trapezregel IT=";H*(FNF(A)+FNF(B)+2*(U+G))/2
460 REM *****               >>> SIMPSON-REGEL <<<                *****
480 IF ABS(INT(N/2)-N/2)<=EPS THEN 500 ELSE END
500 GOSUB 860
520 F1=S
540 REM *****                  >>> AUSGABE <<<                   *****
560 PRINT "Integral nach Simpsonregel IS=";F1
580 REM *****        >>> FEHLER BEI SIMPSON-REGEL <<<           *****
600 IF ABS(INT(N/4)-N/4)<=EPS THEN 620 ELSE END
620 H=2*H
640 GOSUB 760
660 GOSUB 860
680 REM *****                  >>> AUSGABE <<<                   *****
700 PRINT "Naeherung fuer Fehler bei Simpson-Regel F=";(F1-S)/15
720 END
740 REM *****       >>> UP1: FUNKTIONSWERTBERECHNUNG <<<        *****
760 U=0 : G=0
780 FOR X=A+H TO B STEP 2*H : U=U+FNF(X) : NEXT
800 FOR X=A+2*H TO B-H STEP 2*H : G=G+FNF(X) : NEXT
```

```
820 RETURN
840 REM *****          >>> UP2: SIMPSON-REGEL <<<          *****
860 S=H*(FNF(A)+FNF(B)+4*U+2*G)/3
880 RETURN
```

Weiterführende Bemerkungen

Die dargestellten Mittelwertformeln von Newton-Cotes zur Berechnung von

$\int_{-c}^{c} f(x)dx$ können durch eine zugelassene freie Wahl der Stützstellen an Genauigkeit gewinnen. Liegt dabei ein Integral der Form $\int_{a}^{b} f(x)dx$ vor, so kann dies durch die Substitution

$$x = \frac{a + b}{2} + \frac{b - a}{2c} t \tag{17}$$

in ein Integral mit den Grenzen c:

$$\int_{a}^{b} f(x)dx = \frac{b - a}{2h} \int_{-c}^{c} f(t)dt \tag{18}$$

transformiert werden.

Als die auf diese Weise ermittelte <u>Quadraturformel</u> mit maximaler Genauigkeit gilt diejenige von Gauß. Mit den bisher dargestellten Gleichungen war es möglich, durch Vorgabe von n+1 Funktionswerten $f(x_i)$ im günstigsten Fall Polynome vom Grad n+2 exakt zu integrieren. Man kann nun, indem man weder die Gewichte noch die Stützstellen vorgibt, Formeln aufstellen, die es gestatten, bei Vorgabe der gleichen Anzahl von Funktionswerten Polynome höherer Ordnung exakt zu integrieren. Dies sind die Mittelwertformeln von Gauß. Sie entstehen, indem die n+1 Stützstellen und die n+1 Gewichte (also 2n+2 Unbekannte) so bestimmt werden, daß Polynome vom Grad 2n+1 (also 2n+2 Bedingungen) exakt integriert werden. Für das Integrationsintervall [-1,1] sind die n+1 Stützstellen die Nullstellen der Legendreschen Polynome.

Die ersten Gaußschen Mittelwertformeln (n = 1, 2, 3) haben die Form

$$\int_{-c}^{c} f(x)dx = \begin{cases} 2c\, f(0) + \frac{2c^3}{3} f''(\xi), \\ c[f(-\frac{c}{3}\sqrt{3}) + f(\frac{c}{3}\sqrt{3})] + \frac{c^5}{135} f^{(4)}(\xi), \\ \frac{c}{9} [5f(-\frac{c}{5}\sqrt{15}) + 8f(0) + 5f(\frac{c}{5}\sqrt{15}) + \frac{c^7}{15750} f^{(6)}(\xi) \end{cases}$$

mit $\xi \in (-c, c)$.

Weitere Gaußsche Mittelwertformeln für $n \geqq 3$ geben z. B. ISAACSON/KELLER (1972) an.
Der Zusammenhang zwischen numerischer Integration und der numerischen Behandlung von Differentialgleichungen wird schon an Problemen sichtbar, bei welchen die Trennung der Veränderlichen eine Rolle spielt. Ausführliche Betrachtungen über diesen Zusammenhang findet man bei ISAACSON/KELLER (1972).
Schließlich sei erwähnt, daß sich die beschriebenen Mittelwertformeln verallgemeinern lassen zur Berechnung von Integralen über Funktionen von mehreren Veränderlichen. Dies ist z. B. bei der Methode der finiten Elemente von Bedeutung.

Die Genauigkeit bei der numerischen Integration von (1) kann dadurch wesentlich gesteigert werden, daß Approximationen, die man mit verschiedenen Schrittweiten erreich hat, gekoppelt werden. Eine sukzessive Fortsetzung dieser Vorgehensweise liefert auf der Grundlage der sogenannten Richardson-Extrapolation das Verfahren von Romberg, welches bei STOER/BULIRSCH (1983) ausführlich beschrieben worden ist.
Ausgehend von einer laufenden Verdopplung der Teilintervalle, also von $N = 1, 2, 4, \ldots, 2^k$, wird mit Hilfe der Größen

$$h = \frac{b-a}{N}, \quad x_0 = a, \quad x_j = a + jh,$$

$$I_{T(N)} = h(\frac{1}{2} y_0 + y_1 + \ldots + y_{N-1} + \frac{1}{2} y_N)$$

berechnet.

Setzt man

$$I^{0}_{T(2^k)} = I_{T(2^k)} \; ; \quad k = 0,\ 1,\ 2,\ \ldots,$$

$$I^{1}_{T(2^k)} = \frac{4I^{0}_{T(2^k)} - I^{0}_{T(2^{k-1})}}{2 - 1} \; ; \quad k = 1,\ 2,\ 3,\ \ldots,$$

$$I^{2}_{T(2^k)} = \frac{4^2 I^{1}_{T(2^k)} - I^{1}_{T(2^{k-1})}}{2^2 - 1} \; ; \quad k = 2,\ 3,\ \ldots,$$

$$\vdots$$

$$I^{p}_{T(2^k)} = \frac{4^p I^{p-1}_{T(2^k)} - I^{p-1}_{T(2^{k-1})}}{2^p - 1} ; \quad k = p,\ p+1,\ \ldots,$$

so ergibt sich mit der Bezeichnung

$$r_{k,p} = I^{p}_{T(2^k)}$$

eine Dreiecksmatrix, deren p-te Spalte rascher gegen den Integralwert konvergiert, als die (p-1)te Spalte.

$I^{p}_{T(2^k)}$ bezeichnet man als Richardson-Extrapolation.

5 Numerische Lösung gewöhnlicher und partieller Differentialgleichungen

Die numerische Lösung von Differentialgleichungssystemen gehört zu einem der wichtigsten Teilgebiete der angewandten Mathematik. Dabei sind jedoch sowohl die theoretischen Hilfsmittel als auch die Vielfalt der zu untersuchenden Problemklassen so umfangreich, daß eine geschlossene Darstellung dieses Gebietes den Rahmen dieses Buches bei weitem übersteigen würde. Wir beschränken uns deshalb auf die Erläuterung der wesentlichen Sachverhalte anhand einfacher Modellbeispiele. Eine mögliche Klassifizierung von Differentialgleichungsproblemen basiert auf einer Strukturierung des stetigen Ausgangsproblems, die durch die folgenden Begriffe charakterisiert wird:

a) Ein beschränktes Gebiet $G \subset R^n$, in dem eine oder mehrere unbekannte Funktionen gesucht werden (Lösungsgebiet).
b) Gleichungen, die die unbekannten Funktionen mit gewissen Ableitungen dieser Funktionen verknüpfen (Differentialgleichungen).
c) Bedingungen, die an die unbekannten Funktionen auf dem Rand von G (∂G) gestellt werden (Anfangs- und Randbedingungen).

Eine Klassifizierung wird nun durch konkrete Situationen in a), b) oder c) vorgenommen.

a) - Gilt $n = 1$, d. h. $G = [a,b] \subset R^1$, so hängt die gesuchte Funktion nur von einer unabhängigen Veränderlichen ab. In diesem Fall spricht man von gewöhnlichen Differentialgleichungen. Im Fall $n > 1$ handelt es sich um sogenannte partielle Differentialgleichungen.

- Ist die raum-zeitliche Verteilung der unbekannten Funktionen von Interesse (d. h. $u = u(t,x)$, x - räumliche Variable, t - Zeit), so spricht man von instationären Problemen. Das Lösungsgebiet wird hierbei als kartesisches Produkt des räumlichen Gebietes $G' \subset R^n$ mit einem Zeitintervall $[t_0,t_1]$ beschrieben:

  $G = [t_0,t_1] \times G' = \{(t,x) | t \in [t_0,t_1],\ x \in G'\}$.

  Hängt die Lösung des Problems nur von der räumlichen Variablen x ab (d. h. $u = u(x)$), so ergeben sich stationäre Probleme.

b) - Wird nur eine unbekannte Funktion gesucht, so handelt es sich um skalare Probleme (1 Differentialgleichung), im Falle mehrerer unbekannter Funktionen um Systeme von Differentialgleichungen (n Gleichungen für n unbekannte Funktionen).

- Die höchste vorkommende Ableitung bestimmt die Ordnung der Differentialgleichung. Praktisch relevant sind vorwiegend Differentialgleichungen erster und zweiter Ordnung.
- Eine Differentialgleichung heißt linear, wenn die Gleichung einen linearen Zusammenhang von u und allen vorkommenden Ableitungen von u beschreibt. Ist dies nicht der Fall, so spricht man von nichtlinearen Problemen.

c) Die Bedingungen , die an u auf G gestellt werden, hängen sowohl vom konkreten Lösungsgebiet als auch von der Ordnung der Differentialgleichung ab. Im allgemeinen dienen sie dazu, die eindeutige Lösbarkeit des Problems zu sichern.

Die wichtigsten Fälle sind:

- Anfangswertprobleme für Systeme gewöhnlicher Differentialgleichungen 1. Ordnung.
- Randwertprobleme für gewöhnliche Differentialgleichungen 2. Ordnung.

- Randwertprobleme für stationäre partielle Differentialgleichungen 2. Ordnung.
- Anfangs-Randwert-Probleme für instationäre partielle Differentialgleichungen 2. Ordnung.

Die konkrete Gestalt dieser Bedingungen wird in den einzelnen Teilabschnitten dargestellt.
Ausgehend von der Struktur des stetigen Ausgangsproblems lassen sich drei grundlegende Teilprozesse bei der numerischen Behandlung solcher Probleme auszeichnen.

A) Diskretisierung des Lösungsgebietes G einschließlich des Randes ∂G.
Hierbei werden die Kontinua G bzw. ∂G durch ein diskretes (endliches) Punktsystem (Gitter) in G bzw. ∂G ersetzt. Als numerische Näherungslösung werden Näherungen der Lösung u des stetigen Problems in den Punkten des Gitters gesucht.

B) Diskretisierung der Differentialgleichungen und der Anfangs- und Randbedingungen.
Ausgehend vom stetigen Problem werden Gleichungen für die unbekannten Näherungswerte für u in den Gitterpunkten erzeugt. Es entstehen lineare bzw. nichtlineare Gleichungssysteme (diskretisiertes Problem).

C) Lösung des diskretisierten Problems
Hierfür stehen prinzipiell die in den Kapiteln 2 und 3 dargestellten Verfahren zur Verfügung. Es zeigt sich jedoch, daß Verfahren, die der speziellen Struktur der entstehenden Probleme angepaßt sind, wesentlich effektiver arbeiten.

5.1. Anfangswertprobleme für gewöhnliche Differentialgleichungen

5.1.1. Mathematische Grundlagen der Verfahren

Betrachtet wird das folgende stetige Ausgangsproblem:

a) Lösungsgebiet: $G = [t_0, t_n] \subset R^1$, (1)

b) Differentialgleichung: $u'(t) = f(t, u(t))$ (2)

c) Anfangsbedingung: $u(t_0) = \tilde{u}$ (3)

Bei (2) und (3) kann es sich dabei sowohl um ein skalares Problem (eine unbekannte Funktion u(t) und einen Anfangswert $\tilde{u} \in R^1$) oder um ein System von N Differentialgleichungen erster Ordnung für N unbekannte Funktionen $u_1(t)$, ..., $u_N(t)$ sowie in (3) um einen Vektor $\tilde{u}^T = (\tilde{u}_1, \ldots, \tilde{u}_N)^T \in R^N$ handeln. In diesem Fall sind (2) und (3) im vektoriellen Sinne zu interpretieren (d. h. auch f(t,u(t)) stellt einen Vektor $(f_i(t, u_1(t), \ldots, u_N(t))_{i=1}^N$ dar).

Die weiteren Betrachtungen werden vorwiegend anhand skalarer Probleme durchgeführt, wobei jedoch die Übertragung auf den vektoriellen Fall offensichtlich ist (alle Größen, die auf u bzw. f Bezug nehmen, müssen durch Vektoren derselben Dimension ersetzt werden). Die Einschränkung auf Differentialgleichungen 1. Ordnung ist bei dieser Problemklasse nicht wesentlich, da sich Anfangswertprobleme höherer Ordnung in Systeme 1. Ordnung äquivalent umformen lassen. Sei etwa ein Anfangswertproblem N-ter Ordnung gegeben:

$$u^{(N)}(t) = f(t, u(t), u'(t), \ldots, u^{(N-1)}(t)),\ t \in [t_0, t_n], \quad (4)$$

$$u(t_0) = \tilde{u}_1,\ u'(t_0) = \tilde{u}_2,\ \ldots,\ u^{(N-1)}(t_0) = \tilde{u}_N. \quad (5)$$

Man führt nun für u(t), u'(t), ..., $u^{(N-1)}(t)$ neue Bezeichnungen ein:

$$u(t) = u_1(t),\ u'(t) = u_2(t),\ \ldots,\ u^{(N-1)}(t) = u_N(t). \quad (6)$$

Dann gilt:

$$\begin{aligned} u'_1(t) &= u_2(t) \quad (\hat{=}\ f_1(t,u_1(t), \ldots, u_N(t))), \\ u'_2(t) &= u_3(t) \quad (\hat{=}\ f_2(t,u_1(t), \ldots, u_N(t))), \\ u'_{N-1}(t) &= u_N(t) \quad (\hat{=}\ f_{N-1}(t,u_1(t), \ldots, u_N(t))), \\ u'_N(t) &= f(t,u_1(t), \ldots, u_N(t)) \quad (\hat{=}\ f_N(t,u_1(t), \ldots, u_N(t))), \end{aligned} \tag{7}$$

$$u_1(t_0) = \tilde{u}_1,\ u_2(t_0) = \tilde{u}_2,\ \ldots,\ u_N(t_0) = \tilde{u}_N. \tag{8}$$

(7) und (8) stellen ein Anfangswertproblem 1. Ordnung der Form (1), (2), (3) für die unbekannten Funktionen $u_1(t), \ldots, u_n(t)$ dar, die Beziehungen zum Ausgangsproblem (4), (5) werden durch die Substitutionen (6) gewährleistet.

Für die Funktion f(t,u) in (2) sei auf ihrem Definitionsbereich stetig und beschränkt und erfülle bezüglich der Variablen u eine Lipschitz-Bedingung, d. h.:

$$\begin{aligned} &D_f := \{(t,u) \mid t \in [t_0,t_n],\ u \in D \subset R^N\}, \\ &|f(t,u)| \leq C < \infty \ \forall (t,u) \in D_f, \\ &|f(t,u) - f(t,v)| \leq L|u - v| \quad \forall u,\ v \in D, \\ &L \geq 0 \text{ unabhängig von } t \in [t_0,t_n]. \end{aligned} \tag{9}$$

Im vektoriellen Fall ($N > 1$) sind die Beträge in (9) durch entsprechende Normen im R^N zu ersetzen. (9) ist insbesondere erfüllt, falls f(t,u) bezüglich u stetig differenzierbar ist und alle partiellen Ableitungen auf D_f beschränkt sind.

Nach einem klassischen Ergebnis (Satz von Picard-Lindelöf) sichern die obigen Voraussetzungen an f, daß in $[t_0,t_n]$ eine eindeutig bestimmte Lösung u(t) existiert, die stetig vom Anfangswert $\tilde{u}$ abhängt. Wir vermerken jedoch, daß für theoretische Untersuchungen zu numerischen Verfahren häufig stärkere Differenzierbarkeitsanforderungen an f nötig sind.

Die Diskretisierung des Lösungsgebietes $G = [t_0,t_n]$ geschieht nun durch Vorgabe eines Systems von Gitterpunkten t_i in G:

$$t_0 < t_1 < \ldots < t_{n-1} < t_n. \tag{10}$$

Zur Angabe eines Gitters müssen die Werte n und $t_1, \ldots, t_{n-1}$ vorgegeben werden.

Besonders einfach ist die Situation im Fall äquidistanter (gleichabständiger) Zerlegungen von $[t_0, t_n]$. Hierbei gilt:

$$t_i = t_0 + ih, \quad i = 0, 1, \ldots, n, \qquad (11)$$
$$h = (t_n - t_0)/n.$$

Das Gitter in (10) ist dabei durch Vorgabe von h (bzw. n) durch (11) eindeutig bestimmt.
Als Näherungslösungen werden reelle Zahlen u_i (i = 0, 1, ..., n) gesucht, die die Funktionswerte $u(t_i)$ der exakten Lösung von (1) bis (3) in den Gitterpunkten t_i approximieren. Der Wert u_0 ist dabei durch den bekannten Anfangswert $\tilde{u}$ exakt gegeben.

$$u_0 = u(t_0) = \tilde{u}. \qquad (12)$$

Um durch Diskretisierung Gleichungen zur Bestimmung der Unbekannten u_i zu erhalten, werden im wesentlichen zwei Grundideen benutzt.
a)
Bei bekanntem Funktionswert u(t) an einer Stelle t liefert die Differentialgleichung (2) alle Informationen für eine Taylor-Entwicklung der Funktion u(t) in einer Umgebung von t. Genauer gilt:

$$u'(t) = f(t,u(t))$$

$$u''(t) = \frac{d\, f(t,u(t))}{d\, t} = f_t(t,u(t)) + f_u(t,u(t))u'(t) \qquad (13)$$
$$= f_t(t,u(t)) + f_u(t,u(t))f(t,u(t)),$$

usw.

f_t bzw. f_u stellen hierbei die partiellen Ableitungen von f nach t bzw. u dar. Die rechten Seiten in (13) lassen sich aus der Kenntnis von t und u(t) berechnen, so daß damit auch eine Taylor-Entwicklung von u(t) in t durchgeführt werden kann:

$$u(t+h) = u(t) + u'(t)h + u''(t)h^2/2 + \ldots + u^{(k)}(t)h^k/k! + \qquad (14)$$
$$+ u^{(k+1)}(\bar{t})h^{k+1}/(k+1)!, \qquad \bar{t} \in [t,t+h].$$

Beachtet man, daß im Punkt t_0 auch der Funktionswert $u(t_0) = \tilde{u}$ bekannt ist, so läßt sich durch eine abgebrochene Taylor-Reihe der Funktionswert $u(t_0+h)$ für kleine Schrittweiten h relativ genau berechnen (die Genauigkeit hängt vom Grad des Taylor-Polynoms und von der Größe der Schrittweite h ab). Setzt man dieses Verfahren im Punkt t_0+h mit dem (genäherten) Funktionswert $u(t_0+h)$ aus der Taylor-Reihe fort, so erreicht man (bei fester Schrittweite h) nach endlich vielen Schritten das rechte Intervallende t_n. Diese Vorgehensweise widerspiegelt das Prinzip der schrittweisen Näherung, welches grundlegend für die numerische Lösung von Anfangswertproblemen bei gewöhnlichen Differentialgleichungen ist.

Der bei der Anwendung dieses Verfahrens entstehende Fehler setzt sich dabei aus zwei Fehlerarten zusammen. Zum einen entstehen Fehler durch Abbruch der Taylor-Reihenentwicklung (diese lassen sich prinzipiell durch das Restglied in (14) abschätzen), zum anderen sind jedoch auch die Ausgangsdaten (Funktionswerte u(t)) der Taylor-Entwicklung fehlerhaft (außer im Anfangspunkt).

b)

Man überführt die Differentialgleichung (2) zunächst in eine äquivalente Integralgleichung. Durch Integration von (2) in den Grenzen t bis t+h ergibt sich:

$$u(t+h) = u(t) + \int_{t}^{t+h} f(t,u(t))dt. \tag{15}$$

Ist u(t) (zumindest näherungsweise) bekannt, so kann man auf das Integral in (15) Formeln der numerischen Integration (s. Kap. 4.) anwenden, wobei die unbekannten Funktionswerte in den Stützstellen im Intervall [t,t+h] durch Taylor-Entwicklung schrittweise auf den bekannten Funktionswert u(t) zurückgeführt werden. Fortsetzung dieses Verfahrens bis zum Punkt $t = t_n$ liefert die gewünschten Ergebnisse. Auch hierbei setzt sich der Fehler aus zwei Komponenten zusammen, einerseits dem Fehler in der numerischen Quadratur (z. B. Interpolationsfehler), andererseits dem Fehler durch Taylor-Entwicklung von u in den Stützstellen. Vermerkt sei noch, daß jedes der so entstandenen Verfahren bei Anwendung auf eine Differentialgleichung der Form u'(t) = f(t) einer Formel zur näherungsweisen Integration von f(t) entspricht. Dies stellt einen direkten Anknüpfungspunkt an Kapitel 4 dar.

5.1.2. Einschritt-Verfahren vom Runge-Kutta-Typ

Mathematische Grundlagen des Verfahrens

Unter einem Einschrittverfahren zur Lösung von Anfangswertproblemen versteht man eine Berechnungsvorschrift für die Unbekannten u_i der Form:

$$u_{i+1} = u_i + h\,\phi(t_i, u_i, t_{i+1}, u_{i+1}, h), \quad i = 0, 1, \ldots, n-1. \tag{16}$$

Offensichtlich werden zur Berechnung von u_{i+1} nur Informationen aus dem vorangegangenen Schritt (u_i) benötigt. Daher kommt der Name dieser Verfahrensklasse. Man beachte weiterhin, daß für i=0 sich der Wert u_0 aus dem Anfangswert $\tilde{u}$ aus (3) ergibt.
Um aus (16) den Wert u_{i+1} bei bekannten u_i zu ermitteln, muß in jedem Schritt eine nichtlineare Gleichung gelöst werden. Von besonderem Interesse sind daher sogenannte explizite Einschrittverfahren. Bei diesen hängt die Funktion ϕ in (16) nicht von u_{i+1} und t_{i+1} ab, so daß u_{i+1} direkt mit Hilfe von u_i berechnet werden kann. (16) hat dann die (explizite) Form:

$$u_{i+1} = u_i + h\,\phi(t_i, u_i, h), \quad i = 0, 1, \ldots, n-1. \tag{17}$$

Bei Einschrittverfahren vom Runge-Kutta-Typ benutzt man zur Konstruktion der Funktion $\phi(t,u,h)$ in (17) die Grundidee b) aus 5.1.1. (siehe (15)). Dies ergibt folgende Struktur von ϕ :

$$\begin{aligned}
\phi_r(t,u,h) &= \sum_{i=1}^{r} \gamma_i K_i(t,u), \\
K_1(t,u) &= f(t,u), \\
K_2(t,u) &= f(t+\alpha_2 h, u+\beta_{21}K_1 h), \\
K_3(t,u) &= f(t+\alpha_3 h, u+\beta_{31}K_1 h+\beta_{32}K_2 h), \\
&\;\;\vdots \\
K_r(t,u) &= f(t+\alpha_r h, u+h\sum_{j=1}^{r-1}\beta_{rj}K_j).
\end{aligned} \tag{18}$$

Die Werte $t+\alpha_j h$ in (18) sind die Stützstellen, die zur Auswertung des Integrals $\int_t^{t+h} f(t,u(t))dt$ benutzt werden, ihre Anzahl r heißt Stufigkeit des Verfahrens. Die unbekannten Funktionswerte $u(t+\alpha_j h)$ werden durch Taylor-Entwicklungen auf den bekannten

Wert u und schon berechnete K-Werte zurückgeführt. Man beachte, daß zur Berechnung von K_j nur K_i-Werte mit $i < j$ benutzt werden, wodurch die Explizitheit des Verfahrens gesichert wird. Die γ_i in (18) entsprechen den Gewichtskoeffizienten in numerischen Quadraturformeln (siehe Kap. 4).

Im Ansatz (18) sind die γ_i, α_i, β_{ij} noch näher zu bestimmende Konstanten. Um Bestimmungsgleichungen für diese Größen zu erhalten, wird die erste Grundidee a) aus 5.1.1. benutzt (siehe (13/14)). Man verlangt, daß die Funktion ϕ_r in (18) so gewählt wird, daß das Verfahren (17) bis zu einer gewissen Ordnung q = 1 mit der Taylorentwicklung von u in t_i (Schrittweite h) übereinstimmt. Durch Koeffizientenvergleich gewinnt man (i. allg. nichtlineare) Gleichungssysteme zur Bestimmung der γ_i, α_i, β_{ij}. Die so gewonnenen Verfahren nennt man r-stufige Runge-Kutta-Verfahren der Ordnung q (Kurzform: RKV(q,r)). Jedes dieser Verfahren ist durch Vorgabe von r, γ_i, α_i, β_{ij} durch (18) und (17) eindeutig bestimmt. Nach Butcher werden die Konstanten γ_i, α_i, β_{ij} durch das folgende Schema angegeben.

RKV(q,r):

$$\begin{array}{c|cccc}
\alpha_2 & \beta_{21} & & & \\
\alpha_3 & \beta_{31} & \beta_{32} & & \\
\vdots & & & & \\
\alpha_r & \beta_{r1} & \cdots & \beta_{r,r-1} & \\
\hline
 & \gamma_1 & & \gamma_{r-1} & \gamma_r
\end{array} \qquad (19)$$

Typische Vertreter dieser Verfahrensklasse sind:

1. r = 1 (RKV(1,1))

$$\gamma_1 = 1 \longrightarrow u_{i+1} = u_i + hf(t_i, u_i) \quad \text{Euler-Verfahren,} \qquad (20)$$

2. r = 2 (RKV(2,2))

$$\begin{array}{c|cc}
1/2 & 1/2 & \\
\hline
 & 0 & 1
\end{array} \quad \text{modifiziertes Euler-Verfahren,} \qquad (21)$$

1	1	
	1/2	1/2

Heun-Verfahren, (22)

3. r = 3 (RKV(3,3))

1/2	1/2		
1	-1	2	
	1/6	4/6	1/6

(23)

4. r = 4 (RKV(4,4))

1/2	1/2			
1/2	0	1/2		
1	0	0	1	
	1/6	1/3	1/3	1/6

klassisches Runge-Kutta-Verfahren. (24)

Ist ein RKV(r,q) durch ein Schema der Form (19) gegeben, so erhält man die konkrete Berechnungsvorschrift, indem man die Werte aus dem Schema (19) in (18) einträgt und die so gebildete Funktion ϕ_r in (17) benutzt. Im Falle des Heun-Verfahrens ergeben sich damit folgende Teiloperationen für einen Schritt:

$$K_1 = f(t_i, u_i)$$

$$K_2 = f(t_i + h, u_i + hK_1) \tag{25}$$

$$u_{i+1} = u_i + h(K_1 + K_2)/2.$$

Man beachte dabei, daß im vektoriellen Fall (System von Differentialgleichungen) die u und f Vektoren der Dimension N sind, und demzufolge auch die K_i als Vektoren derselben Dimension anzusetzen sind. Aus (25) ist weiterhin ersichtlich, daß in jedem Schritt des Verfahrens Berechnungen ein und derselben Funktion f(t,u) (rechte Seite der Differentialgleichung) erforderlich sind, wobei sich von Schritt zu Schritt nur die Argumente t und u entsprechend ändern. Außerdem werden für die Ausführung eines Schrittes nur die u-Werte aus dem letzten Schritt benötigt (Prinzip des Einschritt-Verfahrens).

Aufbau des Algorithmus

S1: Vorgabe von N (Anzahl der Differentialgleichungen), $f(t,u)$, t_0, t_n, $\tilde{u}$.

S2: Vorgabe von h.

S3: $t = t_0$, $u = \tilde{u}$.

S4: Berechnung der K_i-Werte:

$$K_1 = f(t,u)$$

$$K_2 = f(t+\alpha_2 h, u+\gamma_1 K_1 h)$$

$$K_r = f(t+\alpha_r h, u+ h \sum_{j=1}^{r-1} \beta_{rj} K_j).$$

S5: Berechnung des neuen u-Wertes

$$\bar{u} = u + h(\sum_{i=1}^{r} \gamma_i K_i)$$

S6: Ausgabe t, u.

S7: Umspeichern $t = t + h$, $u = \bar{u}$.

S8: Falls $t < t_n$, gehe zu S4, sonst STOP.

Bei Übergang von einem RK-Verfahren zu einem anderen ändern sich nur die Schritte S4 und S5 im obigen Algorithmus.

BASIC-Programm

Die folgenden Programme realisieren den obigen Algorithmus.

```
100 PRINT"------------------------"
120 PRINT"RUNGE-KUTTA-VERFAHREN":PRINT"EULER-VERFAHREN"
140 PRINT"------------------------"
160 REM *****           >>> EINGABE <<<                    *****
180 INPUT"ZAHL D. GLEICHUNGEN N=";N:INPUT"ANFANGSARGUMENT TO=";TO
200 INPUT"ENDARGUMENT TE=";TE:INPUT"SCHRITTWEITE H=";H
220 DIM UO(N),U(N)
240 FOR I=1 TO N:PRINT"ANFANGSWERT UO(";I;")=":INPUT UO(I):NEXT I
260 REM *****        >>> KONTROLLAUSGABE <<<               *****
280 PRINT"TO=";TO,"TE=";TE,"H=";H
```

```
300 FOR I=1 TO N:PRINT"UO(";I;")=";UO(I): NEXT I
320 REM *****       >>> TABELLENKOPF <<<                 *****
340 PRINT"LOESUNG DER DIFFERENTIALGLEICHUNGEN":PRINT"T","U"
360 REM *****      >>> EULER-VERFAHREN <<<               *****
380 DIM K1(N)
400 IF TO>=TE GOTO 500
420 T=TO:FOR I=1 TO N: U(I)=UO(I): NEXT I
440 GOSUB 520:FOR I=1 TO N: K1(I)=UT(I): NEXT I
460 TO=TO+H:FOR I=1 TO N:UO(I)=UO(I)+H*K1(I)
480 NEXT I:GOSUB 600:GOTO 400
500 PRINT"ENDE DER RECHNUNG":END
520 REM *****     >>> MODELLGLEICHUNGEN <<<              *****
540 UT(1)=U(2)
560 UT(2)=-U(1)
580 RETURN
600 REM *****          >>> AUSGABE <<<                   *****
620 PRINT TO,UO(1),UO(2):RETURN

100 PRINT"----------------------"
120 PRINT"RUNGE-KUTTA-VERFAHREN":PRINT"HEUN-VERFAHREN"
140 PRINT"----------------------"
160 REM *****          >>> EINGABE <<<                   *****
180 INPUT"ZAHL D. GLEICHUNGEN N=";N:INPUT"ANFANGSARGUMENT TO=";TO
200 INPUT"ENDARGUMENT TE=";TE:INPUT"SCHRITTWEITE H=";H
220 DIM UO(N),U(N)
240 FOR I=1 TO N:PRINT"ANFANGSWERT UO(";I;")=":INPUT UO(I):NEXT I
260 REM *****        >>> KONTROLLAUSGABE <<<             *****
280 PRINT"TO=";TO,"TE=";TE,"H=";H
300 FOR I=1 TO N:PRINT"UO(";I;")=";UO(I): NEXT I
320 REM *****          >>> TABELLENKOPF <<<              *****
340 PRINT"LOESUNG DER DIFFERENTIALGLEICHUNGEN":PRINT"T","U"
360 REM *****        >>> HEUN-VERFAHREN <<<              *****
380 DIM K1(N),K2(N)
400 IF TO>=TE GOTO 540
420 T=TO:FOR I=1 TO N: U(I)=UO(I): NEXT I
440 GOSUB 560:FOR I=1 TO N: K1(I)=UT(I): NEXT I
460 T=TO+H:FOR I=1 TO N:U(I)=UO(I)+H*K1(I): NEXT I
480 GOSUB 560:FOR I=1 TO N: K2(I)=UT(I): NEXT I
```

```
500 TO=TO+H:FOR I=1 TO N:UO(I)=UO(I)+H*(K1(I)+K2(I))/2
520 NEXT I:GOSUB 640:GOTO 400
540 PRINT"ENDE DER RECHNUNG":END
560 REM *****        >>> MODELLGLEICHUNGEN <<<               *****
580 UT(1)=U(2)
600 UT(2)=-U(1)
620 RETURN
640 REM *****             >>> AUSGABE <<<                    *****
660 PRINT TO,UO(1),UO(2):RETURN
```

```
100 PRINT"------------------------"
120 PRINT"RUNGE-KUTTA-VERFAHREN":PRINT"RKV - 4.ORDNUNG"
140 PRINT"------------------------"
160 REM *****             >>> EINGABE <<<                     *****
180 INPUT"ZAHL D. GLEICHUNGEN N=";N:INPUT"ANFANGSARGUMENT TO=";TO
200 INPUT"ENDARGUMENT TE=";TE:INPUT"SCHRITTWEITE H=";H
220 DIM UO(N),U(N)
240 FOR I=1 TO N:PRINT"ANFANGSWERT UO(";I;")=":INPUT UO(I):NEXT I
260 REM *****         >>> KONTROLLAUSGABE <<<                 *****
280 PRINT"TO=";TO,"TE=";TE,"H=";H
300 FOR I=1 TO N:PRINT"UO(";I;")=";UO(I): NEXT I
320 REM *****          >>> TABELLENKOPF <<<                   *****
340 PRINT"LOESUNG DER DIFFERENTIALGLEICHUNGEN":PRINT"T","U"
360 REM *****        >>> RUNGE-KUTTA-VERFAHREN <<<            *****
380 DIM K1(N),K2(N),K3(N),K4(N)
400 IF TO>=TE GOTO 620
420 T=TO:FOR I=1 TO N: U(I)=UO(I): NEXT I
440 GOSUB 640:FOR I=1 TO N: K1(I)=UT(I): NEXT I
460 T=TO+H/2:FOR I=1 TO N:U(I)=UO(I)+H*K1(I)/2: NEXT I
480 GOSUB 640:FOR I=1 TO N: K2(I)=UT(I): NEXT I
500 FOR I=1 TO N:U(I)=UO(I)+H*K2(I)/2: NEXT I
520 GOSUB 640:FOR I=1 TO N: K3(I)=UT(I): NEXT I
540 T=TO+H:FOR I=1 TO N:U(I)=UO(I)+H*K3(I): NEXT I
560 GOSUB 640:FOR I=1 TO N: K4(I)=UT(I): NEXT I:TO=TO+H
580 FOR I=1 TO N:UO(I)=UO(I)+H*(K1(I)+2*K2(I)+2*K3(I)+K4(I))/6
600 NEXT I:GOSUB 720:GOTO 400
620 PRINT"ENDE DER RECHNUNG":END
640 REM *****        >>> MODELLGLEICHUNGEN <<<               *****
```

```
660 UT(1)=U(2)
680 UT(2)=-U(1)
700 RETURN
720 REM *****             >>> AUSGABE <<<                    *****
740 PRINT TO,UO(1),UO(2):RETURN
```

<u>Numerisches Beispiel</u>

$u'' = -u; \quad u(0) = 0; \; u'(0) = 1.$

Wir setzen $u_1 = u$, $u_2 = u'$ und erhalten das Gleichungssystem

$u'_1 = u_2,$

$u'_2 = -u_1.$

Im Programm wird UT(1) = U(2)
UT(2) = -U(1) implementiert.

Die analytische Lösung ist $u(t) = \sin t$.

Ergebnisse:

Die nachfolgende Tabelle enthält einen Vergleich der Ergebnisse zwischen Heun-, Euler- und Runge-Kutta-Verfahren 4. Ordnung und der exakten Lösung bei gleichen Eingangsparametern

$t_0 = 0; \; t_n = 3.2; \; h = 0.2; \; u_1(0) = 0, \; u_2(0) = 1$

für ausgewählte Stützstellen t_i.

t_i	Euler	Heun	RKV4	u(t) = sin t
0.4	0.4	0.392	0.3894132	0.38641
1	0.9203201	0.8458562	0.841462	0.841471
1.6	1.169818	1.00081	0.9995706	0.99957
2.4	0.8834149	0.6653191	0.6754828	0.6754628
3.0	0.2411267	0.1218999	0.141158	0.14112

Weiterführende Bemerkungen

1. In den bisherigen Beispielen für Runge-Kutta-Verfahren war stets die Stufigkeit des Verfahrens gleich seiner Ordnung ($r=q$). Es lassen sich auf dem beschriebenen Wege auch Verfahren höherer Ordnung konstruieren, jedoch existiert für $q \geq 5$ kein Verfahren mit $r = q$ Stufen. Es gibt jedoch Verfahren RKV(r,q) mit $r > q$ Stufen (siehe ALBRECHT (1979)).

2. Auf einem analogen Weg lassen sich auch implizite Runge-Kutta-Verfahren der Form (16) konstruieren. Die Funktion ϕ in (16) hat hierbei die Gestalt:

$$\begin{aligned} \phi_n(t,u,h) &= \sum_{i=1}^{r} \gamma_i K_i(t,u), \\ K_i(t,u) &= f(t+\alpha_i h, u+h \sum_{j=1}^{r} \beta_{ij} K_j(t,u)). \end{aligned} \tag{26}$$

Verfahren mit dieser Struktur werden wiederum durch ein Butcher-Schema der Form (19) beschrieben. Die Vorschrift zur Berechnung der K_i-Werte in (26) stellt hierbei jedoch ein nichtlineares Gleichungssystem für die K_i-Werte dar, das in jedem Schritt mit entsprechenden Verfahren (s. Kap. 3) iterativ gelöst werden muß. Als Spezialfall von (26) werden auch sogenannte diagonal-implizite Verfahren betrachtet. Bei diesen gilt $\beta_{ij} = 0$ für $i < j$, sowie $\beta_{ii} \neq 0$ für mindestens einen i-Wert (sonst wäre das Verfahren explizit), so daß die Gleichung für K_i in (26) nur K_j-Werte mit $j \leq i$ enthält. Auf Modifikationen dieser Verfahren (ROW-Verfahren) wird in 5.2.4 noch näher eingegangen.

3. Neben Einschrittverfahren werden in der numerischen Praxis auch häufig sogenannte lineare k-Schrittverfahren verwendet. Diese werden in der folgenden Form notiert:

$$\alpha_k u_j + \alpha_{k-1} u_{j-1} + \ldots + \alpha_0 u_{j-k} - h(\beta_k f_j + \beta_{k-1} f_{j-1} + \ldots + \beta_0 f_{j-k}) = 0, \tag{27}$$

$$f_l := f(t_l, u_l), \quad j = k, k+1, \ldots, n.$$

Bei der theoretischen Untersuchung dieser Verfahren verwendet man charakteristische Polynome dieser Verfahren, welche mit Hilfe der Koeffizienten α_i und β_i in (27) gebildet werden:

$$\varrho(\mu) = \sum_{i=0}^{k} \alpha_i \mu^i , \quad \sigma(\mu) = \sum_{i=0}^{k} \beta_i \mu_i \tag{28}$$

Für $\beta_k = 0$ läßt sich (27) nach u_j umstellen, so daß explizite Berechnungsvorschriften entstehen. Im Fall $\beta_k \neq 0$ stellt (27) eine nichtlineare Gleichung für u_j dar, man spricht dann von impliziten Verfahren. Im Berechnungsprozeß (27) werden die u_i-Werte aus k vorangegangenen Schritten benutzt (Prinzip der Mehrschritt-Verfahren).

Da jedoch nur $u_0 = \tilde{u}$ aus (3) bekannt ist, müssen zunächst die Näherungen u_1, ..., u_{k-1} mit Hilfe anderer Verfahren (meist Einschrittverfahren) bestimmt werden, ehe der Prozeß (27) gestartet werden kann. Im Gegensatz zu Einschrittverfahren, bei denen dies nicht nötig ist, nennt man diese Verfahren nicht selbststartend.

Verfahren der Form (27) erhält man einerseits, indem man das Integral in (15) numerisch auswertet, jetzt jedoch als Stützstellen die t_j-Werte aus (11) benutzt und das Integral durch offene oder geschlossene Newton-Cotes-Formeln ersetzt (siehe Kapitel 4).

Ein anderer Weg besteht darin, die unbekannte Funktion u(t) in gewissen Gitterpunkten t_j durch ein Interpolationspolynom zu ersetzen. Durch Differentiation dieses Polynoms und Einsetzen in (2) erhält man ebenfalls Verfahren der Form (27). Als Beispiel sei hier nur das explizite Adams-Bashforth-Verfahren (2-Schrittverfahren) genannt:

$$u_j - u_{j-1} - h\left(\frac{3}{2} f_{j-1} - \frac{1}{2} f_{j-2}\right) = 0, \quad j = 2, \ldots, n, \tag{29}$$

$$(\alpha_2 = 1, \ \alpha_1 = -1, \ \alpha_0 = 0; \ \beta_2 = 0, \ \beta_1 = 3/2, \ \beta_0 = -1/2)$$

und das implizite Adams-Moulton-Verfahren (3-Schritt-Verfahren):

$$u_j - u_{j-1} - h\left(\frac{9}{24} f_j + \frac{19}{24} f_{j-1} - \frac{5}{24} f_{j-2} + \frac{1}{24} f_{j-3}\right) = 0 \tag{30}$$

$$j = 3, \ldots, n,$$

$(\alpha_3 = 1,\ \alpha_2 = -1,\ \alpha_1 = \alpha_0 = 0;\ \beta_3 = 9/24,\ \beta_2 = 19/24,$

$\beta_1 = -5/24,\ \beta_0 = 1/24)$.

4. Will man implizite Verfahren ($\beta_k \neq 0$) der Form (27) benutzen, so müssen die Gleichungen in (27) iterativ gelöst werden (auf Grund ihrer nichtlinearen Struktur). Die Anzahl der dazu nötigen Iterationen hängt unter anderem auch von der Güte der Startnäherung ab. Dies führt zur Betrachtung sogenannter Prädiktor-Korrektor-Verfahren (P-C-Verfahren). Ausgangspunkt ist hier ein implizites lineares k-Schritt-Verfahren, welches als Iterationsvorschrift für u_j betrachtet wird (Umstellen von (27) nach u_j):

$$u_j = g(u_j) := \frac{1}{\alpha_k}(h(\beta_k f_j + \ldots + \beta_0 f_{j-k}) - \alpha_{k-1} u_{j-1} - \ldots - \alpha_0 u_{j-k}) \tag{31}$$

(man beachte: $f_j = f(t_j, u_j)$).

Um eine Startnäherung u_j^* in (31) zu erhalten, wird nun ein explizites lineares $\bar{k}$-Schritt-Verfahren zur Berechnung von u_j^* benutzt. Dann setzt man diesen Wert u_j^* auf der rechten Seite in (31) ein und nimmt das so entstandene u_j als Näherung für $u(t_j)$. P-C-Verfahren sind somit Verknüpfungen von Mehrschritt-Verfahren in der oben beschriebenen Weise und werden durch Angabe von Prädiktor (explizites Verfahren) und Korrektor (implizites Verfahren) bestimmt. An dieser Stelle sei nur ein Beispiel genannt.

$$\begin{aligned} &\text{Prädiktor: } && u_j^* = u_{j-1} + h(\tfrac{3}{2} f_{j-1} - \tfrac{1}{2} f_{j-2}) \text{ (siehe (29))},\\ &\text{Korrektor: } && u_j = u_{j-1} + h(\tfrac{1}{2} f_j^* + \tfrac{1}{2} f_{j-1})\\ & && f_j^* = f(t_j, u_j^*), \qquad j = 2, \ldots, n. \end{aligned} \tag{32}$$

(Adams-Moulton-Einschritt-Verfahren)

Die Berechnung von u_1 (Startrechnung für den Prädiktor) kann z.B. mit dem Heun-Verfahren (siehe (22)) vorgenommen werden:

$$u_1 = \tilde{u} + 1/2h(K_1 + K_2)$$

$$K_1 = f(t_0, \tilde{u}),\ K_2 = f(t_0 + h, \tilde{u} + hK_1).$$

5.1.3. Konsistenz und Schrittweitensteuerung bei Einschrittverfahren

Mathematische Grundlagen des Verfahrens

Bei den bisher betrachteten Verfahren wurde stets im gesamten Lösungsprozeß mit einer festen Schrittweite h gearbeitet (äquidistante Zerlegung des Lösungsintervalls). Die Größe der Schrittweite h beeinflußt jedoch zum einen die Genauigkeit der Ergebnisse, andererseits steigt mit kleiner werdendem h auch der Aufwand im Lösungsprozeß (Zusammenhang zwischen h und n in (11)). Vom praktischen Standpunkt aus ist man deshalb daran interessiert, die Schrittweite h nach gewissen Genauigkeitsforderungen im Lösungsprozeß zu steuern. Überlegungen dieser Art beruhen auf Fehleranalysen der betrachteten Verfahren. Die Schrittweitensteuerung beruht dabei auf Untersuchungen zum sogenannten lokalen Diskretisierungsfehler, der wie folgt definiert wird. Die Größen u_j, die durch das Verfahren berechnet werden, stellen Näherungen für die Funktionswerte $u(t_j)$ der exakten Lösung des Problems dar. Setzt man also diese Größen $u(t_j)$ statt der u_j in die Berechnungsvorschriften ein, so ist die Gleichheit im allgemeinen nicht mehr erfüllt. Für explizite Einschrittverfahren der Form (17) schreibt man dies in der Form:

$$u(t_{j+1}) = u(t_j) + h\phi(t_j, u(x_j), h) + hd_{j+1}, \qquad (33)$$

$$j = 0, 1, \ldots, n-1.$$

Die Größen d_j ($j = 1, \ldots, n$) in (33) heißen lokale Diskretisierungsfehler. Man nennt ein Verfahren konsistent, wenn für h gegen 0 auch diese Fehler verschwinden:

$$\max_j |d_j| \longrightarrow 0 \quad \text{für } h \longrightarrow 0. \qquad (34)$$

Genauere Aussagen erhält man mit Hilfe der Konsistenzordnung. Ein Verfahren heißt konsistent von der Ordnung $q \geq 1$, falls es Zahlen $c > 0$, $h_1 > 0$ gibt, so daß gilt:

$$\max_j |d_j| \leq c|h|^q \quad \forall\, h \in (0, h_1). \qquad (35)$$

Die Gültigkeit einer Ungleichung der Form (35) wird in der Mathematik durch das Symbol $o(h^q)$ gekennzeichnet, das im weiteren auch als Kurzschreibweise benutzt wird.
Aus der Konstruktionsidee der Runge-Kutta-Verfahren RKV(q,r) in 5.1.2 folgt, daß der Parameter q gerade die Konsistenzordnung dieses Verfahrens darstellt (q wurde dort formal als Ordnung des Verfahrens bezeichnet). Das Euler-Verfahren ist somit ein Verfahren der Konsistenzordnung q = 1.
Um mit Hilfe des Konsistenzbegriffes die Schrittweite steuern zu können, benötigt man handhabbare Abschätzungen des lokalen Diskretisierungsfehlers in (33). Diese erhält man auf folgendem Weg. Man betrachtet zwei Einschrittverfahren der Ordnung q bzw. q+1. Die Näherungen, die mit diesen Verfahren berechnet werden, seien u_j bzw. $\bar{u}_j$. Dann gilt für den lokalen Diskretisierungsfehler d_j des Verfahrens der Ordnung q:

$$d_j = (u_j - \bar{u}_j)/h + o(h^{q+1}). \tag{36}$$

Demzufolge kann man als Fehlermaß die Größe

$$FE = \|(u_j - \bar{u}_j)/h\| \tag{37}$$

wählen. Als Norm in (37) kann z. B. die Maximumnorm gewählt werden (man beachte, daß die u_j und $\bar{u}_j$ Vektoren sind, falls ein System von Differentialgleichungen vorliegt). Das Ziel einer Schrittweitensteuerung besteht nun darin, die Schrittweite h in jedem Schritt so zu wählen, daß gilt:

$$FE \in [FU, FO], \tag{38}$$

wobei FU und FO vorgegebene Toleranzgrenzen sind.
Gilt in einem Schritt FE > FO, so muß dieser Schritt mit einer kleineren Schrittweite wiederholt werden. War FE < FU, so wird in nächsten Schritt eine größere Schrittweite verwendet. Dies wird durch folgende Wahl der Schrittweite in Abhängigkeit von FE realisiert:

$$h_{neu} := 0.9h \sqrt[q]{(FO + FU)/(2FE)} . \tag{39}$$

Die ursprüngliche Schrittweite reduziert sich in den Anwendungsfällen auf die Angabe einer Druckschrittweite t_d.
Besonders effektive Verfahren dieser Art erhält man mit dem Prinzip der eingebetteten Verfahren, die unter anderem auf FEHLBERG (1969) zurückgeht. Man benutzt dabei Runge-Kutta-Verfahren der Ordnung q bzw. q+1, die so konstruiert werden, daß ihre Butcher-Schemata (19) ineinander enthalten sind:

$$
\begin{array}{c|cccc}
\alpha_2 & \beta_{21} & & & \\
\vdots & & & & \\
\alpha_r & \beta_{r1} & \cdots & \beta_{r,r-1} & \\
\hdashline
\alpha_{r+1} & \beta_{r+1,1} & \cdots & \beta_{r+1,r-1} & \beta_{r+1,r} \\
\hline
 & \gamma_1 & \cdots & \gamma_r & \\
\hline
 & \bar{\gamma}_1 & \cdots & & \bar{\gamma}_{r+1}
\end{array}
\qquad (40)
$$

Das RKV(q,r) wird durch die Werte $\alpha_2 - \alpha_r$, $\beta_{21} - \beta_{r,r-1}$, $\gamma_1 - \gamma_r$

erzeugt, RKV(q+1,r+1) durch $\alpha_2 - \alpha_{r+1}$, $\beta_{21} - \beta_{r+1,r}$, $\bar{\gamma}_1 - \bar{\gamma}_{r+1}$

Der zusätzliche Aufwand zur Berechnung von $\bar{u}_j$ in (36) reduziert sich somit auf die Berechnung von K_{r+1}. Die Berechnung der Größe FE erhält nun die Gestalt:

$$FE = \left\| \sum_{i=1}^{r} (\gamma_i - \bar{\gamma}_i) K_i - \bar{\gamma}_{r+1} K_{r+1} \right\| . \qquad (41)$$

Die so charakterisierten Verfahren werden als Runge-Kutta-Fehlberg-Verfahren bezeichnet. Als Beispiel sei hier die Verknüpfung eines Verfahrens der Ordnung 4 mit einem der Ordnung 5 angeführt.

$\frac{2}{9}$	$\frac{2}{9}$					
$\frac{1}{3}$	$\frac{1}{12}$	$\frac{3}{12}$				
$\frac{3}{4}$	$\frac{64}{128}$	$\frac{243}{128}$	$\frac{270}{128}$			
1	$\frac{85}{60}$	$\frac{405}{60}$	$\frac{324}{60}$	$\frac{64}{60}$		
$\frac{5}{6}$	$\frac{65}{432}$	$\frac{135}{432}$	$\frac{351}{432}$	$\frac{64}{432}$	$\frac{15}{432}$	
	$\frac{20}{180}$	0	$\frac{81}{180}$	$\frac{64}{180}$	$\frac{15}{180}$	$\hat{=}$ RKV(4,5)
	$\frac{94}{900}$	0	$\frac{432}{900}$	$\frac{128}{900}$	$\frac{30}{900}$	$\frac{216}{900}$ $\hat{=}$ RKV(5,6)

(42)

<u>Aufbau des Algorithmus</u>

S1: Vorgabe von N (Anzahl der Differentialgleichungen), t_0, t_n, u.

S2: Vorgabe von: h – Anfangsschrittweite,
t_α – Druckschrittweite,
FU, FO – Fehlerintervall.

S3: $u = \tilde{u}$, $t = t_0$.

S4: Falls $h > t_d$, dann $h = t_d$.

S5: Berechnung von $K_1, \ldots, K_{r+1}$ (analog zu S4 in 5.1.2).

S6: Berechnung von $\bar{u} = u + \sum_{i=1}^{r} \gamma_i K_i$.

S7: Berechnung von FE nach (41).

S8: Falls FE > FO, dann Berechnung von h_{neu} nach (39) (Verkleinerung der Schrittweite), gehe zu S5.

S9: Falls FE < FU, dann Berechnung von h_{neu} nach (39) (Vergrößerung der Schrittweite).

S10: $t = t + h$, $u = u$.

S11: Falls $t + h < t_0 + t_d$, dann gehe zu S5.

S12: Falls $t < t_0 + t_d$ und $t + h > t_0 + h_d$,
dann $h := t_0 + t_d - t$, gehe zu S5.

S13: Falls $t = t_0 + t_d$, dann Ausgabe von t und u_n.
S14: $t_0 = t$, $u_0 = u_n$.
S15: Falls $t_0 < t$, dann gehe zu S5, sonst STOP.

Das konkrete Runge-Kutta-Fehlberg-Verfahren ist in den Schritten S5 - S7 (einschließlich Fehlerschätzung) enthalten. Die Schritte S9 - S15 beinhalten den Algorithmus zur Schrittweitensteuerung.

BASIC-Programm

Das folgende Programm realisiert den beschriebenen Algorithmus.

```
100 PRINT"--------------------------------"
120 PRINT"RUNGE-KUTTA-FEHLBERG-VERFAHREN"
140 PRINT"--------------------------------"
160 REM *****            >>> EINGABE <<<                    *****
180 INPUT"ZAHL D. GLEICHUNGEN N=";N:INPUT"ANFANGSARGUMENT TO=";TO
200 INPUT"ENDARGUMENT TE=";TE:INPUT"DRUCKSCHRITTWEITE TD=";TD
220 INPUT"ANF.SCHRITTWEITE:";H:INPUT"FEHLERINTERV.(FU,FO):";FU,FO
240 DIM UO(N),U(N),UA(N),UN(N),UT(N),K1(N),K2(N),K3(N),K4(N)
260 DIM K5(N),K6(N)
280 FOR I=1 TO N:PRINT"ANFANGSWERT UO(";I;")=":INPUT UO(I):NEXT I
300 REM *****          >>> KONTROLLAUSGABE <<<              *****
320 PRINT"TO=";TO,"TE=";TE,"TD=";TD:PRINT"H=";H,"FU=";FU,"FO=";FO
340 PRINT"ANFANGSWERTE"
360 FOR I=1 TO N:PRINT"UO(";I;")=";UO(I): NEXT I
380 REM ******          >>> TABELLENKOPF <<<                *****
400 PRINT"LOESUNG DER DIFFERENTIALGLEICHUNGEN":PRINT"T","U"
420 REM *****  >>> STEUERUNG DES VERFAHRENS <<<             *****
440 IF TO>=TE GOTO 620
460 T=TO:FOR I=1 TO N:UA(I)=UO(I): NEXT I
480 NF=0:IF T+H>TO+TD THEN H1=H:H=TO+TD-T:NF=1
500 GOSUB 640:IF FE<=FO GOTO 540
520 T=T-H:H=.9*H*((FO+FU)/(2*FE))^(1/5):GOTO 500
540 IF FE<FU THEN H=.9*H*((FO+FU)/(2*FE))^(1/5)
560 FOR I=1 TO N:UA(I)=UN(I): NEXT I:IF NF=0 THEN GOTO 480
580 TO=T:FOR I=1 TO N:UO(I)=UN(I): NEXT I:GOSUB 1180:GOTO 440
```

```
600 GOSUB 1180:GOTO 440
620 PRINT"ENDE DER RECHNUNG":END
640 REM ****** >>> RUNGE-KUTTA-FEHLBERG-VERFAHREN <<<      *****
660 FOR I=1 TO N:U(I)=UA(I): NEXT I:GOSUB 1100
680 FOR I=1 TO N:K1(I)=UT(I): NEXT I:T=T+2/9*H
700 FOR I=1 TO N:U(I)=UA(I)+2/9*H*K1(I): NEXT I:GOSUB 1100
720 FOR I=1 TO N:K2(I)=UT(I): NEXT I:T=T+H/9
740 FOR I=1 TO N:U(I)=UA(I)+H*(K1(I)+3*K2(I))/12:NEXT I
760 GOSUB 1100: FOR I=1 TO N:K3(I)=UT(I):NEXT I:T=T+5/12*H
780 FOR I=1 TO N:U(I)=UA(I)+H*(69*K1(I)-243*K2(I)+270*K3(I))/128
800 NEXT I:GOSUB 1100:FOR I=1 TO N:K4(I)=UT(I):NEXT I:T=T+H/4
820 FOR I=1 TO N
840 U(I)=UA(I)+H*(-85*K1(I)+405*K2(I)-324*K3(I)+64*K4(I))/60
860 NEXT I:GOSUB 1100:FOR I=1 TO N:K5(I)=UT(I):NEXT I:T=T-H/6
880 FOR I=1 TO N
900 U(I)=H*(65*K1(I)-135*K2(I)+351*K3(I)+64*K4(I)+15*K5(I))/432
920 U(I)=U(I)+UA(I)
940 NEXT I:GOSUB 1100:FOR I=1 TO N:K6(I)=UT(I):NEXT I:T=T+H/6
960 FOR I=1 TO N
980 UN(I)=UA(I)+H*(20*K1(I)+81*K3(I)+64*K4(I)+15*K5(I))/180:NEXT
1000 FE=ABS((2*K1(1)-9*K3(1)+64*K4(1)+15*K5(1)-72*K6(1))/300)
1020 FOR I=2 TO N
1040 FK=ABS((2*K1(I)-9*K3(I)+64*K4(I)+15*K5(I)-72*K6(I))/300)
1060 IF FK>FE THEN FE=FK
1080 NEXT I:RETURN
1100 REM *****      >>> MODELLGLEICHUNGEN <<<        *****
1120 UT(1)=U(2)
1140 UT(2)=-U(1)
1160 RETURN
1180 REM *****      >>> AUSGABE <<<                  *****
1200 PRINT TO,UO(1),UO(2):RETURN
```

<u>Numerisches Beispiel</u>

Als Beispiel soll wie in Abschnitt 5.1.2 die Differentialgleichung $u'' = -u$ mit den Anfangsbedingungen $u(0) = 0$; $u'(0) = 1$ dienen. Nach Einstellen der unteren und oberen Fehlergrenze kann die analytische Lösung $u(t) = \sin t$ mit der gewünschten Genauigkeit approximiert werden.

Weiterführende Bemerkungen

1. Eine andere Idee zur Schrittweitensteuerung beruht auf dem Prinzip der Richardson-Extrapolation. Hier wird mit nur einem expliziten Einschrittverfahren der Ordnung q gerechnet. Mit diesem Verfahren wird ein Schritt mit der Schrittweite h sowie zwei Schritte mit der Schrittweite $h/2$ gerechnet. Die Ergebnisse seien u_{j+1} bzw. $\bar{u}_{j+1}$. Dann gilt für den lokalen Diskretisierungsfehler d_{j+1}:

$$d_{j+1} = (u_{j+1} - \bar{u}_{j+1})/(h(1 - 2^{-q})) + o(h^{q+1}). \tag{43}$$

Somit kann der erste Term auf der rechten Seite von (43) als Approximation von d_{j+1} gewählt werden. Der prinzipielle Aufbau der so entstehenden Algorithmen ist denen der Fehlberg-Verfahren vergleichbar.

2. Der Konsistenzbegriff bei linearen Mehrschritt-Verfahren wird analog zu (33) definiert, indem man in (27) statt der u_i-Werte die Werte $u(t_i)$ einsetzt und die Gleichheit durch Hinzufügen des Terms hd_j erzielt. Die d_j heißen wiederum lokale Diskretisierungsfehler und Konsistenz und Konsistenzordnung werden durch (34) und (35) definiert. Mit Hilfe der charakteristischen Polynome (28) läßt sich die Konsistenzbedingung (34) folgendermaßen charakterisieren:

$$\mathcal{L}(1) = \sum_{i=0}^{k} \alpha_i = 0, \mathcal{L}'(1) = \sum_{i=1}^{k} i\,\alpha_i = \sigma(1) = \sum_{i=0}^{k} \beta_i . \tag{44}$$

Ein Verfahren der Form (27) besitzt die Konsistenzordnung q, falls die Startprozedur zur Berechnung der Startwerte u_1 bis u_{k-1} (z. B. durch Einschrittverfahren) die Konsistenzordnung q hat und außerdem gilt:

$$c_0 = c_1 = \ldots = c_q = 0, \; c_{q+1} \neq 0,$$

$$c_0 := \varrho(1), \; c_1 := \varrho'(1) - \sigma(1), \qquad (45)$$

$$c_l = \frac{1}{l!}\sum_{i=1}^{k} i^l - \frac{1}{(l-1)!}\sum_{i=1}^{k} i^{l-1}\beta_i, \; l = 2, \ldots, q+1.$$

Das Adams-Bashforth-Verfahren (29) besitzt die Konsistenzordnung 2 mit $c_3 = 5/12$, falls als Startprozedur ein Einschrittverfahren der Ordnung 2 (z. B. das Heun-Verfahren (22)) benutzt wird.

3. Die Konsistenzordnung bei P-C-Verfahren hängt von den Konsistenzordnungen der Startprozedur, des Prädikators sowie des Korrektors ab. Haben Startprozedur und Prädikator die Konsistenzordnung q, der Korrektor die Konsistenzordnung $\bar{q}$, so gilt für die Konsistenzordnung $\hat{q}$ des P-C-Verfahrens die Beziehung:

$$\hat{q} = \min\{\bar{q}, q+1\}. \qquad (46)$$

P-C-Verfahren sind also in diesem Sinne optimal, falls $\bar{q} = q + 1$ gilt. Im Beispiel (32) gilt jedoch $q = \bar{q} = 2$. Die Wahl $q = \bar{q}$ in diesem Fall ist Voraussetzung für eine Schrittweitensteuerung, die auf einer Abschätzung des lokalen Diskretisierungsfehlers d_j der folgenden Form beruht:

$$d_j = -(1/5h)(u_j - u_j^*) + o(h^3). \qquad (47)$$

5.1.4. Stabilität und Konvergenz, A-stabile Verfahren

Mathematische Grundlagen des Verfahrens

Neben den in 5.1.3 betrachteten lokalen Diskretisierungsfehlern d_j spielen in Fehleranalysen zu Verfahren auch noch die sogenannten globalen Diskretisierungsfehler e_j eine wichtige Rolle. Diese werden durch folgende Beziehung definiert:

$$e_j = u_j - u(t_j), \qquad j = 0, 1, \ldots, n, \qquad (48)$$

wobei die $u(t_j)$ die Funktionswerte der exakten Lösung und die u_j die durch das Verfahren definierten Näherungswerte darstellen. Ein Verfahren heißt konvergent, falls die globalen Diskretisierungsfehler e_j mit h gegen 0 konvergieren:

$$\max_j |e_j| \longrightarrow 0 \quad \text{für } h \longrightarrow 0. \tag{49}$$

Analog zur Konsistenzordnung heißt ein Verfahren konvergent von der Ordnung p, falls gilt:

$$\max_j |e_j| = o(h^p). \tag{50}$$

Um die Konvergenz eines Verfahrens zu sichern, genügt im allgemeinen seine Konsistenz nicht. Als zusätzliche Bedingung muß das Verfahren außerdem stabil sein. Hier soll der Stabilitätsbegriff nur für Einschrittverfahren erläutert werden, die Übertragung auf andere Fälle ist jedoch offensichtlich. Neben den Größen u_j, die durch ein Einschrittverfahren der Form (17) definiert sind, betrachtet man noch Größen z_j, die durch folgende Beziehungen charakterisiert werden:

$$z_{j+1} = z_j + h\phi(t_j, z_j, h) + hd_{j+1}, \quad j = 0, 1, \dots, n-1. \tag{51}$$

Die Größen hd_{j+1} in (51) können dabei als lokale Störungen aufgefaßt werden, die durch Rundungsfehler bei der Berechnung der u_j nach (17) entstehen. Die z_j sind dabei die wirklich berechneten Werte. Setzt man andererseits $z_j = u(t_j)$, so stellen die d_j in (51) gerade den lokalen Diskretisierungsfehler dar (siehe (33)). Man nennt ein Verfahren stabil, falls es Zahlen $D > 0$, $h_1 > 0$ gibt, so daß gilt:

$$\max_i |u_i - z_i| \leq D \max_i |d_i|, \quad \forall h \in (0, h_1). \tag{52}$$

Setzt man in (52) für die z_i die Werte $u(t_i)$ ein, so stellt (52) gerade eine Abschätzung der globalen durch die lokalen Diskretisierungsfehler dar (die globalen Fehler entstehen durch Akkumulation der lokalen Fehler). Die Konvergenz eines Verfahrens wird somit durch Stabilität und Konsistenz gesichert. Die Konvergenzordnung ist dabei mindestens gleich seiner Konsistenzordnung. Um ein Anfangswertproblem mit einem Verfahren stabil lösen zu können, muß man die Schrittweite h kleiner als die Schranke h_1 in (52) wählen. Aus diesem Grund interessiert man sich für die Größe dieser Schranke h_1. Quantitative Aussagen lassen sich jedoch nur für einfache Testbeispiele machen. Ubertragungen auf kompliziertere Fälle sind in gewissem Umfang durch Linearisierung der rechten Seite f(t,u) in (2) möglich. Für die weiteren Untersuchungen betrachtet man die linearen Testgleichungen:

$$u' = \lambda u \tag{53}$$

bzw.

$$u' = Au. \tag{54}$$

(53) entspricht dem skalaren Fall, λ ist hierbei eine komplexe Zahl mit negativem Realteil ($\mathrm{Re}\,\lambda < 0$). Die analytische Lösung von (53) lautet dann $u(t) = ce^{\lambda t}$ und verschwindet für t gegen Unendlich (man nennt diese Eigenschaft Stabilität des Differentialgleichungsproblems). (54) entspricht dem Systemfall.

Die Eigenwerte λ_i der Matrix A in (54) spielen dieselbe Rolle wie λ in (53). Da diese jedoch komplex sein können, wird dies auch für λ in (53) gefordert. Die analytische Lösung von (54) läßt sich als Linearkombination von Termen der Form $e^{\lambda_i t}$ darstellen, so daß für $\mathrm{Re}\,\lambda_i < 0$ wiederum ein stabiles Problem vorliegt.

Wendet man ein Verfahren auf die Testgleichung (53) an, so entstehen sogenannte lineare Differenzengleichungen, die sich analytisch lösen lassen. Die Stabilität des Verfahrens hängt somit von den Eigenschaften dieser Differenzengleichung ab. Grundlegend hierfür ist das charakteristische Polynom $Q(\mu, H)$ der Differenzengleichung. Formal entsteht dieses Polynom, indem man in der Differenzengleichung die u_{j+k} durch Potenzen μ^k des Parameters μ ersetzt und Ausdrücke der Form $\lambda \cdot h$ durch $H := \lambda h$ substituiert.

Als Demonstrationsbeispiel wird das Euler-Verfahren betrachtet:

$$u_{j+1} = u_j + hf(t_j, u_j). \tag{55}$$

(55) angewandt auf das Testproblem (53) ergibt die Differenzengleichung (beachte: $f(t,u) := \lambda u$)

$$u_{j+1} - (1 + H)u_j = 0, \tag{56}$$

und somit das charakteristische Polynom $Q(\mu, H)$:

$$Q(\mu, H) := \mu - (1 + H) = 0. \tag{57}$$

Man kann nun zeigen, daß ein Verfahren mit der Schrittweite h dann stabil arbeitet, wenn die Nullstellen $\mu_i(H)$ des charakteristischen Polynoms $Q(\mu, H)$ betragsmäßig kleiner als 1 sind. Als Stabilitätsbereich H_{St} eines Verfahrens bezeichnet man die Menge aller H-Werte, für die die obige Forderung erfüllt ist:

$$H_{St} := \{H = \lambda \cdot h \in C \mid |\mu_i(H)| < 1\}. \tag{58}$$

Für das Euler-Verfahren (55) erhält man somit:

$$H_{St} = \{H \in C \mid |1 + H| < 1\}. \tag{59}$$

(59) stellt einen Kreis in der komplexen Zahlenebene C dar, dessen Mittelpunkt im Punkt (-1,0) auf der reellen Achse liegt mit dem Radius 1. Bei betragsmäßig großen λ-Werten muß demzufolge die Schrittweite h des Euler-Verfahrens angewandt auf (53) sehr klein gewählt werden, damit stabil gerechnet werden kann. Andererseits entstehen bei sehr kleiner Schrittweite Rundungsfehler, deren Akkumulation das Ergebnis trotz Konvergenz des Verfahrens völlig unbrauchbar machen kann. In der Praxis ist man deshalb an Verfahren interessiert, die einen möglichst großen Stabilitätsbereich besitzen. Insbesondere nennt man ein Verfahren A-stabil (absolut stabil), falls sein Stabilitätsbereich die ganze linke komplexe Halbebene (man beachte: Re $\lambda < 0$) umfaßt:

$$H_{St} \supset \{H \in C \mid \mathrm{Re} H < 0\}. \tag{60}$$

Es kann jedoch gezeigt werden, daß kein explizites Runge-Kutta-Verfahren A-stabil ist. Einen Ausweg bieten die impliziten Runge-Kutta-Verfahren. Aufgrund der komplizierten Berechnungsvorschrift (nichtlineare Gleichungssysteme) dieser Verfahren ist man vorrangig an einfachen Spezialfällen interessiert. Diese findet man in Form der sogenannten Rosenbrock-Wanner-Verfahren (ROW-Verfahren). Es handelt sich hierbei um Modifikationen der diagonal-impliziten

Runge-Kutta-Verfahren, bei denen in jedem Schritt nur lineare Gleichungssysteme gelöst werden müssen (semi-implizite Verfahren).
Verfahren dieser Art werden üblicherweise für sogenannte autonome Differentialgleichungssysteme notiert, bei denen die rechte Seite in (2) nicht explizit von t abhängt ($f(t,u) = f(u)$). Man kann jedoch jedes Problem der Form (1) - (3) in ein autonomes Problem umwandeln, indem man statt der unabhängigen Variable t eine neue unbekannte Funktion $u_{N+1}(t) := t$ einführt, diese in allen Gleichungen statt t substituiert und eine zusätzliche Gleichung der Form $u'_{N+1} = 1$ dem System (2) hinzufügt. Als Anfangswert für u_{N+1} ergibt sich $u_{N+1}(t_0) = t_0$. Im weiteren wird im Gegensatz zur bisherigen Betrachtungsweise von einem autonomen System von Differentialgleichungen in (1) - (3) ausgegangen. Demzufolge sind u und f(u) (autonomes System) in (2) sowie u in (3) als Vektoren aufzufassen. Alle Größen (z. B. die K_i-Werte), die sich auf u bzw. f beziehen, sind also ebenfalls Vektoren derselben Dimension. Anstelle der partiellen Ableitungen der Funktion f(u) nach u im skalaren Fall tritt jetzt die sogenannte Jacobi-Matrix (Funktionalmatrix) J(u), die folgendermaßen definiert ist:

$$J(u) := \left(\frac{\partial f_i}{\partial u_j}\right)_{\substack{i=1,\ldots,N\\ j=1,\ldots,N}} \tag{61}$$

Das Verfahren von Rosenbrock und Wanner besitzt die folgende Gestalt:

$$u(t_0 + h) = u_0 + \sum_{i=1}^{s} b_i K_i . \tag{62}$$

s bezeichnet die Anzahl der Stufen, b_i ($i = 1, \ldots, s$) sind Koeffizienten. Die Vektoren K_i ergeben sich als Lösungen der folgenden linearen Gleichungssysteme:

$$(I - \gamma hJ(u_0))K_i = hf(u_0 + \sum_{j=1}^{i-1} a_{ij}K_j) + hJ(u_0) \sum_{j=1}^{i-1} c_{ij}K_j , \tag{63}$$

$i = 1, \ldots, s.$

Hierin ist I die Einheitsmatrix und J die Jacobi-Matrix. γ, a_{ij} und c_{ij} sind Koeffizienten, h ist wie bisher die Schrittweite.

Die Jacobi-Matrix $J(u_0)$ kann in einem Unterprogramm berechnet werden. Dieses Unterprogramm muß dann selbst angefügt und gerufen werden. Wird darauf verzichtet, so wird die Jacobi-Matrix numerisch erzeugt:

$$\left.\frac{\partial f_i}{\partial u_j}\right|_{u_0} \hat{=} \frac{f_i(u_{01}, \ldots, u_{0j} + h_a, \ldots, u_{0n}) - f_i(u_0)}{h_a} \tag{64}$$

mit $h_a = h/10$.

Praktisch geht man in diesem Verfahren so vor, daß zunächst die Koeffizientenmatrix

$$E = I - h\,\gamma J(u_0)$$

berechnet wird.

Da alle Gleichungssysteme in (63) als Koeffizientenmatrix die Matrix E besitzen, bieten sich direkte Verfahren zur Lösung von (63) an (siehe Kapitel 2). Die Faktorisierung von E (LU-Zerlegung) ist dabei in jedem Schritt nur einmal durchzuführen, und anschließend werden die Systeme in (63) durch Rücksubstitution gelöst.

In Analogie zu den Runge-Kutta-Fehlberg-Verfahren aus 5.1.3. lassen sich auch hier die lokalen Diskretisierungsfehler abschätzen, wodurch eine effektive Schrittweitensteuerung ermöglicht wird.

Die Koeffizienten in (62) und (63) werden wie in 5.1.1. durch Vergleich mit der Taylor-Reihe bestimmt. Ein Beispiel für ein A-stabiles ROW-Verfahren mit s = 4 Stufen erhält man mit dem folgenden Koeffizientensatz:

γ = 0.395	c_{41} = 1,519513	e_1 = -0,0190859
a_{21} = 0,438	c_{42} = 1,353708	e_2 = 0,255609
c_{21} = -1,94347	c_{43} = -0,854152	e_3 = -0,086381
a_{31} = 0,9384868	b_1 = 0,72904489	e_4 = 0,25
a_{32} = 0,0730796	b_2 = 0,054107	
c_{31} = 0,41695753	b_3 = 0,281599	
c_{32} = 1,323968	b_4 = 0,25	

Aufbau des Algorithmus

S0: Eingabe von N, t_0, t_e, t_d, h, fU, f0 und $u0_1$, ..., $u0_N$.

S1: uA - u0, $t = t_0$.

Erzeugung der Jacobi-Matrix:

$$h_A = h/10, \quad d_{ij} = \frac{f_i(UA_j + h) - f_i(UA_j)}{h_a} \qquad \begin{matrix} i = 1 \ldots N \\ j = 1 \ldots N. \end{matrix}$$

S2: Aufbereitung der Jacobi-Matrix $E = I - \gamma hD$.

S3: Auflösung des linearen Gleichungssystems E*k1 = h f(UA) mittels LU-Zerlegung.

S4: Auflösung des linearen Gleichungssystems E*k2 = h f(UA + a21 k1) + c21 k1 mittels Rücksubstitution.

S5: Auflösung des linearen Gleichungssystems E*k3 = h f(UA + a31 k1 + a32 k3) + c31 k1 + c32 k2 mittels Rücksubstitution.

S6: Auflösung des linearen Gleichungssystems E*k4 = h f(UA + a31 k1 + a32 k2) + c41 k1 + c42 k2 + c43 k3.

S7: Berechnung von $U_N = U_A$ + b1 k1 + b2 k2 + b3 k3 + b4 k4.

S8: Berechnung von

$$FE = \max_i |e1\ k1_i + e3\ k2_i + e3\ k3_i + e4\ k4_i|$$

S9: Ist FE > F0, dann neue Schrittweite $h = 0.9h\sqrt[4]{(FE + FU)/2FU}$. Gehe zu S1.

Ist FE < FU, dann Vergrößerung der Schrittweite zu $h = 0.9h\sqrt[4]{(F0 + FU)/2FE}$.

S10: Setze $U_A = U_N$ und $t = t + h_{alt}$.

Ist $t + h = t_0 + t_d$, dann gehe zu S1.

Ist $t < t_0 + t_d$ und $t + h > t_0 + t_d$, dann setze $h = t_0 + t_d - t$ und gehe zu S1.

S11: Ist $t = t_0 + t_d$, dann setze $t_0 = t$ und $u_0 = u_N$.

S12: Ist $t_0 < t_e$, dann gehe zu S1. STOP.

Im BASIC-Programm werden die Differentialgleichungen in einem Unterprogramm ab Zeile 1000 notiert.
Die rechten Seiten dürfen dabei nur vom Vektor u abhängen, nicht von t.

BASIC-Programm

Das folgende Programm realisiert den beschriebenen Algorithmus.

```
100 PRINT"--------------------------------"
120 PRINT"VERFAHREN VON ROSENBROCK-WANNER "
140 PRINT"--------------------------------"
160 REM *****           >>> EINGABE <<<                    *****
180 INPUT"ZAHL DER GLEICHUNGEN N=";N
200 INPUT"0 OHNE 1 MIT JACOBI-MAT.";MF
220 INPUT"ANFANGSARGUMENT TO=";TO:INPUT"ENDARGUMENT TE=";TE
240 INPUT"DRUCKSCHRITTW.TD=";TD:INPUT"FEHLERINTERV.(FU,FO)";FU,FO
260 INPUT"ANFANGSSCHRITTWEITE H=";H
280 DIM UO(N),U(N),UA(N),UN(N),UT(N),UV(N),B(N),XL(N+1)
300 DIM A(N+1,N+1),K1(N),K2(N),K3(N),D(N,N),E(N+1,N+1),NR(N+1)
320 FOR I=1 TO N:PRINT"UO(";I;")=": INPUT UO(I): NEXT I
340 REM *****        >>> KONTROLLDRUCK <<<                  *****
360 PRINT"N=";N,"MF=";MF: PRINT"TO=";TO,"TE=";TE,"TD=";TD
380 PRINT"FU=";FU,"FO=";FO,"H=";H
400 FOR I=1 TO N: PRINT"UO(";I;")=";UO(I): NEXT I
420 REM *****        >>> TABELLENKOPF <<<                   *****
440 PRINT"BERECHNETE LOESUNG": PRINT"T","U"
460 REM *****  >>> STEUERUNG DES VERFAHRENS <<<             *****
480 IF TO>=TE GOTO 660
500 T=TO:FOR I=1 TO N: UA(I)=UO(I):NEXT I
520 IF T+H>TO+TD THEN H=TO+TD-T
540 GOSUB 1120: IF FE<=FO GOTO 580
560 T=T-H: H=.9*H*SQR((FO+FU)/(2*FE)): GOTO 520
580 IF FE<FU THEN H=.9*H*SQR((FO+FU)/(2*FE))
600 FOR I=1 TO N: UA(I)=UN(I): NEXT I
620 IF T<TO+TD GOTO 520
640 TO=T: FOR I=1 TO N: UO(I)=UN(I): NEXT I: GOSUB 1080: GOTO 480
```

```
660 PRINT"ENDE DER RECHNUNG": END
1000 REM *****     >>> MODELLGLEICHUNGEN <<<                    *****
1020 UT(1)=-500.5*U(1)+499.5*U(2)
1040 UT(2)=499.5*U(1)-500.5*U(2)
1060 RETURN
1080 REM *****          >>> AUSGABE <<<                         *****
1100 PRINT TO,UO(1),UO(2):RETURN
1120 REM *****  >>> EIGENTLICHES VERFAHREN <<<                  *****
1140 IF MF=1 THEN GOSUB 2360: GOTO 1260
1160 REM ***** >>> ERZEUGUNG DER JACOBI-MATRIX <<<              *****
1180 FOR I=1 TO N: U(I)=UA(I): NEXT I: GOSUB 1000: HA=H/10
1200 FOR I=1 TO N: UV(I)=UT(I): NEXT I
1220 FOR J=1 TO N: U(J)=U(J)+HA: GOSUB 1000: U(J)=UA(J)
1240 FOR I=1 TO N: D(I,J)=(UT(I)-UV(I))/HA: NEXT I: NEXT J
1260 REM ***** >>> AUFBEREITUNG DER JACOBI-MATRIX <<<           *****
1280 READ G: FOR I=1 TO N: FOR J=1 TO N
1300 IF I=J THEN E(I,J)=1-H*G*D(I,J):  ELSE E(I,J)=-H*G*D(I,J)
1320 NEXT J: NEXT I
1340 REM *****        >>> ROW-VERFAHREN <<<                     *****
1360 FOR I=1 TO N: FOR J=1 TO N: A(I,J)=E(I,J): NEXT J: NEXT I
1380 FOR I=1 TO N: U(I)=UA(I): NEXT I: GOSUB 1000
1400 FOR I=1 TO N: B(I)=H*UT(I):NEXT I: GOSUB 1760
1420 FOR I=1 TO N: K1(I)=XL(I): NEXT I: READ A1,C1
1440 FOR I=1 TO N: U(I)=UA(I)+A1*K1(I): NEXT I: GOSUB 1000
1460 FOR I=1 TO N: B(I)=H*UT(I)+C1*K1(I): NEXT I: GOSUB 2140
1480 FOR I=1 TO N: K2(I)=XL(I): NEXT I: READ A1,A2,C1,C2
1500 FOR I=1 TO N:U(I)=UA(I)+A1*K1(I)+A2*K2(I):NEXT I:GOSUB 1000
1520 FOR I=1 TO N: B(I)=H*UT(I)+C1*K1(I)+C2*K2(I): NEXT I
1540 GOSUB 2140:FOR I=1 TO N: K3(I)=XL(I): NEXT I: READ C1,C2,C3
1560 FOR I=1 TO N: B(I)=H*UT(I)+C1*K1(I)+C2*K2(I)+C3*K3(I)
1580 NEXT I: GOSUB 2140
1600 FOR I=1 TO N: K4(I)=XL(I): NEXT I
1620 T=T+H: READ B1,B2,B3,B4,E1,E2,E3,E4
1640 FOR I=1 TO N:UN(I)=UA(I)+B1*K1(I)+B2*K2(I)+B3*K3(I)+B4*K4(I)
1660 NEXT I: RESTORE
1680 FE=ABS(E1*K1(1)+E2*K2(1)+E3*K3(1)+E4*K4(1))
1700 FOR I=2 TO N: FK=ABS(E1*K1(I)+E2*K2(I)+E3*K3(I)+E4*K4(I))
1720 IF FK>FE THEN FE=FK
```

```
1740 NEXT I: RETURN
1760 REM *****           >>> LU-ZERLEGUNG <<<                   *****
1780 FOR I=1 TO N: NR(I)=I: NEXT I: ST=0
1800 FOR I=1 TO N: I1=I-1: S=A(I,I): I2=I+1: IF I1=0 GOTO 1840
1820 FOR J=1 TO I1: S=S-A(I,J)*A(J,I): NEXT J
1840 IF S=0 GOTO 1960
1860 A(I,I)=S: FOR J=I2 TO N: HI=A(I,J): IF I1=0 GOTO 1900
1880 FOR K=1 TO I1: HI=HI-A(I,K)*A(K,I): NEXT K
1900 A(I,J)=HI/S:NEXT J:FOR J=I2 TO N:HI=A(J,I):IF I1=0 GOTO 1940
1920 FOR K=1 TO I1: HI=HI-A(J,K)*A(K,I): NEXT K
1940 A(J,I)=HI: NEXT J: GOTO 2120
1960 FOR K=I2 TO N: S=A(K,I): L=K: IF I1=0 GOTO 2000
1980 FOR J=1 TO I1: S=S-A(K,J)*A(J,K): NEXT J
2000 IF S=0 GOTO 2040
2020 GOTO 2060
2040 NEXT K: ST=1: RETURN
2060 FOR J=1 TO N: HI=A(I,J)
2080 A(I,J)=A(L,J): A(L,J)=HI: NEXT J
2100 HI=NR(I): NR(I)=NR(L): NR(L)=HI: GOTO 2260
2120 NEXT I
2140 FOR I=1 TO N:L=NR(I):S=B(L):I1=I-1
2160 IF I1=0 THEN J=1:GOTO 2200
2180 FOR J=1 TO I1: S=S-A(I,J)*XL(J): NEXT J
2200 XL(J)=S/A(I,I): NEXT I: I1=N-1: IF I1=0 GOTO 2280
2220 FOR I=1 TO I1: L=N-I: S=XL(L): I2=L+1
2240 FOR J=I2 TO N: S=S-A(L,J)*XL(J)
2260 NEXT J: XL(L)=S: NEXT I
2280 RETURN
2300 DATA .395,.438,-1.94347,.9384868,.0730796,.41695753,1.323968
2320 DATA 1.519513,1.353708,-.854152,.72904489,.054107,.281599
2340 DATA .25, -.0190859,.255609,-.086381,.25
2360 REM *****    >>> JAKOBI-MATRIX-ANALYTISCH <<<             *****
2380 D(1,1)=-500.5:D(1,2)=499.5:D(2,1)=499.5:D(2,2)=-500.5:RETURN
```

Numerisches Beispiel

Als Beispiel wurde gewählt:

$u_1' = -500.5u_1 + 499,5u_2,$

$u_2' = 499.5u_1 - 500.5u_2,$

Mit den Anfangsbedingungen

$u_1(0) = 0, \; u_2(0) = 2$

und den Programmparametern

$n = 2, \; t_0 = 0, \quad t_e = 1, \quad t_d = 0,1,$

$FU = 0,0001, \quad FO = 0,001, \quad h = 0,5$

ergaben sich die ausgewählten Werte:

T	U_1	U_2
.2	.818723	.81874
.4	.670314	.670327
.6	.548806	.548816
.8	.449325	.449332
1	.367876	.367882

Weiterführende Bemerkungen

Das obige Beispiel gehört zur Klasse der sogenannten steifen Probleme. Für diese wurde eine Reihe leistungsfähiger Algorithmen entwickelt. Als Beispiel sei hier der Gear-Algorithmus (siehe GEAR (1971)) genannt.

Abschließend zu diesem Abschnitt sei als weiterführende Literatur auf HALL, WATT (1976), HAIRER, NORSETT, WANNER (1987), BUTCHER (1987) verwiesen.

Erwähnt werden müssen auch die sehr guten Software-Pakete, die (im Gegensatz zu den einfachen, hier dargestellten Algorithmen) auch für komplizierte Anwendungsfälle gute Lösungen liefern (siehe HINDMARSH (1980)).

5.2. Randwertprobleme

5.2.1. Differenzenverfahren für gewöhnliche Differentialgleichungen

Mathematische Grundlagen des Verfahrens

Neben den in 5.1 betrachteten Anfangswertproblemen treten häufig auch Randwertprobleme für gewöhnliche Differentialgleichungen zweiter und höherer Ordnung auf. Als Beispiel wird im folgenden das Randwertproblem für eine lineare Differentialgleichung 2. Ordnung betrachtet:

$$G := [a,b] \subset R^1 \qquad \text{(Lösungsgebiet)}, \qquad (1)$$

$$u'' - p(x)u' - q(x)u = f(x) \qquad \text{(Differentialgleichung)}, \qquad (2)$$

$$u(a) = \alpha\ ,\ u(b) = \beta \qquad \text{(Randwerte)}. \qquad (3)$$

Als Lösung von (1) - (3) wird eine Funktion $u(x)$ gesucht, die in G zweimal stetig differenzierbar ist, die Differentialgleichung (2) erfüllt und auf dem Rand ∂G von G (∂G besteht aus den Punkten a und b) die vorgegebenen Randwerte α bzw. β annimmt. Existenz und Eindeutigkeit einer Lösung sind gesichert, falls die Funktionen p, q und f stetig in G sowie p und q nichtnegativ sind:

$$p(x) \geqq 0,\ q(x) \geqq 0 \qquad \forall x \in [a,b]. \qquad (4)$$

Um Näherungsprobleme zu (1)-(3) zu erhalten, geht man beim Differenzenverfahren folgendermaßen vor. Wie im Abschnitt 5.1 wird zunächst das Lösungsgebiet G durch ein diskretes Gitterpunktsystem ersetzt. Üblich sind auch hier die äquidistanten Zerlegungen des Intervalls $[a,b]$:

$$a = x_0 < x_1 < \ldots < x_n < x_{n+1} = b, \qquad (5)$$

$$x_i = x_0 + ih,\ h = (b - a)/(n + 1) \qquad (6)$$

Als Näherungswerte für die Funktionswerte $u(x_i)$ der exakten Lösungen werden Größen u_i $(i = 0, \ldots, n+1)$ gesucht, wobei aufgrund der Randbedingungen u_0 und u_{n+1} durch α bzw. β exakt gegeben sind. Unbekannt sind deshalb nur die Größen $u_1, \ldots, u_n$. Man faßt diese zu einem Vektor:

$$u = (u_1, \ldots, u_n)^T \in R^n \tag{7}$$

zusammen (Verwechslungen mit der analytischen Lösung sollen durch die Schreibweise u(x) vermieden werden).
Gleichungen zur Bestimmung der Größen u_i erhält man beim Differenzenverfahren, indem man die Ableitungen in der Differentialgleichung (2) formal durch entsprechende Differenzenformeln ersetzt. Die einfachsten Fälle sind hierbei:

$$u'(x_i) \approx (u_{i+1} - u_{i-1})/(2h) \quad \text{(zentraler Differenzenquotient)}, \tag{8}$$

$$u'(x_i) \approx (u_{i+1} - u_i)/h \quad \text{(vorwärtsgenommener Differenzenquotient)}, \tag{9}$$

$$u'(x_i) \approx (u_i - u_{i-1})/h \quad \text{(rückwärtsgenommener Differenzenquotient)}, \tag{10}$$

$$u''(x_i) \approx (u_{i-1} - 2u_i + u_{i+1})/h^2 \quad \text{(zentraler Differenzenquotient 2. Ordnung)}. \tag{11}$$

Die Funktionswerte $u(x_i)$ werden durch u_i ersetzt.
Unter Benutzung von (8) und (11) erhält man durch Einsetzen in (2) die Differenzengleichungen für die u_i:

$$(u_{i-1} - 2u_i + u_{i+1})/h^2 - p(x_i)(u_{i+1} - u_{i-1})/(2h) - q(x_i)u_i = f(x_i), \qquad i = 1, \ldots, n, \tag{12}$$

wobei in der ersten (i = 1) und letzten (i = n) Gleichung die Werte u_0 bzw. u_{n+1} durch die Randwerte α bzw. ß zu ersetzen sind. (12) stellt ein lineares Gleichungssystem für die unbekannten u_i-Werte dar, das sich in Matrizenform (nach Multiplikation mit $-h^2/2$) folgendermaßen darstellt:

$$Au = r, \tag{13}$$

$$A = \begin{pmatrix} a_1 & -c_1 & & & & 0 \\ -b_2 & a_2 & -c_2 & & & \\ & & & & & \\ & & & & & \\ & & 0 & & & \\ & & & -b_{n-1} & a_{n-1} & -c_{n-1} \\ & & & & -b_n & a_n \end{pmatrix} \tag{14}$$

$$u = (u_1, \ldots, u_n)^T, \qquad r = (r_1, \ldots, r_n)^T.$$

mit

$$a_i = 1 + h^2 q(x_i)/2,\ b_i = 1/2 + hp(x_i)/4,\ c_i = 1/2 - hp(x_i)/4,$$
$$i = 1, \ldots, n,$$

$$r_1 = -h^2 f(x_1)/2 + b_1 \alpha,\ r_n = -h^2 f(x_n)/2 + c_n \beta, \tag{15}$$

$$r_i = -h^2 f(x_i)/2,\ i = 2, \ldots, n-1.$$

Aufgrund der speziellen Struktur der Koeffizientenmatrix in (14) (Tridiagonalmatrix) bieten sich als effektive Lösungsverfahren für (13) die in Abschnitt 2.1.3 dargestellten direkten Verfahren (LU-Zerlegung) an. Die Durchführbarkeit des Verfahrens (starke Diagonaldominanz) führt in diesem Fall auf folgende Bedingungen:

$$q(x_i) \geqq 0,\ h|p(x_i)|/2 \leqq 1,\ i = 1, \ldots, n. \tag{16}$$

(16) kann als Bedingung an die Schrittweite h interpretiert werden.

Wie in Abschnitt 5.1 wird unter Konvergenz der Näherungslösungen u_i gegen die exakten Werte $u(x_i)$ folgendes verstanden:

$$\lim_{h \to 0} |u_i - u(x_i)| = 0,\quad i = 1, \ldots, n. \tag{17}$$

Konkrete Konvergenzaussagen erfordern stärkere Differenzierbarkeitsforderungen an u(x), die durch entsprechende Voraussetzungen an die Funktionen p(x), q(x) und f(x) in (2) gesichert werden können. In ISAACSON, KELLER (1972) findet man folgendes Resultat:

$$|u_i - u(x_i)| \leqq h^2(m_4 + 2p_1m_3)/(12q_1), \quad i = 1, \ldots, n,$$

$$m_3 = \max_{x \in [a,b]} |u^{(3)}(x)|, \quad m_4 = \max_{x \in [a,b]} |u^{(4)}(x)|, \tag{18}$$

$$p_1 = \max_{x \in [a,b]} |p(x)|, \quad q_1 = \max_{x \in [a,b]} |q(x)|.$$

Im Gegensatz zu (4) muß hier die Funktion q(x) als streng positiv vorausgesetzt werden ($q_1 > 0$). (18) beinhaltet außer der Konvergenz noch Aussagen über die Konvergenzordnung des Verfahrens (der Term h^2 entspricht der Konvergenzordnung 2).
Nun soll der Einfluß von Rundungsfehlern (die bei der Lösung mittels Computer stets auftreten) auf die Konvergenz untersucht werden. Hierzu seien $w_0, w_1, \ldots, w_{n+1}$ die tatsächlich berechneten (rundungsfehlerbehafteten) Größen. In Form einer Rückwärtsfehleranalyse ergibt sich damit:

$$Aw = r + \varepsilon, \quad w = (w_1, \ldots, w_n)^T, \tag{19}$$

$$w_0 = \alpha + \varepsilon_0, \quad w_{n+1} = \beta + \varepsilon_{n+1}$$

Die ε_i stellen also den lokalen Rundungsfehler bei den auftretenden Berechnungen zur Bestimmung der w_i dar.
Damit erhält man folgende Aussage (siehe ISAACSON; KELLER (1972)) für hinreichend kleine Parameter h:

$$|w_i - u(x_i)| \leqq h^2(m_4 + 2p_1m_3)/(12q_1) + 2\hat{\varepsilon}/(q_1h^2), \quad i = 1, \ldots, n, \tag{20}$$

mit m_3, m_4, p_1, q_1 aus (18)

$$\hat{\varepsilon} = \max_i |\varepsilon_i|.$$

Um Konvergenz zu sichern, muß man also nach (20) den Rundungsfehler in der Größenordnung h^4 halten. Andererseits läßt sich der

Rundungsfehler auf Computern nicht beliebig klein halten, so daß trotz theoretischer Konvergenzaussagen nach (16) erhebliche Schwierigkeiten beim Lösungsprozeß auftreten können, die bis zur völligen Verfälschung der Lösungen führen können.

<u>Aufbau des Algorithmus</u>

S1: Eingabe: Lösungsintervall: a, b,

S2: Berechnung der Schrittweite h nach (6).

S3: Berechnung von $q(x_i)$, $p(x_i)$, $f(x_i)$.

S4: Falls $q(x_i) < 0$, dann ist das Problem indefinit. STOP.

S5: Ist $h|p(x_i)|/2 > 1$, dann setze $h := h/2$ und gehe zu S3.

S6: Berechnung der a_i, b_i, c_i, r_i nach (15).

S7: LU-Zerlegung der Matrix A.

S8: Lösen von (13) durch Rückwärtselimination.

<u>BASIC-Programm</u>

Das folgende Programm realisiert den beschriebenen Algorithmus.

```
100 PRINT"-------------------------------------------------"
120 PRINT" RANDWERTPROBLEM FUER LINEARE DGL 2.ORDNUNG     "
140 PRINT"U''-P(X)U'-Q(X)U=F(X) ¦ U(A)=ALPHA, U(B)=BETA"
160 PRINT"-------------------------------------------------"
180 REM *****          >>> KONSTANTEN <<<                  *****
200 Q$="Q(X) WIRD NEGATIV - PROBLEM INDEFINIT!"
220 P$="KEINE KONVERGENZ!SCHRITTWEITE WIRD HALBIERT."
240 REM *****           >>> SCHRITT 1 <<<                  *****
260 REM *****         >>> ANFANGSWERTE <<<                 *****
265 PRINT"LOESUNGSINTERVALL (A,B) FUER U(X)"
270 INPUT"A = ",A : INPUT"B = ",B
275 INPUT"RANDWERTE : U(A) = ",ALPHA
280 INPUT"                U(B) = ",BETA
300 REM *****           >>> SCHRITT 2 <<<                  *****
320 INPUT "MAXIMALE ANZAHL DER GITTERPKTE:";M
340 DIM A(M),B(M),C(M),F(M+1)
360 INPUT "AKTUELLE ANZAHL DER GITTERPKTE:";N
```

```
380 INPUT"AUSDRUCK JEDES K-TEN PKTES:  K=";K
400 IF K<1 OR K>N THEN PRINT"FALSCHES K":GOTO 380
420 IF N>M THEN PRINT"MAX.GITTERPKTANZ.UEBERSCHRITTEN!":GOTO 800
440 H=(B-A)/(N+1)
460 REM *****            >>> SCHRITT 3 <<<                    *****
480 FOR I=1 TO N:X=A+I*H:GOSUB 840:
500 IF Q<0 THEN PRINT Q$:PRINT:PRINT "X=";X;"Q(X)=";Q:GOTO 800
520 GOSUB 860:IF ABS(P)*H/2>1 THEN PRINT P$:N=2*N:GOTO 420
540 GOSUB 880:A(I)=1+Q*H^2/2:B(I)=-(1+P*H/2)/2
560 C(I)=-(1-P*H/2)/2 :F(I)=-H^2/2*F:NEXT I
580 F(1)=F(1)-B(1)*ALPHA:F(N)=F(N)-C(N)*BETA
600 REM *****            >>> SCHRITT 4 <<<                    *****
620 C(1)=C(1)/A(1):F(1)=F(1)/A(1):FOR I=2 TO N
640 A(I)=A(I)-B(I)*C(I-1)
660 C(I)=C(I)/A(I):F(I)=(F(I)-B(I)*F(I-1))/A(I):NEXT I
680 FOR I=N-1 TO 1 STEP-1:F(I)=F(I)-C(I)*F(I+1):NEXT I
700 F(0)=ALPHA:F(N+1)=BETA
720 REM *****            >>> SCHRITT 5 <<<                    *****
740 PRINT:PRINT"LOESUNG":PRINT"-------":ND=INT(N/K)
760 FOR I=0 TO ND:J=K*I:X=A+J*H:PRINT"U(";X;")=";TAB(16);F(J)
780 NEXT I: PRINT"U(";B;")=";TAB(16);F(N+1)
800 END
820 REM *****         >>> MODELLFUNKTIONEN <<<                *****
840 Q=0                                       :RETURN
860 P=1                                       :RETURN
880 F=X                                       :RETURN
```

<u>Numerisches Beispiel</u>

$u'' - u' = x$, $x \in [0,1]$, $u(0) = u(1) = 0$,
d. h. $p(x) = 1$, $q(x) = 0$, $f(x) = x$.

Anzahl der Gitterpunkte in $[0,1]$: $n = 9$,
Schrittweite: $h = 0{,}1$,

analytische Lösung: $u(x) = \dfrac{3(e^x - 1)}{2(e - 1)} - \dfrac{x^2}{2} - x$.

Ergebnisse:
u_i - numerische Lösung,
$u(x_i)$ - analytische Lösung.

x_i	u_i	$u(x_i)$
0	0	0
0.1	-0.0132301	-0.0131894
0.2	-0.0268003	-0.0267231
0.3	-0.0396936	-0.0395854
0.4	-0.0507863	-0.0506542
0.5	-0.058836	-0.058689
0.6	-0.062470	-0.062319
0.7	-0.0601707	-0.0600292
0.8	-0.0502609	-0.0501456
0.9	-0.030887	-0.0308176
1.0	0	0

<u>Weiterführende Bemerkungen</u>

1. Neben den Randbedingungen in (3) treten häufig auch Randbedingungen der folgenden Art auf:

$$\alpha_0 u'(a) - \alpha_1 u(a) = \alpha , \qquad \beta_0 u'(b) + \beta_1 u(b) = \beta$$
$$\alpha_0, \alpha_1, \beta_0, \beta_1 > 0. \tag{21}$$

Um solche Aufgaben zu behandeln, sind folgende Modifikationen nötig:

- Offensichtlich sind hier auch die Funktionswerte u(a) und u(b) nicht von vornherein bekannt, so daß als Vektor der Unbekannten hier der ganze Vektor $\underline{u} = (u_0, u_1, \ldots, u_n, u_{n+1})^T$ benötigt wird. Demzufolge muß (12) noch durch Gleichungen für u_0 und u_{n+1} ergänzt werden. Dazu werden zusätzlich die Größen u_{-1} und u_{n+2} als Hilfsgröße zur Approximation von $u(a - h)$ bzw. $u(b + h)$ eingeführt. Durch Diskretisierung der Randbedingungen (21) unter Benutzung von (8) ergibt sich:

$$\alpha_0(u_1 - u_{-1})/(2h) - \alpha_1 u_0 = \alpha,$$
$$\beta_0(u_{n+2} - u_n)/(2h) - \beta_1 u_{n+1} = \beta. \tag{22}$$

Löst man nun (22) nach u_{-1} bzw. u_{n+1} auf und setzt diese Beziehungen in die Gleichungen (12) für $i = 0$ bzw. $i = n + 1$ ein, so erhält man das benötigte Gleichungssystem der Dimension $n + 2$ zur Bestimmung der Unbekannten u_0, u_1, ..., u_{n+1}. Die weitere Vorgehensweise ist zur oben dargestellten analog.

2. Neben den direkten Verfahren zur Auflösung von (13) werden häufig auch iterative Verfahren der in Kapitel 2 geschilderten Form benutzt. Die dabei benötigten Konvergenzbedingungen ergeben sich direkt aus dem stetigen Problem (3). So ergibt sich aus den Bedingungen $p(x) \geqq 0$ und $q(x) \geqq 0$ sofort die positive Definitheit der Matrix A.

3. Um eine bessere Konvergenz zu erreichen, können statt (8)-(11) auch genauere Differenzenformeln verwendet werden. Dies führt zu sogenannten Mehrstellenverfahren. Eine Darstellung dieser Vorgehensweise findet der Leser in COLLATZ (1966).

4. Eine andere Methode zur näherungsweisen Lösung von (1)-(3) stellen die sogenannten Anfangswertverfahren dar. Hierbei wird als neue Unbekannte die Größe $u'(a)$ eingeführt und (1)-(3) damit in ein Anfangswertproblem übergeführt. Damit können die in Abschnitt 5.1 dargestellten Verfahren angewendet werden. In einem iterativen Prozeß wird $u'(a)$ dabei so gewählt, daß die Randbedingung $u(b) = \beta$ erfüllt wird. Eine Darstellung dieser Verfahren findet der Leser in COLLATZ (1966), ISAACSON, KELLER (1972).

5. Als Beispiel für eine nichtlineare Aufgabe wird folgendes Problem betrachtet:

$$-u'' + f(x, u, u') = 0, \qquad x \in (a, b), \tag{23}$$
$$u(a) = \alpha, \quad u(b) = \beta.$$

Falls die Funktion f linear bezüglich der Variablen u und u' ist, so ergibt sich hieraus als Spezialfall wieder (2).

Die Diskretisierung von (23) erfolgt in einer analogen Art, entsprechend der oben dargestellten Methodik. Ausgangspunkt ist wiederum die Festlegung eines Gitters auf (a, b). Hier soll ebenfalls ein äquidistantes Gitter, charakterisiert durch die Parameter n bzw. h (siehe (6)), benutzt werden.
Mit Hilfe der Beziehungen (8) und (11) erhält man leicht folgendes diskrete Modell zu (23):

$$-(u_{i-1} - 2u_i + u_{i+1})/h^2 + f(x_i, u_i, (u_{i+1} - u_{i-1})/(2h)) = 0, \tag{24}$$

$$i = 1, \ldots, n,$$
$$u_0 = \alpha, \quad u_{n+1} = \beta.$$

(24) stellt ein nichtlineares Gleichungssystem zur Bestimmung der Unbekannten u_i (i = 1, ..., n) dar, dessen Kompliziertheit im wesentlichen durch die Funktion f bestimmt wird.
Zur Lösung von (24) bieten sich naturgemäß die Verfahren aus Kapitel 3 an (z. B. Newton-Verfahren). Es zeigt sich jedoch wiederum, daß spezielle Verfahren, die der Struktur und den Eigenschaften dieses diskreten Modelles angepaßt sind, oft günstiger arbeiten. Dazu soll folgendes Verfahren betrachtet werden, das iterativ arbeitet (Iterationsindex k):

$$(1+w)u_i^{k+1} = 1/2(u_{i-1}^k - u_{i+1}^k) + wu_i^k - h^2 f(x_i, u_i^k, (u_{i+1}^k - u_{i-1}^k)/(2h)), \tag{25}$$

$$i = 1, \ldots, n,$$

$$u_0^k = \alpha, \quad u_{n+1}^k = \beta.$$

w ist hierbei ein reeller Parameter, durch dessen spezielle Wahl die Konvergenz in (25) erzielt werden kann.
Dies geschieht auf folgende Weise. Um Existenz und Eindeutigkeit der Lösung von (23) zu sichern, wird gefordert:

$$0 < q_1 \leqq f_u(x, u, u') \leqq q_2, \quad |f_{u'}(x, u, u')| \leqq p_1 \tag{26}$$

in einem hinreichend großen Gebiet bezüglich u und u'.
Fordert man darüber hinaus, daß die Lösung u von (23) viermal

stetig differenzierbar ist, so erhält man zu (18) analoge Resultate für die Konvergenz der diskreten Lösungen gegen die Lösung von (23) (siehe ISAACSON, KELLER (1972)). Unter der folgenden Bedingung an w (die auch als Bedingung an h interpretiert werden kann)

$$w \geqq h^2 q_2/2 \tag{27}$$

erhält man für die Folge u_i^k der Iterationswerte in (25):

$$|u_i^{k+1} - u_i^k| \leqq (1 - h^2 q_1/(2(1 + w)))^k \max_j |u_j^1 - u_j^0|. \tag{28}$$

Die Bedingung (27) sichert, daß die Folge u_i^k konvergiert (der Klammerausdruck in (28) wird kleiner als 1) und sichert damit auch Existenz und Eindeutigkeit der diskreten Lösungen (siehe ISAACSON, KELLER (1972)). Einen Überblick über weitere Verfahren zur Lösung von (24) findet man z. B. in COLLATZ (1960), ORTEGA, RHEINBOLDT (1970).
Analog zu (21) können auch andere Randbedingungen in (23) gewählt werden.

5.2.2. Differenzenverfahren für partielle Differentialgleichungen

Mathematische Grundlagen des Verfahrens

Die Grundzüge des Differenzenverfahrens für diese Problemklasse sollen an folgendem stetigen Modellproblem erläutert werden:

$$-\Delta u = f(x, y) \ \forall (x, y) \in G \subset R^2 \quad \text{(Differentialgleichung)}, \tag{29}$$

$$u = g(x, y) \ \forall (x, y) \in \partial G \quad \text{(Randbedingung)}, \tag{30}$$

mit

$$\begin{aligned} G &:= \{(x, y) \in R^2 \mid 0 < x < a;\ 0 < y < b\}, \\ \partial G &:= \{(x, y) \in R^2 \mid x = 0, a;\ 0 \leqq y \leqq b, \\ &\qquad \text{und } y = 0, b;\ 0 \leqq x \leqq a\}, \end{aligned} \tag{31}$$

$$\Delta u := u_{xx} + u_{yy} \quad \text{(Laplace-Operator)}. \tag{32}$$

Die Funktionen f und g stellen vorgegebene Daten in G bzw. auf dem Rand von G dar. Das zugrundeliegende Gebiet G stellt hier ein achsenparalleles Rechteck dar, dessen Rand aus den vier Kanten des Rechtecks besteht. Für f = 0 nennt man (29) Dirichlet-Problem, anderenfalls Poisson-Problem. Als Lösung von (29) - (32) wird im klassischen Sinne eine in G zweimal stetig differenzierbare Funktion gesucht, die auf ∂G stetig ist und dort die Randbedingungen (30) erfüllt.

Um G bzw. ∂G zu diskretisieren, werden zunächst Schrittweiten in x- bzw. y-Richtung festgelegt durch:

$$h_x = a/(n + 1), \quad h_y = b/(m + 1), \; n, \; m \geqq 1. \tag{33}$$

Mit Hilfe dieser Schrittweiten wird in G bzw. auf ∂G ein Gitter der folgenden Art festgelegt:

$$\begin{aligned} G_h &:= \{(x_i, y_j) \in G \mid 1 \leqq i \leqq n, \; 1 \leqq j \leqq m\}, \\ \partial G_h &:= \{(x_i, y_j) \in \partial G \mid i = 0, \; n+1; \; 0 \leqq j \leqq m+1 \\ &\qquad \text{und } j = 0, \; m+1; \; 0 \leqq i \leqq n+1\}, \\ x_i &= ih_x, \quad 0 \leqq i \leqq n + 1, \\ y_j &= jh_y, \quad 0 \leqq j \leqq m + 1. \end{aligned} \tag{34}$$

Als Näherungslösung für (29) wird eine Gitterfunktion gesucht, die durch ihre Werte in den Punkten von G_h bzw. ∂G_h charakterisiert ist.

Eine solche Gitterfunktion wird im weiteren durch die zweifach indizierte Größe $u = (u_{ij})$ gekennzeichnet, wobei die Größen u_{ij} die gesuchten Näherungswerte für die Lösung u(x, y) von (29) in den Gitterpunkten (x_i, y_j) darstellen soll.

Man beachte, daß aufgrund der Randbedingungen in (30) die Werte u_{ij} auf ∂G_h vorgegeben sind:

$$u_{ij} = g(x_i, y_j) \quad \forall (x_i, y_j) \in \partial G_h, \tag{35}$$

so daß als Unbekannte nur die n*m Größen u_{ij} $(1 \leqq i \leqq n, \; 1 \leqq j \leqq m)$ verbleiben.

Das diskrete Näherungsproblem zu (29) erhält man auf eine zu 5.2.1 analoge Weise. Dazu werden die partiellen Ableitungen des Laplace-Operators in (32) durch entsprechende finite Differenzen ersetzt:

$$\Delta_h u_{ij} = \frac{u_{i+1,j} - 2u_{ij} + u_{i-1,j}}{h_x^2} + \frac{u_{i,j+1} - 2u_{ij} + u_{i,j-1}}{h_y^2} \tag{36}$$

Damit läßt sich das Näherungsproblem für (29) in folgender Form schreiben:

$$\begin{aligned} -\Delta_h u_{ij} &= f(x_i, y_j) \qquad \forall (x_i, y_j) \in G_h, \\ u_{ij} &= g(x_i, y_j) \qquad \forall (x_i, y_j) \in \partial G_h. \end{aligned} \tag{37}$$

(37) stellt ein lineares Gleichungssystem zur Bestimmung der Näherungswerte u_{ij} dar. Allerdings entspricht die Notationsweise in (37) nicht der üblichen Art der Darstellung solcher Systeme (die Unbekannten u_{ij} sind zweifach indizierte Größen).

Um Anschluß an die Lösungstheorie linearer Gleichungssysteme zu erhalten, muß das System (37) umgeordnet werden. Dazu werden zunächst die Unbekannten u_{ij} auf jeder Gitterlinie in x-Richtung zu einem Vektor v_j zusammengefaßt:

$$v_j = (u_{1j}, \ldots, u_{nj})^T, \quad j = 1, \ldots, m, \tag{38}$$

und anschließend die Teilvektoren v_j zu einem Gesamtvektor v

$$v = (v_1, \ldots, v_m)^T \tag{39}$$

der gesuchten Größen angeordnet.

Des weiteren werden folgende Hilfsgrößen benötigt:

$$\begin{aligned} d_1 &= 2(h_x^2 + h_y^2), \qquad d = (h_x h_y)^2/d_1, \\ d_x &= h_y^2/d_1, \qquad d_y = h_x^2/d_1, \end{aligned} \tag{40}$$

(h_x, h_y aus (33)).

Multiplikation von (37) mit d und anschließende Umordnung der Gleichungen in (37) bezüglich der Struktur des Vektors v aus (39) ergibt das folgende Gleichungssystem in Matrix-Darstellung:

$$Dv = p \tag{41}$$

mit:

$$D = \begin{pmatrix} A & B & & \\ B & . & . & 0 \\ . & & . & . \\ 0 & & & B \\ & & B & A \end{pmatrix} \quad A = \begin{pmatrix} 1 & -d_x & & & \\ -d_x & . & . & 0 & \\ & . & . & . & \\ 0 & . & . & -d_x & \\ & & -d_x & 1 & \end{pmatrix} \quad B = \begin{pmatrix} -d_y & & & \\ & . & & 0 \\ & & . & \\ 0 & & & . \\ & & & -d_y \end{pmatrix} \tag{42}$$

$$p = (p_1, \ldots, p_m)^T, \qquad v = (v_1, \ldots, v_m)^T. \tag{43}$$

Die Matrix D in (41) besitzt eine sogenannte Tridiagonal-Blockstruktur, wobei die einzelnen Blöcke A und B die durch (42) definierten Matrizen der Ordnung (n x n) sind.

Der Vektor p auf der rechten Seite von (41) ist durch folgende Beziehungen charakterisiert:

$$p_j = (p_{1j}, \ldots, p_{nj})^T, \qquad j = 1, \ldots, m,$$

$$p_{11} = d\,f_{11} + d_x g_{01} + d_y g_{10},$$

$$p_{i1} = d\,f_{i1} + d_y g_{i0}, \qquad 2 \leqq i \leqq n-1,$$

$$p_{n1} = d\,f_{n1} + d_x g_{n+1,1} + d_y g_{n0},$$

$$\left.\begin{aligned} p_{1j} &= d\,f_{1j} + d_x g_{0j}, \\ p_{ij} &= d\,f_{ij}, \qquad 2 \leqq i \leqq n-1, \\ p_{nj} &= d\,f_{nj} + d_x g_{n+1,j}, \end{aligned}\right\} \quad 2 = j = m-1, \tag{44}$$

$$p_{1m} = d\,f_{1m} + d_x g_{0,m} + d_y g_{1,m+1},$$

$$p_{im} = d\,f_{im} + d_y g_{i,m+1}, \qquad 2 \leqq i \leqq n-1,$$

$$p_{nm} = d\,f_{nm} + d_x g_{n+1,m} + d_y g_{n,m+1},$$

mit:

$$\begin{aligned} f_{ij} &:= f(x_i, y_j) \qquad \forall (x_i, y_j) \in G_h, \\ g_{ij} &:= g(x_i, y_j) \qquad \forall (x_i, y_j) \in \partial G_h. \end{aligned} \tag{45}$$

Zur Lösung des linearen Gleichungssystems (41) können nun wiederum die in Kapitel 2 erläuterten Verfahren benutzt werden. Jedoch erweist es sich auch in diesem Fall, daß Verfahren, die die spezielle Struktur des Problems (41) ausnutzen, wesentlich effektiver arbeiten. Als Beispiel soll hier die sogenannte Gauß-Seidel-Linieniteration dargestellt werden.
Dazu wird unter Ausnutzung der Blockstruktur der Matrix D in (42) zunächst die folgende Einzelschrittiteration für die Teilkomponenten v_j des Vektors v aus (39) definiert (Iterationsindex k):

$$\begin{aligned} Av_1^{k+1} &= p_1 - Bv_2^k, \\ Av_j^{k+1} &= p_j - Bv_{j-1}^{k+1} - Bv_{j+1}^k, \quad 2 \leq j \leq m-1, \\ Av_m^{k+1} &= p_m - Bv_{m-1}^{k+1}. \end{aligned} \tag{46}$$

Offenbar stellt jede Zeile der obigen Iterationsvorschrift ein lineares Gleichungssystem mit der Koeffizientenmatrix A aus (42) dar. Da diese Matrix A jedoch auch Tridiagonalstruktur besitzt, lassen sich diese Gleichungssysteme effektiv mit Hilfe der Faktorisierungstechnik für solche Matrizen (siehe Abschnitt 2.1.3) lösen, wobei die LU-Zerlegung von A nur einmal (vor der Iteration) auszuführen ist.
Damit ergibt sich der folgende Algorithmus zur näherungsweisen Lösung von (41).

Aufbau des Algorithmus

S1: Eingabe: Geometrieparameter a, b,
Anzahl der Gitterlinien in x- bzw. y-Richtung n, m,
Abbruchschranke ε für die Iteration (46).

S2: Berechnung von d, d_x, d_y nach (40).

S3: Berechnung von f_{ij}, g_{ij} nach (45)

S5: LU-Zerlegung der Matrix A aus (42) (siehe 2.1.3).

S6: Einzelschrittiteration nach (46), Lösen der Gleichungssysteme in (46) durch die Methode aus 2.1.3.

S7: Ist $\|v^{k+1} - v^{k}\| > \varepsilon$, dann gehe zu S6, sonst STOP.

BASIC-Programm

Das folgende Programm realisiert den beschriebenen Algorithmus.

```
100 PRINT"----------------------------------------------------"
120 PRINT"       RANDWERTPROBLEM FUER PART.DGL 2.ORDNG.  "
140 PRINT"  -(UXX+UYY)=F(X,Y)    ¦  0 < X < A, 0 < Y < B "
160 PRINT"           U =G(X,Y) AUF DEM RAND "
180 PRINT"----------------------------------------------------"
200 REM *****           >>> SCHRITT 1 <<<                    *****
220 REM ***** >>> MODELLFUNKTIONEN UND RANDBEDING.<<<        *****
230 PRINT"RECHTE INTERVALLGRENZEN FUER X UND Y"
240 INPUT"A = ",A : INPUT"B = ",B : GOTO 300
260 F=200*(X*(1-X)+Y*(1-Y)): RETURN
280 G=0 : RETURN
300 REM *****           >>> SCHRITT 2 <<<                    *****
320 INPUT "GITTERLINIEN IN X-RICHTUNG.  N=";N
340 INPUT "GITTERLINIEN IN Y-RICHTUNG.  M=";M
360 HX=A/(N+1):HY=B/(M+1):H=HX^2+HY^2
380 INPUT "AUSDRUCK JEDES K-TEN PKTES IN X-RICHTG. K=";K
400 IF K<1 OR K>N THEN PRINT "K FALSCH GEWAEHLT":GOTO 380
420 INPUT "AUSDRUCK JEDES L-TEN PKTES IN Y-RICHTG. L=";L
440 IF L<1 OR L>M THEN PRINT "L FALSCH GEWAEHLT!":GOTO 420
460 INPUT"GENAUIGKEIT (EPS) = ";EPS
480 INPUT"MAX.ANZ. VON ITERATIONEN  KMAX=";KMAX
500 REM *****           >>> SCHRITT 3 <<<                    *****
520 DIM U(N+1,M+1),P(N,M),A(N),C(N),Z(N):D=(HX*HY)^2/2/H
540 DX=HY^2/2/H:DY=HX^2/2/H:FOR I=1 TO N:FOR J=1 TO M
560 X=I*HX:Y=J*HY:GOSUB 260:P(I,J)=F:NEXT J:NEXT I
580 FOR I=0 TO N+1:X=I*HX:Y=0:GOSUB 280:U(I,0)=G:Y=B:GOSUB 280
600 U(I,M+1)=G:NEXT I:FOR J=1 TO M:Y=J*HY:X=0:GOSUB 280
```

```
620 U(0,J)=G:X=A:GOSUB 280:U(N+1,J)=G:NEXT J
640 P(1,1)=D*P(1,1)+DX*U(0,1)+DY*U(1,0):FOR I=2 TO N-1
660 P(I,1)=D*P(I,1)+DY*U(I,0):NEXT I
680 P(N,1)=D*P(N,1)+DX*U(N+1,1)+DY*U(N,0):FOR J=2 TO M-1
700 P(1,J)=D*P(1,J)+DX*U(0,J):FOR I=2 TO N-1:P(I,J)=D*P(I,J)
720 NEXT I: P(N,J)=D*P(N,J)+DX*U(N+1,J):NEXT J
740 P(1,M)=D*P(1,M)+DX*U(0,M)+DY*U(1,M+1)
760 FOR I=2 TO N-1:P(I,M)=D*P(I,M)+DY*U(I,M+1):NEXT I
780 P(N,M)=D*P(N,M)+DX*U(N+1,M)+DY*U(N,M+1)
800 REM *****          >>> SCHRITT 4 <<<                 *****
820 A(1)=1:C(1)=-DX:FOR I=2 TO N-1
840 A(I)=1+DX*C(I-1):C(I)=-DX/A(I):NEXT I:A(N)=1+DX*C(N-1)
860 REM *****          >>> SCHRITT 5 <<<                 *****
880 KI=0:FOR I=1 TO N:FOR J=1 TO M:U(I,J)=0:NEXT J:NEXT I
900 FOR J=1 TO M:IF J=1 THEN T=1:GOTO 960
920 IF J=M THEN T=3:GOTO 960
940 T=2
960 FOR I=1 TO N:ON T GOSUB 1280,1300,1320:NEXT I:GOSUB 1340
980 IF E1>E THEN E=E1
1000 NEXT J:IF E<EPS THEN GOTO 1100
1020 E=0:KI=KI+1
1040 IF KI>KMAX THEN PRINT"KMAX UEBERSCHRITTEN!":GOTO 1260
1060 GOTO 900
1080 REM *****          >>> SCHRITT 6 <<<                *****
1100 KX=INT(N/K):KY=INT(M/L):PRINT:PRINT"ANZ.D.ITERATIONEN=";KI+1
1120 PRINT:PRINT"LOESUNG:":PRINT"--------":PRINT
1140 FOR I=0 TO KX:R=K*I:X=R*HX:FOR J=0 TO KY:S=L*J:Y=S*HY
1160 PRINT"U(";X,Y;")=";TAB(27);U(R,S):NEXT J
1180 PRINT"U(";X,B;")=";TAB(27);U(R,M+1):PRINT:PRINT:NEXT I
1200 FOR J=0 TO KY:S=L*J:Y=S*HY
1220 PRINT"U(";A,Y;")=";TAB(27);U(N+1,S):NEXT J
1240 PRINT"U(";A,B;")=";TAB(27);U(N+1,M+1)
1260 END
1280 Z(I)=P(I,1)+DY*U(I,2):RETURN
1300 Z(I)=P(I,J)+DY*(U(I,J-1)+U(I,J+1)):RETURN
1320 Z(I)=P(I,M)+DY*U(I,M-1):RETURN
1340 FOR I=2 TO N:Z(I)=(Z(I)+DX*Z(I-1))/A(I):NEXT I:E1=0
1360 FOR I=N-1 TO 1 STEP -1:Z(I)=Z(I)-C(I)*Z(I+1):NEXT I
```

```
1380 FOR I=1 TO N:E1=E1+(Z(I)-U(I,J))^2:U(I,J)=Z(I):NEXT I
1400 E1=SQR(E1):RETURN
```

Numerisches Beispiel

$-(u_{xx} + u_{yy}) = 200(x(1 - x) + y(1 - y)),$
$u(0,y) = u(1,y) = u(x,0) = u(x,1) = 0;\ a = b = 1,$
Anzahl der Gitterlinien in x- bzw. y-Richtung: 9,
Genauigkeit: $\mathcal{E} = 0,05$,
Maximale Anzahl von Iterationen: 50,
analytische Lösung: $u(x,y) = 100x(1 - x)y(1 - y)$.

Ergebnisse: u_{ij} - numerische Lösung,
$u(x,y)$ - analytische Lösung.

x_i	y_j	u_{ij}	$u(x,y)$
0.1/0.9	0.2	1.41673	1.44
	0.4	2.12903	2.16
	0.6	2.13454	2.16
	0.8	1.42706	1.44
0.2/0.8	0.2	2.51573	2.56
	0.4	3.78109	3.84
	0.6	3.79156	3.84
	0.8	2.53539	2.56
0.3/0.7	0.2	3.29907	3.36
	0.4	4.95892	5.04
	0.6	4.9733	5.04
	0.8	3.32613	3.36
0.4/0.6	0.2	3.76837	3.84
	0.4	5.66469	5.76
	0.6	5.68163	5.76
	0.8	3.80016	3.84

x_i	y_j	u_{ij}	$u(x,y)$
0.5	0.2	3.92469	4.00
	0.4	5.89978	6.00
	0.6	5.91759	6.00
	0.8	3.95813	4.00

Weiterführende Bemerkungen

1. Verallgemeinerungen des Modellproblems (29) - (32) können sowohl hinsichtlich des zugrundeliegenden Gebiets G als auch bezüglich des Differentialoperators und der Randbedingungen vorgenommen werden. Bei krummlinig berandeten Gebieten ergeben sich jedoch schon in der Stufe der Diskretisierung des Gebietes Schwierigkeiten, da die Gitterlinien hierbei nicht mit dem Rand zusammenfallen (wie das bei achsenparallelen Rechtecken der Fall war), so daß hier spezielle Interpolations- bzw. Extrapolationstechniken zur Anwendung kommen müssen (siehe COLLATZ (1966)).
Die allgemeine Form einer linearen partiellen Differentialgleichung 2. Ordnung lautet:

$$a_{11}u_{xx} + a_{22}u_{yy} + a_{12}u_{xy} + b_1u_x + b_2u_y + c_1u = f. \tag{47}$$

Eine solche Differentialgleichung heißt elliptisch, falls die quadratische Form

$$a_{11}x^2 + a_{22}y^2 + a_{12}xy \tag{48}$$

positiv definit ist (d. h. die entsprechenden Äquipotentiallinien Ellipsen sind).
Neben den Randbedingungen 1. Art in (30) treten in vielen Anwendungen auch sogenannte Randbedingungen 2. und 3. Art auf:

$$u_\eta(x,y) = g(x,y) \qquad \forall (x,y) \in \partial G \tag{49}$$

(u_η - Richtungsableitung von u in Richtung der äußeren Normalen η von ∂G),

$$u_\eta(x,y) + h(x,y)u(x,y) = g(x,y) \qquad \forall (x,y) \in \partial G, \tag{50}$$

$h(x,y) = H > 0 \quad \forall (x,y) \in \partial G$,
(u_η - siehe (49)).

Die Diskretisierung der Differentialgleichung (47) sowie der Randbedingungen (49) bzw. (50) erfolgt in analoger Weise, indem man die partiellen Differentiationen durch entsprechende Differenzenquotienten ersetzt. Dabei kann die Approximationsgüte der Näherungsgleichungen verbessert werden, indem genauere Differenzen-Formeln benutzt werden (siehe COLLATZ (1966), SMITH (1971)). Neben den linearen Modellen sind ebenfalls Verallgemeinerungen auf nichtlineare Modelle möglich.

2. Eine gegenüber der Gauß-Seidel-Blockiteration (46) effektivere Methode zur Lösung von (41) ergibt sich durch Kombination von Linieniterationen sowohl in vertikaler als auch in horizontaler Richtung mit entsprechender Relaxationstechnik. Eine solche Vorgehensweise (Iterationsverfahren mit Richtungsänderung) wurde zuerst von Peaceman und Rachford vorgeschlagen (siehe PEACEMAN, RACHFORD (1955)) und führt im allgemeinen zu einer wesentlichen Verbesserung der Konvergenzgeschwindigkeit. Jedoch zeigen sich auch hier prinzipielle Schranken. Es läßt sich theoretisch zeigen, daß die Konvergenzrate solcher Schemata für gegen Null strebendes h gegen 1 konvergiert, so daß für kleiner werdende Maschenweiten nicht nur die Dimension der entsprechenden Gleichungssysteme wächst, sondern auch der Aufwand zur Lösung dieser Systeme immer größer wird. Einen Ausweg aus dieser prinzipiellen Schwierigkeit bieten die sogenannten Multigrid-Verfahren, die eine von der Maschenweite unabhängige Konvergenzrate sichern (siehe HACKBUSCH, TROTTENBERG (1982)).

3. Neben Differenzenverfahren zur näherungsweisen Lösung von partiellen Differentialgleichungen werden immer häufiger auch die sogenannten Finite-Elemente-Techniken benutzt. Da die zur Darstellung dieser Verfahren nötige Theorie jedoch stark von derjenigen für Differenzenverfahren abweicht, wurde aus Platzgründen hier auf eine detaillierte Darstellung verzichtet.
Eine Einführung in die Finite-Elemente-Methode (FEM) findet man z. B. in GOERING, ROOS, TOBISKA (1985).

5.3. Anfangs-Randwertprobleme für parabolische Differentialgleichungen

5.3.1. Explizite Differenzenverfahren für eindimensionale parabolische Differentialgleichungen

Mathematische Grundlagen des Verfahrens

In vielen Anwendungsfällen interessiert man sich neben der räumlichen Verteilung auch für das zeitliche Verhalten gewisser physikalischer Größen. Dies führt auf instationäre Problemstellungen, bei denen die Zeit als unabhängige Variable betrachtet wird. Als Demonstrationsbeispiel wird im weiteren die folgende lineare parabolische (örtlich-)eindimensionale Differentialgleichung benutzt:

$$G := \{(x,t) \mid x \in [0,1],\ t \in [0,T]\}, \qquad (1)$$

(Lösungsgebiet)

$$u_t = a(x,t)u_{xx} + b(x,t)u_x + c(x,t)u + d(x,t) \qquad (2)$$

(Differentialgleichung),

$$u(0,t) = u_l(t),\ u(1,t) = u_r(t),\ t \in [0,T] \qquad (3)$$

(Randbedingung),

$$u(x,0) = u_a(x), \quad x \in [0,1], \quad \text{(Anfangsbedingung)}, \qquad (4)$$

Als Lösung des Problems (1)-(4) wird eine Funktion $u(x,t)$ gesucht, die in G stetig, bezüglich der Zeit t einmal und bezüglich des Ortes x zweimal stetig differenzierbar ist, die partielle Differentialgleichung (2) sowie die Rand- und Anfangsbedingungen (3) und (4) erfüllt. Als Spezialfall sind eindimensionale Wärmeleitungsprobleme in (1) - (4) enthalten. Existenz und Eindeutigkeit werden durch entsprechende Stetigkeits- und Differenzierbarkeitsforderungen an die Koeffizientenfunktionen a, b, c und d in (2) sowie an die Rand- und Anfangswerte u_l, u_r, u_a in (3) bzw. (4) gesichert. Darüber hinaus verlangt man, daß sich Rand- und Anfangsbedingungen nicht widersprechen, d. h.:

$$u(0,0) = u_l(0) = u_a(0), \quad u(1,0) = u_r(0) = u_a(1). \qquad (5)$$

Als stationären Grenzfall ($u_t = 0$; a, b, c, d, u_l, u_r unabhängig von t) erhält man Randwertprobleme der in 5.2.1. behandelten Form. Typisch für die numerische Behandlung parabolischer Differentialgleichungen (im Gegensatz zu (örtlich-)zweidimensionalen stationären Problemen, siehe 5.2.2) ist die separate Vorgehensweise für Zeit- und Ortsvariable. Ausgangspunkt für Differenzenverfahren ist wiederum die Diskretisierung des Lösungsgebietes G in (1). Man führt hierzu für das Zeit- und das Ortsintervall äquidistante Zerlegungen durch:

$$0 = x_0 < x_1 < \dots < x_n = 1,$$
$$x_i = ih, \; i = 0, \dots, n, \; h = 1/n. \tag{6}$$

$$0 = t_0 < t_1 < \dots < t_m = T,$$
$$t_j = j\tau , \; j = 0, \dots, m, \quad \tau = T/m. \tag{7}$$

Die Parameter h und τ in (6) und (7) werden als Orts- und Zeitschrittweite bezeichnet (siehe auch 5.2.1. (6)). Mit (6) und (7) erhält man ein diskretes Gitterpunktsystem für G in der Form:

$$G_h^{\tau} := \{(x_i, t_j) \mid i = 0, \dots, n; \; j = 0, \dots, m\}. \tag{8}$$

Als Näherungswerte der exakten Lösung u(x,t) von (1)-(4) in den Punkten $(x_i, t_j) \in G_h^{\tau}$ werden Größen u_i gesucht. Die Kennzeichnung der Zeit durch den oberen Index (im Gegensatz zur bisherigen Schreibweise) entspricht der besonderen Behandlung der Zeitvariablen t und wird später auch durch die entstehenden numerischen Verfahren gerechtfertigt.

Diskrete Gleichungen für die Unbekannten u_i^j erhält man auf eine zu 5.2.1 völlig analoge Weise, indem man die in (2) auftretenden partiellen Ableitungen durch finite Differenzen ersetzt. Im Fall expliziter Differenzenverfahren wird dabei (siehe 5.2.1.(8)-(11))

$$u(x_i, t_j) \quad \text{durch } u_i^j, \tag{9}$$

$$u_x(x_i, t_j) \quad \text{durch } (u_{i+1}^j - u_{i-1}^j)/(2h), \tag{10}$$

$$u_{xx}(x_i, t_j) \quad \text{durch } (u_{i+1}^j - 2u_i^j + u_{i-1}^j)/h^2 \tag{11}$$

sowie $u_t(x_i, t_j)$ durch $(u_i^{j+1} - u_i^j)/\tau$ (12)

approximiert.
Durch Einsetzen dieser Beziehungen in (2) und Umstellen nach u_i erhält man die diskreten Gleichungen:

$$u_i^{j+1} = \lambda(a_{ij} - hb_{ij}/2)u_{i-1}^j + (1 - \lambda(2a_{ij} - h^2c_{ij}))u_i^j + (a_{ij} + hb_{ij}/2)u_{i+1}^j + \tau d_{ij}, \tag{13}$$

$$\text{mit } \lambda = \tau/h^2,\ a_{ij} = a(x_i,t_j),\ b_{ij} = b(x_i,t_j),\ c_{ij} = c(x_i,t_j)$$
$$d_{ij} = d(x_i,t_j),\quad i = 1, \ldots, n-1,\ j = 0, \ldots, m-1. \tag{14}$$

Man beachte, daß durch die Rand- und die Anfangsbedingungen (3) bzw. (4) folgende Größen exakt vorgegeben werden können:

$$\left.\begin{aligned} u_0^j &= u(x_0,t_j) = u_l(t_j) \\ u_n^j &= u(x_n,t_j) = u_r(t_j) \end{aligned}\right\}\quad j = 0, \ldots, m, \tag{15}$$

$$u_i^0 = u(x_i,t_0) = u_a(x_i),\ i = 0, \ldots, n. \tag{16}$$

Auf der rechten Seite in (13) treten nur Variablen zum Zeitpunkt t_j auf (man spricht von der j-ten Zeitschicht), so daß (13) eine explizite Berechnungsvorschrift für die Werte u_i^{j+1} der nachfolgenden Zeitschicht darstellt. Da für j = 0 alle Werte u_i^0 durch (16) gegeben sind (Anfangsbedingung), kann man mit Hilfe von (13) schrittweise (bezüglich der Zeit) alle unbekannten Größen u_i^j ermitteln.
Um jedoch Analogien mit den später untersuchten Verfahren aufdecken zu können, werden die linearen Gleichungen in (13) auch noch in die folgende Matrizenschreibweise umgeformt. Man faßt dazu alle unbekannten Größen u_i^j, die zu einer Zeitschicht j gehören, zu einem Vektor zusammen, der mit u^j bezeichnet wird:

$$u^j := (u_1^j, \ldots, u_{n-1}^j)^T,\ j = 0, \ldots, m. \tag{17}$$

Damit läßt sich das System (13) in folgende Form umformen:

$$u^{j+1} = A_j u^j + B_j, \quad j = 0, \ldots, m-1. \tag{18}$$

Die Matrizen A_j und die Vektoren B_j in (18) entstehen dabei aus den Koeffizienten in (13).

Wie schon in 5.1 und 5.2 spielen Stabilitätsbedingungen eine entscheidende Rolle (z. B. Einfluß von Rundungsfehlern) für eine effektive Arbeitsweise der untersuchten Algorithmen. Ohne detaillierte Ausführungen sollen hier nur hinreichende Stabilitätsbedingungen für (13) angegeben werden (Nichtnegativität der Koeffizienten in (13)):

$$a_{ij} - (h/2)b_{ij} \geqq 0, \tag{19}$$

$$1 - \lambda(2a_{ij} - h^2 c_{ij}) \geqq 0, \qquad i = 1, \ldots, n-1, \quad j = 0, \ldots, m-1. \tag{20}$$

$$a_{ij} + (h/2)b_{ij} \geqq 0, \tag{21}$$

Aus (19) und (21) erhält man eine Bedingung für die Ortsschrittweite h:

$$h \leqq \min_{i,j} 2a_{ij}/|b_{ij}|. \tag{22}$$

Aus (20) erhält man Schranken für die Zeitschrittweite τ (in Abhängigkeit von h aus (22)):

$$\tau \leqq \min_{i,j} h^2/(\lambda a_{ij} - h^2 c_{ij}). \tag{23}$$

Für die Funktionen a(x,t) und c(x,t) aus (2) wurde dabei vorausgesetzt:

$$a(x,t) \geqq a > 0, \quad c(x,t) \leqq 0 \qquad \forall (x,t) \in G. \tag{24}$$

Die Bedingungen (24) stellen gleichzeitig notwendige Bedingungen an das Problem (1)-(4) dar und lassen sich physikalisch motivieren. Um (13) stabil berechnen zu können, müssen Orts- und Zeitschrittweite h bzw. τ die Bedingungen (22) und (23) gleichzeitig erfüllen. Aus der Berechnungsvorschrift (13) ist zu erkennen, daß zur Berechnung der Größen u_i^{j+1} ((j+1)-te Zeitschicht) nur die Werte u_i^j (Zeitschicht j) benötigt werden (dies entspricht dem

Prinzip der Einschrittverfahren aus 5.1.2). Durch Ausgabe der u_i nach jeder Berechnung einer Zeitschicht und entsprechende Umspeichertechnik lassen sich auf diese Weise speicherplatzsparende Algorithmen konzipieren.

Aufbau des Algorithmus

S1: Eingabe Zeitschrittweite, Endzeitpunkt, Druckschrittweite, Zahl der Gitterpunkte.
S2: Berechnung der Ortschrittweite.
S3: Berechnung der Gitterpunkte und der Anfangswerte.
S4: Festlegung der Randwerte.
S5: Festlegung der Zeit und der Größen für die Drucksteuerung.
S6: Wenn "Druckzeitpunkt nicht erreicht", dann gehe zu S9.
S7: Ausgabe der Lösung.
S8: Festlegung des neuen Druckzeitpunktes.
S9: Wenn "Endzeitpunkt erreicht", dann STOP.
S10: Umspeicherung der Lösung und Belegung der Randbedingung.
S11: Berechnung der neuen Lösung nach Formel (13) und (14) und Fehlerbehandlung nach Formel (20) und (22).
S12: Festlegung der neuen Zeit und Übergang zu Schritt S6.

BASIC-Programm

Das folgende Programm realisiert den beschriebenen Algorithmus.

```
100 PRINT"--------------------------------"
120 PRINT"EXPLIZITES DIFFERENZENVERFAHREN"
140 PRINT"--------------------------------"
160 GOTO 360
180 REM *****       >>> NOTATION DER DGL <<<                *****
200 A=1:B=-.1:C=-.1:D=X:RETURN
220 REM *****    >>> NOTATION DER RANDBEDINGUNG <<<         *****
240 UL=0:UR=1:RETURN
260 REM *****    >>> NOTATION DER ANFANGSBEDINGUNG <<<      *****
280 UA=0:RETURN
```

```
300 REM *****        >>> STABILITAETSKONTROLLE <<<           *****
320 IF 2*A-H*ABS(B)<0 THEN NF=1:RETURN
340 IF LA>1/(2*A-HQ*C) THEN NF=2:RETURN :ELSE NF=0:RETURN
360 REM *****        >>> SCHRITT 1 <<<                       *****
380 INPUT"Zeitschrittweite";TA: INPUT"Endzeitpunkt";TE
400 INPUT"Druckschrittweite";TD: INPUT"Zahl der Gitterpunkte";N3
420 DIM D3(N3),G3(N3),X3(N3)
440 REM *****        >>> SCHRITT 2 <<<                       *****
460 H=1/(N3-1):HQ=H*H:LA=TA/HQ:N4=N3-1
480 REM *****        >>> SCHRITT 3 <<<                       *****
500 FOR L1=1 TO N3:X=(L1-1)*H:GOSUB 280:X3(L1)=X:G3(L1)=UA: NEXT
520 REM *****        >>> SCHRITT 4 <<<                       *****
540 GOSUB 240:G3(1)=UL:G3(N3)=UR
560 REM *****        >>> SCHRITT 5 <<<                       *****
580 TO=0:T1=-TA/2:T=0
600 REM *****        >>> SCHRITT 6 <<<                       *****
620 IF TO<T1 THEN 820
640 REM *****        >>> SCHRITT 7 <<<                       *****
660 INPUT "     Neue Ausgabe?";Z$:PRINT
680 PRINT TAB(10);"T=";TO:PRINT: PRINT TAB(15);"X";TAB(25);"U"
700 FOR L1=1 TO N3:PRINT TAB(12);X3(L1);TAB(22);G3(L1): NEXT L1
720 REM **** S8: Festlegung deS neuen Druckzeitpunkts ****
740 T1=T1+TD
760 REM *****        >>> SCHRITT 9 <<<                       *****
780 IF TO+TA>=TE THEN END
800 REM *****        >>> SCHRITT 10 <<<                      *****
820 FOR L1=1 TO N3:D3(L1)=G3(L1):NEXT L1
840 GOSUB 240:G3(1)=UL:G3(N3)=UR
860 REM *****        >>> SCHRITT 11 <<<                      *****
880 FOR L1=2 TO N4:X=X3(L1):U=D3(L1):UX=.5*(D3(L1+1)-D3(L1-1))/H
900 GOSUB 200:GOSUB 320
920 IF NF=1 THEN PRINT "Zu wenige Gitterpunkte,Abbruch!!!":END
940 IF NF=2 THEN PRINT "Zeitschrittweite zu GROSZ,Abbruch!!!":END
960 G3(L1)=LA*(A-.5*H*B)*D3(L1-1)+(1-LA*(2*A-HQ*C))*D3(L1)+TA*D
980 G3(L1)=G3(L1)+LA*(A+.5*H*B)*D3(L1+1):NEXT L1
1000 REM *****       >>> SCHRITT 12 <<<                      *****
1020 TO=TO+TA:T=T+TA:GOTO 620
```

Numerisches Beispiel

Das Programm wurde mit folgendem Problem getestet:

$$u_t = u_{xx} - 0,1u_x - 0,1u + x,$$

$$u(0,t) = 0, \quad u(1,t) = 1, \; u(x,0) = 0.$$

Mit den Werten

$$T_A = 0,001, \quad T_E = 0,1, \quad T_D = 0,025, \quad N3 = 11.$$

erhält man folgende Ergebnisse:

	T=0	T=.025	T= .05	T= .075	T= .1
X	U	U	U	U	U
0	0	0	0	0	0
.1	0	2.58763E-03	9.10664E-03	.0224922	.0380863
.2	0	5.52114E-03	.0215822	.050397	.0817385
.3	0	9.82468E-03	.0419996	.0893134	.136033
.4	0	.0816829	.077168	.145246	.205591
.5	0	.0402775	.136284	.224062	.294054
.6	0	.0913837	.229644	.330361	.403403
.7	0	.197997	.365571	.465953	.53328
.8	0	.386587	.546177	.628427	.68049
.9	0	.664185	.763741	.810411	.838922
1	1	1	1	1	1

Weiterführende Bemerkungen

1. Liegt dem Problem (1)-(4) für die Variable x ein anderes Lösungsgebiet $[a,b]$ mit $a \neq 0$, $b \neq 1$ zugrunde, so kann man dies durch folgende Variablensubstitution auf den vorliegenden Fall zurückführen:

$$\hat{x} = (x - a)/(b - a), \qquad \hat{x} \in [0,1]. \tag{25}$$

Durch Anwendung der Kettenregel erhält man für die Variable $\hat{x}$ folgendes Problem der Form (1)-(4):

$$G := \{(\hat{x},t) \mid \hat{x} \in [0,1], \; t \in [0,T]\}, \tag{26}$$

$$u_t = a(\hat{x},t)u_{\hat{x}\hat{x}}/(b-a)^2 + b(\hat{x},t)u_x/(b-a) + c(\hat{x},t)u + d(\hat{x},t), \quad (27)$$

$$u(0,t) = u_l(t), \; u(1,t) = u_r(t), \quad t \in [0,T], \quad (28)$$

$$u(\hat{x},0) = u_a(\hat{x}), \; x \in [0,1]. \quad (29)$$

Im BASIC-Programm sind demzufolge nur die Koeffizientenfunktionen a, b, c und d sowie die Anfangsbedingung u_a entsprechend (25), (27) bzw. (29) abzuändern. Auf analoge Weise läßt sich ein anderes Zeitintervall $[T_0,T]$ in (1) behandeln.

2. Andere Randbedingungen (2. oder 3. Art) in (3) werden wie in Abschnitt 5.2.1. (Weiterführende Bemerkungen) behandelt.

5.3.2. Crank-Nicolson-Verfahren für eindimensionale parabolische Differentialgleichungen

Mathematische Grundlagen des Verfahrens

Die in 5.3.1 dargestellten expliziten Differenzenverfahren besitzen einen entscheidenden Nachteil, der sie für die numerische Praxis oft unbrauchbar macht. Die Stabilitätsbedingung (23) erfordert oft Zeitschrittweiten τ, die wesentlich kleiner sind als dies aus Genauigkeitsgründen der Fall wäre. Dies ist vergleichbar mit der in Abschnitt 5.1.4. (weiterführende Bemerkungen) dargestellten Steifheit bei gewöhnlichen Differentialgleichungen. Wie bereits dort dargestellt, besteht auch hier ein Ausweg im Übergang zu impliziten Differenzenverfahren. Eine der gebräuchlichsten Methoden stellt das Crank-Nicolson-Verfahren dar, das im folgenden erläutert wird.

Dabei wird wiederum das Problem (1)-(4) und die Diskretisierung G_h^τ von G (siehe (6)-(8)) aus 5.3.1 zugrundegelegt. Mit u_i werden auch hierbei die Näherunswerte für $u(x_i,t_j)$ bezeichnet.

Im Gegensatz zu (9)-(11) approximiert man jedoch jetzt die Größen u, u_x, u_{xx} aus (2), indem man Differenzenformeln benutzt, die Werte aus zwei aufeinanderfolgenden Zeitschichten benutzen und entsprechend mitteln. Beim Crank-Nicolson-Verfahren werden dabei

$$u(x_i, t_j) \quad \text{durch} \quad (u_i^j + u_i^{j+1})/2 \tag{30}$$

$$u_x(x_i, t_j) \quad \text{durch} \quad ((u_{i+1}^j - u_{i-1}^j)/2h) + (u_{i+1}^{j+1} - u_{i-1}^{j+1})/(2h))/2 \tag{31}$$

sowie $u_{xx}(x_i, t_j)$ durch

$$((u_{i+1}^j - 2u_i^j + u_{i-1}^j)/h^2 + (u_{i+1}^{j+1} - 2u_i^{j+1} + u_{i-1}^{j+1})/h^2)/2 \tag{32}$$

approximiert.
Ersetzt man die Größen u, u_x, u_{xx} sowie die Zeitableitung u in (2) durch die Beziehungen (30) - (32) bzw. (14), so erhält man nach Umstellen:

$$\begin{aligned} &-\lambda(a_{ij} + hb_{ij}/2)u_{i+1} + \lambda(1 + \lambda(a_{ij} - h^2 c_{ij}))u_i \\ &\qquad -\lambda(a_{ij} - hb_{ij}/2)u_{i-1} \\ &= \lambda(a_{ij} + hb_{ij}/2)u_{i+1} + \lambda(1 - \lambda(a_{ij} - h^2 c_{ij}))u_i \\ &\qquad + \lambda(a_{ij} - hb_{ij}/2)u_{i-1} + 2\tau d_{ij}, \\ &\lambda = \tau/h^2, \; i = 1, \ldots, n-1, \; j = 0, \ldots, m-1. \end{aligned} \tag{33}$$

Im Unterschied zu (14) entstehen die Koeffizienten a_{ij}, b_{ij}, c_{ij} und d_{ij} hier jedoch durch Berechnung der Funktionen a(x,t), b(x,t), c(x,t) und d(x,t) in den Punkten $x = x_i$, $t = t_j + \tau/2$. Die Berechnung der Größen u_i, u_0, u_n aus den Anfangs- und Randbedingungen erfolgt wie in (15) und (16). Die Beziehungen (33) stellen Gleichungen dar, die die u-Werte zweier benachbarter Zeitschichten (j und j+1) miteinander verknüpfen. Im Gegensatz zu (14) stellt (33) jedoch keine explizite Berechnungsvorschrift dar. Dies wird deutlich, wenn man die Gleichungen in (33) in Matrizenform notiert. Durch Zusammenfassen der Größen u_i in einer Zeitschicht zu einem Vektor u^j gemäß (17) erhält man:

$$C_j u^{j+1} = A_j u^j + B_j, \qquad j = 0, 1, \ldots, m-1. \tag{34}$$

Die Matrizen C_j und A_j sowie die Vektoren B_j ergeben sich dabei aus den Koeffizienten in (33). Demzufolge ist beim Crank-Nicolson-Verfahren in jedem Zeitschritt ein lineares Gleichungssystem (Koeffizientenmatrix C_j, rechte Seite $A_j u^j + B_j$) der Form (34) zu lösen. Dieser im Vergleich zu (18) erhöhte Aufwand wird jedoch durch die Zeitstabilität dieses Verfahrens gerechtfertigt. Man kann zeigen, daß das Crank-Nicolson-Verfahren für alle Zeitschrittweiten τ stabil rechnet, so daß die Einschränkung für τ in (23) hier entfällt.
Die Wahl der Zeitschrittweite τ wird nur durch Genauigkeitsanforderungen beeinflußt.
Die Matrizen C_j in (34) besitzen Tridiagonalgestalt (in (33) treten auf der linken Seite nur die Größen u_{i-1}^{j+1}, u_i^{j+1}, u_{i+1}^{j+1} auf), so daß die Gleichungssysteme (34) effektiv unter Benutzung der Faktorisierungstechnik aus Abschnitt 2.3.1. (LU-Zerlegung) gelöst werden können. Hängen die Funktionen a, b und c in (2) nur von der Ortsvariablen x, jedoch nicht von der Zeit t ab, so sind alle Matrizen C_j in (34) identisch. Demzufolge braucht die LU-Zerlegung dieser Matrix nur einmal am Anfang des Algorithmus durchgeführt zu werden.

Aufbau des Algorithmus

S1: Eingabe Zeitschrittweite, Endzeitpunkt, Druckschrittweite, Zahl der Gitterpunkte.
S2: Berechnung der Ortsschrittweite.
S3: Berechnung der Gitterpunkte und der Anfangswerte.
S4: Festlegung der Randwerte.
S5: Festlegung der Zeit und der Größen für die Drucksteuerung.
S6: Wenn "Druckzeitpunkt nicht erreicht", dann gehe zu S9.
S7: Ausgabe der Lösung.
S8: Festlegung des neuen Druckzeitpunktes.
S9: Wenn "Endzeitpunkt erreicht" , dann STOP.
S10: Berechnung des Gleichungssystems nach Formel (33) für die Lösung und Fehlerbehandlung nach Formel (22)
S11: Lösung des Gleichungssystems.
S12: Festlegung des neuen Druckzeitpunktes.

BASIC-Programm

Das folgende Programm realisiert den beschriebenen Algorithmus.

```
100 PRINT"-----------------------------------"
120 PRINT"IMPLIZITES  DIFFERENZENVERFAHREN"
140 PRINT"-----------------------------------"
160 GOTO 560
180 REM *****       >>> NOTATION  DER  DGL <<<              *****
200 A=1:B=0:C=0:D=0:RETURN
220 REM ***** >>> NOTATION  DER  RANDBEDINGUNG <<<          *****
240 UL=0:UR=1:RETURN
260 REM ***** >>> NOTATION  DER  ANFANGSBEDINGUNG <<<       *****
280 UA=0:RETURN
300 REM *****     >>> DREI-D-LU-ZERLEGUNG <<<               *****
320 C3(1)=C3(1)/B3(1):F1=F1/B3(1):C3(2)=C3(2)-F1*A3(2)
340 FOR L1=2 TO N3:IF N3=L1 THEN A3(N3)=A3(N3)-F2*C3(N3-2)
360 B3(L1)=B3(L1)-A3(L1)*C3(L1-1):C3(L1)=C3(L1)/B3(L1):NEXT L1
380 REM *****  >>> LOESUNG  NACH  LU-ZERLEGUNG <<<          *****
400 G3(1)=D3(1)/B3(1):L2=N3-1:L3=N3-2:FOR L1=2 TO L2
420 G3(L1)=(D3(L1)-A3(L1)*G3(L1-1))/B3(L1):NEXT L1
440 G3(N3)=(D3(N3)-A3(N3)*G3(L2)-F2*G3(L3))/B3(N3):L2=N3+2
460 :FOR L1=3 TO N3:L3=L2-L1:G3(L3)=G3(L3)-C3(L3)*G3(L3+1)
480 NEXT L1:G3(1)=G3(1)-C3(1)*G3(2)-F1*G3(3):RETURN
500 REM *****     >>> STABILITAETSKONTROLLE <<<             *****
520 IF 2*A-H*ABS(B)<0 THEN NF=1:RETURN:ELSE NF=0:RETURN
540 REM *****         >>> SCHRITT 1 <<<                     *****
560 INPUT "Zeitschrittweite";TA:INPUT "Endzeitpunkt";TE
580 INPUT"Druckschrittweite";TD:INPUT"Zahl der Gitterpunkte";N3
600 DIM A3(N3),B3(N3),C3(N3),D3(N3),G3(N3),X3(N3)
620 REM *****          >>> SCHRITT 2 <<<                    *****
640 H=1/(N3-1):HQ=H*H:LA=TA/HQ:N4=N3-1
660 REM *****         >>> SCHRITT 3  <<<                    *****
680 FOR L1=1 TO N3:X=(L1-1)*H:GOSUB 280
700 X3(L1)=X:G3(L1)=UA:NEXT L1
720 REM *****         >>> SCHRITT 4 <<<                     *****
740 GOSUB 240:G3(1)=UL:G3(N3)=UR
760 REM *****         >>> SCHRITT 5 <<<                     *****
```

```
780 TO=0:T1=-TA/2:T=TA/2
800 REM *****            >>> SCHRITT 6 <<<                    *****
820 IF TO<T1 THEN 1020
840 REM *****            >>> SCHRITT 7 <<<                    *****
860 INPUT "      Neue Ausgabe?";Z$:PRINT
880 PRINT TAB(10);"T=";TO:PRINT:PRINT TAB(15);"X";TAB(25);"U"
900 FOR L1=1 TO N3:PRINT TAB(12);X3(L1);TAB(22);G3(L1):NEXT L1
920 REM *****            >>> SCHRITT 8 <<<                    *****
940 T1=T1+TD
960 REM *****            >>> SCHRITT 9 <<<                    *****
980 IF TO+TA>=TE THEN END
1000 REM *****           >>> SCHRITT 10 <<<                   *****
1020 GOSUB 240:B3(1)=1:C3(1)=0:F1=0:D3(1)=UL:A3(N3)=0:B3(N3)=1
1040 F2=0:D3(N3)=UR:FOR L1=2 TO N4:X=X3(L1):U=G3(L1)
1060 UX=.5*(G3(L1+1)-G3(L1-1))/H:GOSUB 200:GOSUB 520
1080 A3(L1)=-LA*(A-.5*H*B):C3(L1)=-LA*(A+.5*H*B)
1100 B3(L1)=2+LA*(2*A-HQ*C)
1120 D3(L1)=4*G3(L1)+2*TA*D-A3(L1)*G3(L1-1)-C3(L1)*G3(L1+1)
1140 D3(L1)=D3(L1)-B3(L1)*G3(L1):NEXT L1
1160 REM *****           >>> SCHRITT 11 <<<                   *****
1180 GOSUB 320
1200 REM *****           >>> SCHRITT 12 <<<                   *****
1220 TO=TO+TA:T=T+TA:GOTO 820
```

Numerisches Beispiel

Das Programm wurde mit folgenden Problem getestet:

$$u_t = u_{xx} - 0{,}1u_x - 0{,}1u + x$$

$$u(0,t) = 0, \quad u(1,t) = 1, \quad u(x,0) = 0.$$

Als Werte wurden eingegeben:

$$T_A = 0{,}005, \quad T_E = 0{,}1, \quad T_D = 0{,}03, \quad N3 = 11.$$

Man erhält folgende Ergebnisse:

X	T= 0 U	T= .03 U	T= .06 U	T= .09 U	T= .12 U
0	0	0	0	0	0
.1	0	5.55345E-04	8.70157E-03	.0248352	.0415561
.2	0	1.9651E-03	.0219154	.0554554	.0883202
.3	0	6.07696E-03	.0450936	.0976529	.145185
.4	0	.0173237	.0851864	.157037	.216367
.5	0	.0451439	.150412	.238525	.305004
.6	0	.106152	.248915	.345531	.412722
.7	0	.222754	.386359	.479035	.539286
.8	0	.414355	.563124	.636837	.682421
.9	0	.682446	.772338	.813328	.83791
1	1	1	1	1	1

Weiterführende Bemerkungen

Das dargestellten Crank-Nicolson-Verfahren stellt eine Methode dar, die die Konvergenzordnung 2 besitzt. Man kann aber auch Verfahren der Konvergenzordnung 1 ableiten, indem man die Ortsableitungen zum Zeitpunkt t_{j+1} berechnet. Dieses Verfahren wird vollständig implizit genannt.

Andere Randbedingungen können wiederum in das Programm eingearbeitet werden, indem man die entsprechenden Differenzenapproximationen für die Randbedingungen als zusätzliche Gleichungen formuliert (siehe 5.2.1).

5.3.3. Linienverfahren für eindimensionale parabolische Differentialgleichungen

Die bisherigen Überlegungen machen deutlich, daß die parabolischen Differentialgleichungen bezüglich der Zeit den Anfangswertproblemen für gewöhnliche Differentialgleichungen aus 5.1 verwandt sind, sich hinsichtlich der Ortsvariablen jedoch wie die

Randwertprobleme aus Abschnitt 5.2 verhalten. Dies legt folgende Vorgehensweise nahe.
Hält man die Ortsvariable x in u(x,t) fest ($x = x_i$), so entsteht eine Funktion u(x,t), die nur noch von der Zeit t anhängt.
Diese Idee ausnutzend, wird nun zunächst nur die Ortsdiskretisierung durchgeführt. Als Näherungen für die Lösung u(x,t) von (1)-(4) werden demzufolge n+1 Zeitfunktionen u_i (i = 0, ...n) betrachtet, die eine Approximation für $u(x_i,t)$ darstellen sollen (x_i aus (6)). Aus den Randbedingungen (3) folgt:

$$u_0(t) = u_1(t), \qquad u_n(t) = u_x(t), \qquad t \in [0,T]. \tag{35}$$

Ersetzt man nun in (2):

$$u(x_i,t) \quad \text{durch } u_i(t),$$

$$u_x(x_i,t) \quad \text{durch } (u_{i+1}(t) - u_{i-1}(t))/(2h), \tag{36}$$

sowie $u_{xx}(x_i,t)$ durch $(u_{i+1}(t) - 2u_i(t) + u_{i-1}(t))/h^2$,

$$i = 1, \dots, n-1,$$

so erhält man das folgende System gewöhnlicher Differentialgleichungen für die unbekannten Funktionen $u_i(t)$ (i = 1, ..., n-1) in expliziter Form:

$$\begin{aligned} u'_i(t) - (a_i - hb_i/2)/h^2\, u_{i-1} - (2a_i - h^2c_i)/h^2 u_i \\ + (a_i + hb_i/2)/h^2 u_{i+1} + d_i, \quad i = 1, \dots, n-1. \end{aligned} \tag{37}$$

Die Koeffizienten in (37) sind Funktionen der Zeit und ergeben sich aus:

$$\begin{aligned} a_i(t) &= a(x_i,t), \quad b_i(t) = b(x_i,t), \\ c_i(t) &= c(x_i,t), \quad d_i(t) = d(x_i,t), \quad i = 1, \dots, n-1. \end{aligned} \tag{38}$$

Die Anfangswerte für die $u_i(t)$ bei t = 0 ergeben sich aus der Anfangsbedingung (4):

$$u_i(0) = u_a(x_i), \qquad i = 1, \dots, n-1. \tag{39}$$

(37) und (39) definieren ein Anfangswertproblem für das Zeitintervall $[0,T]$, das einen Spezialfall das Problems (1)-(3) aus Abschnitt 5.1 darstellt. Somit können die in 5.1 dargestellten Methoden bei der Lösung dieses Problems zur Anwendung kommen. Insbesondere ergeben sich die Verfahren aus 5.3.1 und 5.3.2 als Spezialfälle dieser Methode. Das explizite Differenzenverfahren aus 5.3.1 erhält man durch Anwendung des Euler-Verfahrens (siehe 5.1.2 (20)) auf (37). Dem Crank-Nicolson-Verfahren aus 5.3.2 entspricht das folgende implizite Runge-Kutta-Verfahren:

$$u(t + h) = u(t) + \tau k_1, \tag{40}$$

$$k_1 = f(t + h/2,\ u(t) + hk_1/2). \tag{41}$$

Man beachte dabei, daß die rechten Seiten des Differentialgleichungssystems in (37) linear in den Variablen u_{i-1}, u_i, u_{i+1} sind. Demzufolge stellt (41) ein lineares Gleichungssystem zur Bestimmung des Vektors k_1 dar (man beachte, daß ein System vorliegt), welches in der Struktur dem System (34) aus 5.3.2 entspricht. Auch die Stabilitätsbetrachtungen aus 5.3.1 und 5.3.2 lassen sich durch diese Methodik auf die Überlegungen in 5.1.4 zurückführen. Die Schranke (23) für die Zeitschrittweite ergibt sich aus dem Stabilitätsbereich des Euler-Verfahrens, für das spezielle System (37). Das implizite Verfahren (40) und (41) ist A-stabil (siehe 5.1.4). Auch die Konsistenzuntersuchungen aus 5.1.3 lassen sich übertragen. Dies ermöglicht insbesondere eine Zeitschrittweitensteuerung durch Anwendung von Runge-Kutta-Fehlberg-Verfahren zur Lösung des Problems (37) - (39).
Als Beispiel wird im folgenden Algorithmus das Runge-Kutta-Fehlberg-Verfahren 4. Ordnung aus 5.1.3 (siehe (42)) angewendet.

Aufbau des Algorithmus

Algorithmus siehe Abschnitt 5.1.3.

BASIC-Programm

Das folgende Programm realisiert den Algorithmus.

```
100 PRINT"---------------------------"
120 PRINT"LINIENVERFAHREN MIT RKF4"
140 PRINT"---------------------------"
160 GOTO 300
180 REM *****    >>> NOTATION DER DIFFERENTIALGLEICHUNG <<<   *****
200 A=1:B=-.1:C=-1!:D=X:RETURN
220 REM *****       >>> NOTATION DER RANDBEDINGUNGEN <<<      *****
240 UL=0:UR=1:RETURN
260 REM *****       >>> NOTATION DER ANFANGSBEDINGUG <<<      *****
280 UA=0:RETURN
300 REM *****                >>> EINGABE <<<                  *****
320 INPUT"ZAHL DER GITTERPUNKTE";N3
340 REM *****    >>> BERECHNUNG DER ORTSSCHRITTWEITE <<<      *****
360 N3=N3-1:N=N3-1:DX=1/N3:INPUT"ENDARGUMENT TE=";TE
380 INPUT"DRUCKSCHRITTWETE TD=";TD
400 INPUT"ANFANGSSCHRITTWEITE H=";H
420 INPUT"FEHLERINTERVALL (FU,FO)";FU,FO
440 DIM UO(N3),U(N3),UA(N3),UN(N3),UT(N)
460 DIM K1(N),K2(N),K3(N),K4(N),K5(N),K6(N),X3(N3)
480 REM ***** >>> BER.ORTSGITTERPUNKTE U.ANFANGSLOESUNG <<< *****
500 FOR I=0 TO N3:X=I*DX:GOSUB 280:UO(I)=UA:X3(I)=X:NEXT I
520 REM *****    >>> FESTLEGUNG DER RANDBEDINGUNGEN <<<       *****
540 GOSUB 240:UO(0)=UL:UO(N3)=UR
560 REM *****      >>> Ausgabe der Anfangsloesung <<<         *****
580 GOSUB 960
600 REM *****      >>> STEUERUNG DES VERFAHRENS <<<           *****
620 IF TO>=TE GOTO 800
640 T=TO:FOR I=1 TO N:UA(I)=UO(I): NEXT I
660 NF=0:IF T+H>TO+TD THEN H1=H:H=TO+TD-T:NF=1
680 GOSUB 1040:IF FE<=FO GOTO 740
700 T=T-H:NF=0:H=.9*H*((FO+FU)/(2*FE))^(1/5):GOTO 680
720 IF NF=1 THEN 760
740 IF FE<FU THEN H=.9*H*((FO+FU)/(2*FE))^(1/5)
760 FOR I=1 TO N:UA(I)=UN(I): NEXT I:IF NF=0 THEN GOTO 660
```

```
780 TO=T:H=H1:FOR I=1 TO N:UO(I)=UN(I): NEXT I:GOSUB 960
800 GOTO 620: PRINT"ENDE DER RECHNUNG":END
820 REM *****          >>> MODELLGLEICHUNGEN <<<              *****
840 REM *****  >>> FESTL.D.RANDWERTE FUER DIE LOESUNG <<<   *****
860 GOSUB 240:U(0)=UL:U(N3)=UR
880 REM *****      >>> ZEITABLEITUNGEN NACH (39) <<<          *****
900 FOR I=1 TO N:X=X3(I):U=U(I):U1=(U(I+1)-U(I-1))/(2*DX)
920 U2=(U(I+1)-2*U(I)+U(I-1))/(DX*DX):GOSUB 180
940 UT(I)=A*U2+B*U1+C*U+D:NEXT I:RETURN
960 REM *****               >>> AUSGABE <<<                   *****
980 INPUT "  WEITERARBEIT?";N$:PRINT:PRINT TAB(10);"T=";TO:PRINT
1000 PRINT TAB(15);"X";TAB(25);"U"
1020 FOR I=O TO N3:PRINT TAB(12);X3(I);TAB(22);UO(I):NEXT I:RETURN
1040 REM *****    >>> RUNGE-KUTTA-FEHLBERG-VERFAHREN <<<      *****
1060 FOR I=1 TO N:U(I)=UA(I): NEXT I:GOSUB 820
1080 FOR I=1 TO N:K1(I)=H*UT(I): NEXT I:T=T+2/9*H
1100 FOR I=1 TO N:U(I)=UA(I)+2/9*K1(I): NEXT I:GOSUB 820
1120 FOR I=1 TO N:K2(I)=H*UT(I): NEXT I:T=T+H/9
1140 FOR I=1 TO N:U(I)=UA(I)+(K1(I)+3*K2(I))/12:NEXT I:GOSUB 820
1160 FOR I=1 TO N:K3(I)=H*UT(I):NEXT I:T=T+5/12*H
1180 FOR I=1 TO N:U(I)=UA(I)+(69*K1(I)-243*K2(I)+270*K3(I))/128
1200 NEXT I:GOSUB 820:FOR I=1 TO N:K4(I)=H*UT(I):NEXT I:T=T+H/4
1220 FOR I=1 TO N
1240 U(I)=UA(I)+(-85*K1(I)+405*K2(I)-324*K3(I)+64*K4(I))/60
1260 NEXT I:GOSUB 820:FOR I=1 TO N:K5(I)=H*UT(I):NEXT I
1280 T=T-H/6:FOR I=1 TO N
1300 U(I)=(65*K1(I)-135*K2(I)+351*K3(I)+64*K4(I)+15*K5(I))/432
1320 U(I)=U(I)+UA(I): NEXT I:GOSUB 820:FOR I=1 TO N:K6(I)=H*UT(I)
1340 NEXT I:T=T+H/6:FOR I=1 TO N
1360 UN(I)=UA(I)+(20*K1(I)+81*K3(I)+64*K4(I)+15*K5(I))/180:NEXT I
1380 FE=ABS((2*K1(1)-9*K3(1)+64*K4(1)+15*K5(1)-72*K6(1))/(300*H))
1400 FOR I=2 TO N
1420 FK=ABS((2*K1(I)-9*K3(I)+64*K4(I)+15*K5(I)-72*K6(I))/(300*H))
1440 IF FK>FE THEN FE=FK
1460 NEXT I:RETURN
```

Numerisches Beispiel

Das Programm wurde mit folgendem Problem getestet:

$$u_t = u_{xx} - 0,1u_x - 0,1u + x,$$

$$u(0,t) = 0, \quad u(1,t) = 1, \quad u(x,0) = 0.$$

Als Werte wurden eingegeben:

$$T_E = 0,1, \ T_D = 0,025, \quad .T_A = 0,1, \ N3 = 11.$$

Fehlerintervall 0,001; 0,01

Es ergaben sich nachfolgende Ergebnisse:

X	T=. 0 U	T= .025 U	T= .05 U	T= .075 U
0	0	0	0	0
.1	0	2.63504E-03	9.1367E-03	.0216156
.2	0	5.69472E-03	.0214735	.048316
.3	0	.0102641	.0413332	.085428
.4	0	.0194351	.0751984	.138816
.5	0	.0408604	.132023	.214467
.6	0	.0902742	.222255	.317488
.7	0	.193067	.355092	.450682
.8	0	.377529	.534331	.613141
.9	0	.655398	.754543	
1	1	1	1	

Weiterführende Bemerkungen

Das Linienverfahren zur Diskretisierung von parabolischen Differentialgleichungen hat sich als grundlegende Methode zur Entwicklung von numerischen Verfahren für solche Aufgabenstellungen erwiesen. Dabei kann die Ortsdiskretisierung mittels Differenzenverfahren oder mit Hilfe der Finiten-Elemente-Methode erfolgen. Ein wesentlicher Vorteil einer solchen Vorgehensweise besteht darin, daß man das Wissen über die numerische Integration von Differentialgleichungen auch auf die parabolischen Differential

gleichungen übertragen kann. Ein wichtiger Bestandteil dieser Methodik ist die Zeitschrittweitensteuerung.
Aus der Stabilitätstheorie für gewöhnliche Differentialgleichungen folgt, daß die Zeitschrittweite bei einem expliziten RKV einen gewissen Wert nicht überschreiten kann (siehe 5.1.4), der auch noch durch die Vorgabe einer kleinen Ortsschrittweite negativ beeinflußt werden kann. Deshalb werden solche Verfahren nur dann effektiv arbeiten, wenn die Fehler bei der Integration noch so groß sind, daß die Zeitschrittweite durch diese Fehler bestimmt wird. Bei Annäherung an die stationäre Lösung werden die Fehler so klein, daß die Schrittweiten sehr groß werden könnten, aber die schon dargestellte Stabilitätsgrenze beschränkt diese. In einem Bereich der Zeitintegration haben die ROW-Verfahren mit ihrer geringen Fehlerordnung und ihrer Eigenschaft, daß sie absolut stabil sind, d. h. daß sie keine Stabilitätsgrenze haben, ihren Vorteil.
Der numerische Aufwand ist relativ gering und die Schrittweiten werden nur durch den Fehler beschränkt und somit werden diese in der Nähe der stationären Lösung ständig wachsen.
In der letzten Zeit sind kombinierte Verfahren entwickelt worden, die die Auswahl zwischen zwei Verfahren treffen, einem expliziten Runge-Kutta-Verfahren hoher Konstistenzordnung und einem A-stabilen ROW-Verfahren mit geringer Konsistenzordnung.

5.3.4. Explizites Differenzenverfahren für zweidimensionale parabolische Differentialgleichungen

Mathematische Grundlagen des Verfahrens

In diesem Abschnitt sollen zweidimensionale parabolische Differentialgleichungen folgenden Typs behandelt werden:

$$u_t = a^{(x)} u_{xx} + a^{(y)} u_{yy} + b^{(x)} u_x + b^{(y)} u_y + cu + d, \qquad (42)$$

$$(x,y) \in [0,1] \mathrm{x} [0,1],$$

Randbedingungen:

$$u(t,0,y) = u_1(t,y), \qquad u(t,1,y) = u_2(t,y)$$
$$u(t,x,0) = u_3(t,y), \qquad u(t,x,1) = u_4(t,x) \tag{43}$$

Anfangsbedingung: $u(0,x,y) = u_0(x,y)$. (44)

Diese Aufgabenstellung besitzt wiederum eine eindeutige und stetige Lösung, sofern die auftretenden Koeffizienten der Differentialgleichung genügend glatt sind und Randbedingungen und Anfangsbedingung stetig ineinander übergehen.
Die Diskretisierungsidee ist die gleiche, wie bei den eindimensionalen Differenzenverfahren. Man sucht die Lösung in diskreten rechteckig angeordneten Gittern. Dabei seien die beiden Ortsschrittweiten h_x und h_y. Als Zeitschrittweite wird wieder τ benutzt. Der Vektor der Werte der Lösung in den Stützstellen wird folgendermaßen bezeichnet:

$$u(t_j, x_i, y_k) = u^j_{ik} \tag{45}$$

Als Differenzenapproximation für die auftretenden Ableitungen werden folgende Ausdrücke benutzt:

$$u_x = (u^j_{i+1,k} \quad u^j_{i-1,k})/2h_x, \tag{46}$$

$$u_y = (u^j_{i,k+1} \quad u^j_{i,k-1})/2h_y, \tag{47}$$

$$u_{xx} = (u^j_{i+1,k} \quad 2u^j_{ik} + u^j_{i-1,k})/h^2_x, \tag{48}$$

$$u_{yy} = (u^j_{i,k+1} \quad 2u^j_{ik} + u^j_{i,k-1})/h^2_y, \tag{49}$$

$$u_t = (u^{j+1}_{ik} \quad u^j_{ik})/\tau \tag{50}$$

Durch Einsetzen dieser Beziehungen in die Differentialgleichung (42) und Umstellen der Gleichungen nach u_{ik} erhält man ein zu (13) analoge explizite Berechnungsgrundlage der Größen in der (j+1)ten Zeitschicht mit Hilfe der u_{ik} der Zeitschicht j. Aus der Anfangsbedingung (44) erhält man die entsprechenden Anfangs-

werte u^o_{ik} als Startwerte der Rechnung.
In Analogie zu (22) und (23) lassen sich durch Stabilitätsuntersuchungen folgende Schranken für Orts und Zeitschrittweiten angeben:

$$h_x \leqq 2a^{(x)}/|b^{(x)}|, \tag{51}$$

$$h_y \leqq 2a^{(y)}/|b^{(y)}|, \tag{52}$$

$$\tau \leqq 1/(2a^{(x)}/h_x^2 + 2a^{(y)}/h_y^2 \quad c). \tag{53}$$

Aufbau des Algorithmus

S1: Eingabe Zeitschrittweite, Endzeitpunkt, Druckschrittweite, Zahl der Gitterpunkte in x und yRichtung.
S2: Berechnung der Ortschrittweiten.
S3: Berechnung des Ortsgitters und der Anfangswerte.
S4: Festlegung der Randwerte.
S5: Festlegung der Zeit und der Größen für die Drucksteuerung.
S6: Wenn "Druckzeitpunkt nicht erreicht", dann gehe zu S9.
S7: Ausgabe der Lösung.
S8: Festlegung des neuen Druckzeitpunktes.
S9: Wenn "Endzeitpunkt erreicht", dann STOP.
S10: Umspeicherung der Lösung und Belegung der Randwerte.
S11: Berechnung der neuen Lösung nach Formel (46) - (50) und Fehlerbehandlung nach Formel (51) - (53).
S12: Festlegung der neuen Zeit und GOTO S6.

BASICProgramm

Das folgende BASIC-Programm realisiert den beschriebenen Algorithmus.

```
100 PRINT"---------------------------------"
120 PRINT"EXPLIZITES DIFFERENZENVERFAHREN"
140 PRINT"  fuer zweidim. parab. Dgln."
160 PRINT"---------------------------------"
```

```
180 GOTO 540
200 REM *****          >>> NOTATION DER DGL. <<<                *****
220 AX=1:AY=1:BX=0:BY=0:C=0:D=0: RETURN
240 REM *****     >>> NOTATION DER X-RANDBEDINGUNG <<<          *****
260 UL=0:UR=1:RETURN
280 REM *****     >>> NOTATION DER Y-RANDBEDINGUNG <<<          *****
300 UL=X:UR=X*X:RETURN
320 REM *****    >>> NOTATION DER ANFANGSBEDINGUNG <<<          *****
340 UA=0:RETURN
360 REM *****         >>> STABILITAETSKONTROLLE <<<             *****
380 IF 2*AX-HX*ABS(BX)<0 THEN NF=1:RETURN
400 IF 2*AY-HY*ABS(BY)<0 THEN NF=2:RETURN
420 IF TA>1/(2*AX/(HX*HX)+2*AY/(HY*HY)-C) THEN NF=3:RETURN
440 NF=0:RETURN
460 REM *****             >>> RANDBELEGUNG <<<                  *****
480 FOR J=1 TO N5:Y=Y3(J):GOSUB 260:G3(1,J)=UL:G3(N3,J)=UR:NEXT J
500 FOR I=1 TO N3:X=X3(I):GOSUB 280:G3(I,1)=UL
520 G3(I,N5)=UR:NEXT I: RETURN
540 REM *****            >>> SCHRITT 1 <<<                      *****
560 PRINT:INPUT"Zeitschrittweite";TA:INPUT"Endzeitpunkt";TE
580 INPUT"Druckschrittweite";TD:INPUT"Zahl der X-Gitterpunkte";N3
600 INPUT"Zahl der Y-Gitterpunkte";N5
620 DIM D3(N3,N5),G3(N3,N5),X3(N3),Y3(N5)
640 REM *****            >>> SCHRITT 2 <<<                      *****
660 HX=1/(N3-1):HY=1/(N5-1):N4=N3-1:N6=N5-1:N7=N5+1
680 REM *****            >>> SCHRITT 3 <<<                      *****
700 FOR I=1 TO N3:X3(I)=(I-1)*HX:NEXT I
720 FOR J=1 TO N5:Y3(J)=(J-1)*HY:NEXT J:FOR I=1 TO N4:X=X3(I)
740 FOR J=1 TO N6: Y=Y3(J):GOSUB 340:G3(I,J)=UA:NEXT J:NEXT I
760 REM *****            >>> SCHRITT 4 <<<                      *****
780 GOSUB 480
800 REM *****            >>> SCHRITT 5 <<<                      *****
820 TO=0:T1=-TA/2:T=0
840 REM *****            >>> SCHRITT 6 <<<                      *****
860 IF TO<T1 THEN 1080
880 REM *****            >>> SCHRITT 7 <<<                      *****
900 INPUT"Neue Ausgabe?";Z$:PRINT: PRINT TAB(2);"T=";TO:PRINT
920 PRINT TAB(3);"X";TAB(15);"Y";TAB(27);"U":FOR I=1 TO N3
```

```
940 X=X3(I):FOR J=1 TO N5
960 PRINT TAB(2);X;TAB(13);Y3(J);TAB(24);G3(I,J): NEXT J:NEXT I
980 REM *****          >>> SCHRITT 8 <<<                    *****
1000 T1=T1+TD
1020 REM *****         >>> SCHRITT 9 <<<                    *****
1040 IF TO+TA>=TE THEN END
1060 REM *****         >>> SCHRITT 10 <<<                   *****
1080 FOR I=1 TO N3:FOR J=1 TO N5:D3(I,J)=G3(I,J):NEXT J:NEXT I
1100 REM *****   >>> BERECHNUNG DER NEUEN RANDWERTE <<<     *****
1120 GOSUB 480
1140 REM *****         >>> SCHRITT 11 <<<                   *****
1160 FOR I=2 TO N4:X=X3(I)
1180 FOR J=2 TO N6:Y=Y3(J):GOSUB 220:GOSUB 380
1200 IF NF=1 THEN PRINT"Zu wenige X-Gitterpunkte,Abbruch!!!":END
1220 IF NF=2 THEN PRINT"Zu wenig Y-Gitterpunkte,Abbruch!!!":END
1240 IF NF=3 THEN PRINT"Zeitschrittweite zu GROSZ,Abbruch!!!":END
1260 G3(I,J)=((AX-.5*HX*BX)*D3(I+1,J)+(AX+.5*HX*BX)*D3(I+1,J))
1280 G3(I,J)=G3(I,J)*TA/(HX*HX)+TA*D
1300 D=((AY-.5*HY*BY)*D3(I,J-1)+(AY+.5*HY*BY)*D3(I,J+1))
1320 D=D*TA/(HY*HY)
1340 G3(I,J)=G3(I,J)+(1+TA*(2*(AX/(HX*HX)+AY/(HY*HY))-C))*D3(I,J)
1360 G3(I,J)=G3(I,J)+D
1380 NEXT J:NEXT I
1400 REM *****        >>> SCHRITT 12 <<<                    *****
1420 TO=TO+TA:T=T+TA:GOTO 860
```

Numerisches Beispiel

Das Programm wurde mit folgendem Beispiel getestet:

$$u_t = u_{xx} + u_{yy},$$

$$u(0,y,t) = 0, \quad u(1,y,t) = 1, \quad u(x,0,t) = x,$$

$$u(x,1,t) = x^2, \quad u(x,y,0) = 0.$$

Mit den Werten

$$T_A = 0{,}001, \quad T_E = 0{,}025, \quad T_D = 0{,}025, \quad NX = 4, \quad NY = 4,$$

wurden nachfolgende Ergebnisse erhalten:

		T= 0	T= .025			T= 0	T= .025
X	Y	U	U	X	Y	U	U
0	0	0	0	.75	0	.75	.75
0	.25	0	0	.75	.25	0	3.132539
0	.5	0	0	.75	.5	0	3.114627
0	.75	0	0	.75	.75	0	2.958368
0	1	0	0	.75	1	.5625	.5625
.25	0	.25	.25	1	0	1	1
.25	.25	0	.8421372	1	.25	1	1
.25	.5	0	.5417258	1	.5	1	1
.25	.75	0	.542056	1	.75	1	1
.25	1	.0625	.0625	1	1	1	1
.5	0	.5	.5				
.5	.25	0	1.946234				
.5	.5	0	1.656663				
.5	.75	0	1.634892				
.5	1	.25	.25				

Weiterführende Bemerkungen

Auch die zweidimensionalen parabolischen Differentialgleichungen können für praktische Aufgabenstellungen nur erfolgreich gelöst werden, wenn man implizite Verfahren verwendet. Die komplizierte Struktur der dabei entstehenden Gleichungssysteme erfordert einen sehr großen Programmieraufwand. Grundsätzlich sind dann Lösungsverfahren für elliptische Differentialgleichungen, wie sie in 5.2.2 dargestellt worden sind, in jedem Zeitschritt anzuwenden.

Eine Verallgemeinerung auf kompliziertere Gebiete als Quadrate ist möglich. Dieses erhöht aber den Aufwand bei der Eingabe der Problemstellung und der Programmierung der Verfahren. Es können sich dann zweidimensionale Felder zur Abspeicherung der Lösung als ungünstig erweisen, so daß auch hier die Form des Grundgebietes mit beachtet werden muß.

Stochastik 6

Methoden der Stochastik haben ihren festen Platz bei der Bearbeitung vielfältiger naturwissenschaftlich-technischer und ökonomischer Fragestellungen gefunden. Durch den arbeitsplatzbezogenen Zugriff zur Kleinrechentechnik ist eine wesentliche Verbreiterung der Palette praktikabler Verfahren der Stochastik zu verzeichnen. Aus der Vielfalt der sich dabei ergebenden Anforderungen hinsichtlich numerischer Aufarbeitung und Implementierung werden in diesem Abschnitt zwei Problemkreise aufgegriffen.

a) Zur Bearbeitung zahlreicher Aufgaben ist die Beherrschung von Grundverteilungen der Stochastik erforderlich, um z. B. die routinemäßige Nutzung von Tafeln abzulösen. Um der Vielfalt ihrer Anwendungsmöglichkeiten zu entsprechen, werden dafür entsprechende Unterprogramme bereitgestellt, deren Nutzungsmöglichkeiten in den angefügten Beispielen (s. Abschnitt 6.2) nur angedeutet werden können. Durch geringfügige Modifikationen ergeben sich aus diesen Unterprogrammen auch lauffähige Hauptprogramme.

b) Zahlreiche praktische Probleme betreffen die Analyse stochastischer Abhängigkeiten.
Aus diesem Problemkomplex werden Aufgabenstellungen zur einfachen, quasilinearen Regression bearbeitet.

6.1. Einige grundlegende Verteilungen der Wahrscheinlichkeitsrechnung und mathematischen Statistik

6.1.1. Die Normalverteilung

6.1.1.1. Die Verteilungsfunktion

Mathematische Grundlagen des Verfahrens

Eine der grundlegenden Verteilungen für Wahrscheinlichkeitsrechnung, mathematische Statistik und zahlreiche Anwendungsgebiete ist die Normalverteilung.
Eine Zufallsgröße X unterliegt einer Normalverteilung, wenn sie die Dichtefunktion

$$f_X(t) = \frac{1}{\sigma\sqrt{2\pi}} \exp\left(-\frac{(t-\mu)^2}{2\sigma^2}\right) \qquad (1)$$

besitzt. Die darin auftretenden Parameter sind

$\mu = E(X)$,

(der Erwartungswert von X; $-\infty < \mu < +\infty$),

$\sigma^2 = D^2(X) = E((X-\mu)^2)$,

(die Varianz oder Dispersion oder mittlere quadratische Abweichung der Zufallsgröße X von ihrem Erwartungswert; $\sigma > 0$ ist die Standardabweichung).
Zahlreiche begründete Anwendungen der Normalverteilung gehen auf den zentralen Grenzwertsatz als theoretischen Hintergrund zurück (vgl. BEYER, HACKEL, PIEPER, TIEDGE (1985)).
Besondere Eigenschaften der Normalverteilung:

(i) $aX + b$ unterliegt wiederum einer Normalverteilung mit den Parametern $a\mu + b$ und $a^2\sigma^2$.

(ii) Sind $X_1, \ldots, X_n$ unabhängige normalverteilte Zufallsgrößen mit den Parametern $\mu_i = E(X_i)$, $\sigma_i^2 = D^2(X_i)$, so unterliegt auch $a_1X_1 + \ldots + a_nX_n$ einer Normalverteilung mit den Parametern

$a_1\mu_1 + \ldots + a_n\mu_n$ und $a_1^2\sigma_1^2 + \ldots + a_n^2\sigma_n^2$

Im Zusammenhang mit (i) gilt:

$$Z = \frac{X-\mu}{\sigma} \tag{2}$$

unterliegt der sog. Standardnormalverteilung mit den Parametern 0 und 1. Ihre Dichtefunktion wird mit

$$f_Z(t) = \varphi(t) = \frac{1}{\sqrt{2\pi}} \exp(-t^2/2) \tag{3}$$

bezeichnet. Die Verteilungsfunktion von Z ist dann

$$F_Z(t) = P(Z < t) = \phi(t) = \int_{-\infty}^{t} \varphi(x)\, dx. \tag{4}$$

$\lambda(t) = \varphi(t)/(1 - \phi(t))$ wird als Ausfallrate und $(\lambda(t))^{-1}$ als Millscher Quotient bezeichnet.

Wegen der Symmetrie der Normalverteilung bestehen folgende Beziehungen:

$$\varphi(-t) = \varphi(t), \tag{5}$$

$$\phi(-t) = 1 - \phi(t) \tag{6}$$

Ist X normalverteilt mit den Parametern μ, σ^2 so gilt:

$$F_X(t) = P(X < t) = P(Z < \frac{t-\mu}{\sigma}) = \phi(\frac{t-\mu}{\sigma}), \tag{7}$$

$$f_X(t) = \frac{1}{\sigma} \varphi(\frac{t-\mu}{\sigma}) \tag{8}$$

$$P(t_1 = X < t_2) = F_X(t_2) - F_X(t_1) = \phi(\frac{t_2-\mu}{\sigma}) - \phi(\frac{t_1-\mu}{\sigma}) \tag{9}$$

Rationale Approximation für die Verteilungsfunktion der Standardnormalverteilung (HASTINGS (1955); ABRAMOWITZ, STEGUN (1984)):
Mit $x = (1 + b_0 t)^{-1}$ gilt für $t >= 0$:

$$\phi(t) = 1 - \varphi(t)(b_1 x + b_2 x^2 + b_3 x^3 + b_4 x^4 + b_5 x^5) + \varepsilon. \tag{10}$$

Die Koeffizienten sind

$b_0 = 0.2316419$, $b_1 = 0.31938153$, $b_2 = -0.356563782$,

$b_3 = 1.781477937$, $b_4 = -1.821255978$, $b_5 = 1.330274429$.

Der Fehler ist durch $|\varepsilon| < 7{,}5 \cdot 10^{-8}$ charakterisiert.
Für $t = 2{,}5$ wird der Quotient $\lambda^{-1}(t) = (1 - \phi(t))/\varphi(t)$ durch (10) nur unzureichend approximiert. In diesem Fall kann durch

$$\phi(t) = 1 - \varphi(t)\frac{t}{t^2 + 2} \quad \frac{1 + 6t^{-2} - 14t^{-4} - 28t^{-6}}{1 + 5t^{-2} - 20t^{-4} - 4t^{-6}} + \varepsilon \qquad (11)$$

eine bessere Approximation erreicht werden (GRAY, SCHUCANY (1968)).
Der folgende Algorithmus beschreibt die Berechnung der Größen $\varphi(t)$, $\phi(t)$, $1 - \phi(t)$ und $\varphi(t)/(1 - \phi(t)) = \lambda(t)$.

<u>Aufbau des Algorithmus</u>

- Als Eingabeparameter ist zu übergeben: T1 = t

S1: Extrem große Argumente:
Für $|t| > 1000$ setze $\varphi(t) = 0$, $\phi(t) = 1$, $1 - \phi(t) = 0$, $\lambda(t) = t$, gehe zu S5.

S2: Berechne die Dichte $\varphi(t)$ gemäß (3).

S3: Ist $|t| < 2{,}5$, so berechne $\lambda^{-1}(t)$ bzw. $\lambda(t)$ nach (10).
Setze $1 - \phi(t) = \lambda^{-1}(t)\,\varphi(t)$ und

$$\phi(t) = 1 - \lambda^{-1}(t)\,\varphi(t),$$

gehe zu S5.

S4: Berechne $\lambda^{-1}(t)$ bzw. $\lambda(t)$ für $2{,}5 \leq |t| \leq 1000$ über die rationale Approximation (11), setze $1 - \phi(t) = \lambda^{-1}(t)\,\varphi(t)$ und $\phi(t) = 1 - \lambda^{-1}(t)\,\varphi(t)$.

S5: Für $t < 0$ vertausche $\phi(t)$ und $1 - \phi(t)$ gemäß Symmetrieeigenschaft (6) und berechne
$\lambda(t) = \varphi(t)/(1 - \phi(t))$.
RETURN.

BASIC-Programm

Das folgende Programm realisiert den oben beschriebenen Algorithmus und liefert die Ausgabeparameter Z1 = $\varphi(t)$, F1 = $\Phi(t)$, R1 = 1 - $\Phi(t)$, A1 = Z1/R1.

```
8000 REM ***** >>> UP GAU / EINDIM. STANDARDNORMALVERT.<<<  *****
8020 REM *****     >>> EXTREM GROSSE ARGUMENTE <<<          *****
8040 U1=ABS(T1):IF U1>1000 THEN Z1=0:F1=1:R1=0:A1=U1:GOTO 8340
8060 REM *****         >>> DICHTEFUNKTION  <<<              *****
8080 Z1=.39894228#*EXP(-.5*U1*U1)
8100 REM *****  >>> VERZWEIGUNG IN ABHAENGIGKEIT VON T1 <<< *****
8120 IF U1>=2.5 THEN 8260
8140 REM *****  >>> RATIONALE APPROXIMATION FUER U1<2.5 <<< *****
8160 U1=1/(1+.2316419#*U1)
8180 S1=((1.330274429#*U1-1.821255978#)*U1+1.781477937#)*U1
8200 S1=S1-.356563782#
8220 S1=(S1*U1+.31938153#)*U1:R1=S1*Z1:F1=1-R1:A1=1/S1:GOTO 8340
8240 REM ***** >>> RATIONALE APPROXIMATION FUER U1>=2.5 <<< *****
8260 S1=U1:U1=U1*U1:S1=S1/(U1+2):U1=1/U1
8280 ZO=((-28*U1-14)*U1+6)*U1+1: ZU=((-4*U1-20)*U1+5)*U1+1
8300 S1=S1*(ZO/ZU):R1=S1*Z1:F1=1-R1:A1=1/S1
8320 REM *****      >>> KORREKTUR FUER T1 < 0 : <<<         *****
8340 IF T1<0 THEN F1=R1:R1=1-R1:A1=Z1/R1
8360 RETURN
```

Numerisches Beispiel

Die folgende Übersicht zeigt die mit dem Unterprogramm UPGAU berechneten Werte der Funktionen $\varphi(t)$, $\Phi(t)$, $1 - \Phi(t)$, $\lambda(t)$ für einige ausgewählte Argumente:

---

*) Die Vergleichswerte für $\Phi(t)$ in Spalte 4 sind dem Tafelwerk MÜLLER, NEUMANN, STORM (1973) entnommen.

t	$\varphi(t)$	$\Phi(t)$	$\Phi(t)^{*)}$	$1-\Phi(t)$	$\lambda(t)$
-1	.241971	.158655		.841345	.2876
0	.398942	.5	0.5	.5	.797885
.2	.391043	.57926	.579260	.42074	.929416
.4	.36827	.655422	.655422	.344578	1.06876
.6	.333225	.725747	.725747	.274253	1.21503
.8	.289692	.788145	.788145	.211855	1.3674
1	.241971	.841345	.841345	.158655	1.52514
1.2	.194186	.88493	.884930	.11507	1.68755
1.4	.149727	.919243	.919243	.0807567	1.85406
1.6	.110921	.945201	.945201	.0547993	2.02413
1.8	.0789502	.96407	.964070	.0359303	2.19732
2	.053991	.97725	.977250	.0227501	2.37322
2.5	.0175283	.993789	.993790	6.21091E-03	2.82218
3	4.43185E-03	.99865	.998650	1.34991E-03	3.28307
3.5	8.72683E-04	.999767	.999767	2.32626E-04	3.75144
4	1.3383E-04	.999968	.999968	3.16709E-05	4.22565
5	1.48672E-06	1		2.86651E-07	5.18652
10	7.69461E-23	1		7.61986E-24	10.0981

6.1.1.2. Quantile

Grundlagen des Verfahrens

Als Quantil der Ordnung p der Standardnormalverteilung wird die Lösung z_p der Gleichung

$$P(Z < z_p) = \Phi(z_p) = p \qquad (12)$$

bezeichnet, wobei Z eine standardnormalverteilte Zufallsgröße ist.

Anmerkung:

Die Symbolik ist in der Literatur nicht einheitlich. Einige Literaturstellen verwenden z_p als Symbol für das Quantil der Ordnung $(1 - p)$ oder $(1 - p/2)$.

In Analogie zu den Symmetrieeigenschaften (5) und (6) gilt

$$z_p = -z_{1-p} \qquad (13)$$

Ist X normalverteilt mit den Parametern μ, σ^2, so ist $\mu + \sigma z_p$ das Quantil der Ordnung p der Zufallsgröße X.
Rationale Approximationen für die Quantile der Standardnormalverteilung (BEASLEY, SPRINGER (1977), MAINDONALD (1984)):
Für $0{,}08 \leq p \leq 0{,}92$ gilt mit $r = (p - 0{,}5)^2$

$$z_p = (p - 0{,}5)\,\frac{a_0 + a_1 r + a_2 r^2 + a_3 r^3}{1 + b_1 r + b_2 r^2 + b_3 r^3 + b_4 r^4} + \varepsilon \qquad (14)$$

Anderenfalls ist

$$|z_p| = r \cdot \frac{c_0 r^{-3} + c_1 r^{-2} + c_2 r^{-1} + c_3}{r^{-2} + d_1 r^{-1} + d_2} + \varepsilon \qquad (15)$$

mit

$r = \sqrt{-\ln p}$ für $0 < p < 0{,}08$ bzw.
$r = \sqrt{-\ln (1 - p)}$ für $0{,}92 < p < 1$.

Die in (14) und (15) benötigten Koeffizienten sind

$a_0 = 2.5966282$, $a_1 = -18.615006$, $a_2 = 41.3911977$,
$a_3 = -25.4410605$, $b_1 = -8.4735109$, $b_2 = 23.0833674$,
$b_3 = -21.062241$, $b_4 = 3.1308291$, $c_0 = -2.7871893$,
$c_1 = -2.2979648$, $c_2 = 4.8501413$, $c_3 = 2.3212128$,
$d_1 = 3.5438892$, $d_2 = 1.6370678$

Die Fehler in (14) bzw. (15) sind durch $|\varepsilon| < 3 \cdot 10^{-9}$ charakterisiert.

Aufbau des Algorithmus

- Als Eingabeparameter ist zu übergeben: p

S1: Ist $0{,}08 \leq p \leq 0{,}82$, so berechne z_p gemäß (14).
RETURN.

S2: Ist $p < 0{,}08$, setze $r = p$.
Ist $p > 0{,}92$, setze $r = 1 - p$.
Für $r \leq 0$ STOP, fehlerhafte Eingabe ($p \leq o$ oder $p \geq 1$).

S3: Setze $r = \sqrt{-\ln r}$ und bestimme z_p über die Approximation (15).

S4: Ist $p < 0{,}08$, so korrigiere das Vorzeichen von z_p gemäß Symmetrieeigenschaft (13). RETURN.

<u>BASIC-Programm</u>

Das folgende Programm ist eine überarbeitete Version der Programme von BEASLEY, SPRINGER (1977); MAINDONALD (1984):
Als Ausgabeparameter wird $X1 = z_p$ geliefert.

```
12000 REM *****  >>> UPQGAU / QUANTILE DER NORMALVERT. <<<  *****
12020 REM *****            >>> KONSTANTEN <<<                *****
12040 A0= 2.5066282#  : A1=-18.6150006#          : A2=41.3911977#
12060 A3=-25.4410605# : B1=-8.47351090000003#    : B2=23.0833674#
12080 B3=-21.062241#  : B4= 3.1308291#           : C0=-2.7871893#
12100 C1=-2.2979648#  : C2= 4.8501413#           : C3= 2.3212128#
12120 D1= 3.5438892#  : D2= 1.6370678#
12140 REM ***** >>> VERZWEIGUNG IN ABHAENGIGKEIT VON P <<<  *****
12160 Q=P-.5:IF ABS(Q)>.42 THEN 12260
12180 REM *****    >>> APPROX. FUER  0.08=< P =< 0.92 <<<   *****
12200 R=Q*Q:X1=Q*(((A3*R+A2)*R+A1)*R+A0)
12220 X1=X1/((((B4*R+B3)*R+B2)*R+B1)*R+1):RETURN
12240 REM ***** >>> APPROX. FUER  P<0.08 ODER P>0.92 <<<    *****
12260 R=P:IF Q>0 THEN R=1-P
12280 IF R=<0 THEN PRINT"P IN UPQGAU NICHT IN (0,1) !!":STOP
12300 R=SQR(-LOG(R)):X1=R:R=1/R
12320 X1=X1*((((C0*R+C1)*R+C2)*R+C3)/((R+D1)*R+D2))
12340 REM *****         >>> VORZEICHENKORREKTUR <<<         *****
12360 IF Q<0 THEN X1=-X1
12380 RETURN
```

Numerisches Beispiel

Die folgende Übersicht zeigt einige der mit dem Unterprogramm UPQGAU berechneten Quantile der Standardnormalverteilung.

p	z_p	z_p *)
.1	-1.28155	
.9	1.28155	1.281552
.95	1.64485	1.644854
.975	1.95996	1.959964
.99	2.32635	2.326348
.995	2.52583	2.575829
.999	3.09022	3.090232

6.1.2. Die Student-Verteilung (t-Verteilung)

6.1.2.1. Die Verteilungsfunktion

Mathematische Grundlagen des Verfahrens

Eine Zufallsgröße T_n unterliegt einer Student-Verteilung mit dem Parameter n = 1, 2, ... (Anzahl der Freiheitsgrade), wenn sie die Dichtefunktion

$$f_{T_n}(t) = C(1 + t^2/n)^{-(n+1)/2} \quad (-\infty < t < +\infty) \tag{16}$$

mit

$$C = \frac{\Gamma((n+1)/2)}{\sqrt{n\pi}\,\Gamma(n/2)}$$

besitzt. Ihre Kennwerte sind

$$E(T_n) = 0 \text{ für } n \geqq 2; \; D^2(T_n) \geqq n/(n-2) \text{ für } n \geqq 3.$$

---

*) In Spalte 3 sind zum Vergleich die aus dem Tafelwerk MULLER, NEUMANN, STORM (1973) entnommenen Quantile angegeben.

Wegen der Symmetrie der Dichte (16) besteht folgende Beziehung:

$$F_{T_n}(t) = P(T_n < t) = P(T_n > -t) = 1 - F_{T_n}(-t), \tag{17}$$

Explizite Ergebnisse sind

$$F_{T_1}(t) = 1/2 + 1/\pi \ \arctan t, \tag{18}$$

$$F_{T_2}(t) = (1 + t/\sqrt{t^2 + 2})/2, \tag{19}$$

$$F_{T_3}(t) = 1/2 + (\arctan (1/3\sqrt{3}\,t) + \sqrt{3}\,t/(t^2 + 3))/\pi \tag{20}$$

$$F_{T_4}(t) = (1 + t(1 + 2/(t^2 + 4)))/(2\sqrt{t^2 + 4}). \tag{21}$$

Für $n \longrightarrow \infty$ konvergiert die Student-Verteilung gegen die Normalverteilung.

Diese Konvergenz wird durch folgende "normalisierende" Transformation beschleunigt:

Mit $G = (n - 0{,}5) \ln (1 + T_n^2/n)$

unterliegt

$$Z = Z(T_n) = \left(\left(-\frac{-0.4G^3 + 3.3G^2 + 24G + 85{,}5}{0.8G^2 + 48(n - 0.5)^2 + 100} + G + 3\right) * \left(\frac{1}{48(n - 0.5)^2}\right) + 1\right)\sqrt{G} \tag{22}$$

näherungsweise einer Standardnormalverteilung (HILL (1970), MAINDONALD (1984)).

Die Verteilungsfunktion $F_{T_n}(t)$ kann somit für große n durch die Verteilungsfunktion der Standardnormalverteilung $\Phi(z)$ mit dem "normalisierten" Argument $z = Z(t)$ approximiert werden.

Der folgende Algorithmus beschreibt die Berechnung der Größen $F_{T_n}(t)$ und $1 - F_{T_n}(t)$.

Aufbau des Algorithmus

Als Eingabeparameter sind zu übergeben: FG = n; T2 = t.

S1: Für $n \leq 0$ STOP, fehlerhafte Eingabe.

S2: Ist n = 1, so berechne $F_{T_1}(t)$ und $1 - F_{T_1}(t)$ gemäß (18). RETURN.

S3: Ist n = 2, so berechne $F_{T_2}(t)$ und $1 - F_{T_2}(t)$ gemäß (19). RETURN.

S4: Ist n = 3, so berechne $F_{T_3}(t)$ und $1 - F_{T_3}(t)$ gemäß (20). RETURN.

S5: Ist n = 4, so berechne $F_{T_4}(t)$ und $1 - F_{T_4}(t)$ gemäß (21). RETURN.

S6: Berechne das "normalisierte" Argument z mit Hilfe der "normalisierenden" Transformation (22).

S7: Aufruf des Unterprogramms UPGAU (s. Abschnitt 6.1.1.1).
Setze $F_{T_n}(t) = \Phi(z)$ und $1 - F_{T_n}(t) = 1 - \Phi(z)$ für $t \geq 0$,

bzw. $F_{T_n}(t) = 1 - \Phi(z)$ und $1 - F_{T_n}(t) = \Phi(z)$ für $t < 0$.
RETURN.

BASIC-Programm

Das folgende Programm ist eine überarbeitete Version eines Programms aus MAINDONALD (1984).
Als Ausgabeparameter werden $F2 = F_{T_n}(t)$ und $R2 = 1 - F2$ geliefert.

```
9000 REM *****    >>> UPSTUD  /  STUDENT-VERTEILUNG <<<      *****
9020 REM *****          >>> KONSTANTEN <<<                   *****
9040 CX=.31831:CY=.57735:CZ=1.73205
9060 REM *****    >>> UEBERPRUEFUNG DER EINGABE <<<          *****
9080 IF FG=<0 THEN PRINT"IN STUDENT-VERT.IST FG=";FG;"=<0 !":STOP
9100 REM *****   >>> VERZWEIGUNG IN ABHAENG. VON FG <<<      *****
9120 IF FG>4 OR FG>INT(FG) THEN 9280
9140 REM *****  >>> EXAKTE FORMELN FUER FG=1,2,3,4 <<<       *****
```

```
9160 IF FG=1 THEN R2=CX*ATN(T2):GOTO 9240
9180 IF FG=2 THEN R2=.5*T2/SQR(T2*T2+2):GOTO 9240
9200 IF FG=3 THEN R2=CX*(ATN(CY*T2)+CZ*T2/(T2*T2+3)):GOTO 9240
9220 IF FG=4 THEN R2=.5*T2*(1+2/(T2*T2+4))/SQR(T2*T2+4)
9240 F2=.5+R2:R2=.5-R2:RETURN
9260 REM *****        >>> "NORMALISIERUNG" <<<                *****
9280 IF FG<4 THEN PRINT"NICHTGANZZ. FG<4 IN STUDENT-VERTEILUNG !"
9300 A2=FG-.5:B2=48*A2*A2:C2=T2*T2/FG
9320 G=A2*(((-.75*C2+1)*C2/3-.5)*C2+1)*C2
9340 IF C2>=.04 THEN G=A2*LOG(1+C2)
9360 D2=((.4*G+3.3)*G+24)*G+85.5:E2=.8*G*G+B2+100
9380 REM *****  >>> "NORMALISIERTES" ARGUMENT T1 <<<           *****
9400 T1=((-D2/E2+G+3)/B2+1)*SQR(G)
9420 REM *****     >>> AUFRUF NORMALVERTEILUNG <<<             *****
9440 GOSUB 8000:F2=F1:R2=R1:IF T2<0 THEN F2=R1:R2=F1
9460 RETURN
```

<u>Numerisches Beispiel</u>

Die folgende Ubersicht zeigt die mit dem Unterprogramm UPSTUD berechneten Werte der Verteilungsfunktion der Student-Verteilung für einige ausgewählte Freiheitsgrade.
Als Argumente t wurden in den Spalten 2 bzw. 4 bzw. 6 die Quantile der Student-Verteilung der Ordnung 0.95; 0.975; 0.99 gewählt (entnommen aus MULLER, NEUMANN, STORM (1973)).
Die exakten Werte in den Spalten 3 bzw. 5 bzw. 7 müßten dann 0.95 bzw. 0.975 bzw. 0.99 sein.

n	t	$F_{T_n}(t)$	t	$F_{T_n}(t)$	t	$F_{T_n}(t)$
1	6.31	.949971	12.7	.974988	31.8	.989994
5	2.02	.950315	2.57	.974983	3.37	.990056
10	1.81	.949799	2.23	.975079	2.76	.989935
20	1.72	.949565	2.09	.975201	2.53	.990043
30	1.7	.950261	2.04	.97488	2.46	.990063
40	1.68	.949624	2.02	.974942	2.42	.989922
60	1.67	.949936	2	.974984	2.39	.989997
120	1.66	.950237	1.98	.975004	2.36	.990056

6.1.2.2. Die Quantile

Mathematische Grundlagen des Verfahrens

Als Quantil der Ordnung p der Student-Verteilung mit n Freiheitsgraden wird die Lösung $t_{p,n}$ der Gleichung

$$P(T_n < t_{p,n}) = F_{T_n}(t_{p,n}) = p \tag{23}$$

bezeichnet.
Für n = 1 und 2 lassen sich folgende Formeln nutzen:

$$t_{p,1} = \tan(\pi(p - 0.5)), \tag{24}$$

$$t_{p,2} = (p - 0.5)\sqrt{2/(p(1 - p))}. \tag{25}$$

In Analogie zur Symmetrieeigenschaft (17) gilt

$$t_{p,n} = -t_{1-p,n} \tag{26}$$

Eine asymptotische Approximation der Quantile für große n und beliebige p ist durch

$$t_{p,n} \approx z_p + (z_p^3 + z_p)/(4n) + \\ + (5z_p^5 + 16z_p^3 + 3z_p)/(96n^2) \tag{27}$$

(GOLDBERG, LEVINE (1946)) gegeben.
Für beliebige n und ausgewählte p können die Quantile über die rationale Approximation

$$|t_{p,n}| = b_0 + b_1 n^{-1} + b_2 n^{-2} + \ldots + b_6 n^{-6} \tag{28}$$

berechnet werden. BUKAC, BURSTEIN (1980) geben die von p abhängigen Koeffizienten b_i (i = 0, ..., 6) für p = 0.995; 0.99; 0.975; 0.9 (und damit auch für p = 0.005; 0.01; 0.025; 0.1) an.
Diese Koeffizienten sind der folgenden Übersicht zu entnehmen.

p	0.995	0.99	0.975	0.95	0.9
b_0	2.57583	2.32635	1.95996	1.64485	1.28155
b_1	4.91655	3.72907	2.37227	1.52377	0.84658
b_2	8.86832	5.72289	2.80775	1.41902	0.57432
b_3	11.35729	6.613449	2.76386	1.00507	0.22086
b_4	17.92627	6.61683	0.69551	0.32789	0.15426
b_5	-9.45008	-0.22569	2.1065	0	0
b_6	27.4612	7.03691	0	0	0

Der folgende Algorithmus beschreibt die Berechnung der Quantile $t_{p,n}$.

Aufbau des Algorithmus

Als Eingabeparameter ist p zu übergeben.

S1: Für $p \leqq 0$ oder $p \geqq 1$ oder $n = 0$ STOP, fehlerhafte Eingabe.

S2: Wenn $n = 1$, berechne $t_{p,1}$ gemäß (24). RETURN.

S3: Wenn $n = 2$, berechne $t_{p,2}$ gemäß (25). RETURN.

S4: Ist $p \notin \{0,995;\ 0,99;\ 0,975;\ 0,9;\ 0,005;\ 0,01;\ 0,025;\ 0,1\}$ gehe zu S6.

S5: Berechne $t_{p,n}$ gemäß (28) unter Verwendung der zu p gehörenden Koeffizienten b_i aus vorstehender Übersicht.
Ist $p < 0,5$, so korrigiere das Vorzeichen von $t_{p,n}$ gemäß (26).
RETURN.

S6: Berechne das Quantil z_p der Standardnormalverteilung mit Hilfe des Unterprogramms UPQGAU.
Approximiere $t_{p,n}$ unter Verwendung der ersten beiden Glieder der Approximation (27) für $n > 120$ und unter Verwendung der ersten drei Glieder für $n < 120$. RETURN.

BASIC-Programm

Das folgende Programm realisiert den oben beschriebenen Algorithmus und liefert als Ausgabeparameter X2 = $t_{p,n}$

```
13000 REM *****   UPQSTUD  / QUANTILE DER STUDENT-VERT.        *****
13020 REM *****        >>> KONSTANTEN <<<                      *****
13040 REM *****   >>> KOEFF. FUER P= 0.95; 0.05 <<<            *****
13060 DATA 1.64485,1.52377,1.41902,1.00507,0.32789,0,0,0.45
13080 REM *****   >>> KOEFF. FUER P=0.975; 0.025 <<<           *****
13100 DATA 1.95996,2.37227,2.80775,2.76386,0.69551,2.1065,0,0.475
13120 REM *****   >>> KOEFF. FUER P=0.99 ; 0.01 <<<            *****
13140 DATA 2.32635,3.72907,5.72289,6.61349,6.61683,-0.22569
13160 DATA 7.03691,0.49
13180 REM *****   >>> KOEFF. FUER P=0.995 ; 0.005 <<<          *****
13200 DATA 2.57583,4.91655,8.86832,11.35729,17.92627,-9.45008
13220 DATA 27.4612,0.495
13240 REM *****   >>> KOEFF. FUER P=0.9 ; 0.1 <<<              *****
13260 DATA 1.28155,0.84658,0.57432,0.22086,0.15426,0,0,0.4
13280 REM *****   >>> UEBERPRUEFUNG DER EINGABE <<<            *****
13300 IF P*(1-P)=<0 THEN PRINT"P IN UPQSTUD NICHT IN (0,1)!":STOP
13320 IF FG=<0 THEN PRINT "IN UPQSTUD: FG=";FG;"  =<0":STOP
13340 REM *****       >>> LESEN DER KOEFF. <<<                 *****
13360 P1=ABS(P-.5):B7=1/FG:RESTORE 13060:FOR I2=1 TO 5
13380 READ B0,B1,B2,B3,B4,B5,B6,B8
13400 IF ABS(P1-B8)<.00001 THEN 13460
13420 NEXT I2:GOTO 13540
13440 REM *****   >>> RATIONALE APPROX. <<<                    *****
13460 X2=(((((B6*B7+B5)*B7+B4)*B7+B3)*B7+B2)*B7+B1)*B7+B0
13480 IF P<.5 THEN X2=-X2
13500 RETURN
13520 REM *****        >>>  "NORMALISIERUNG" <<<               *****
13540 GOSUB 12000:X2=X1+.25*X1*(1+X1*X1)*B7:IF FG>120 THEN RETURN
13560 X2=X2+X1*(3+X1*X1*(16+5*X1*X1))*.0104167*B7*B7:RETURN
```

Numerisches Beispiel

Der folgenden Übersicht sind die mit dem Unterprogramm UPQSTUD berechneten Quantile der Student-Verteilung für ausgewählte Freiheitsgrade und Quantilordnungen zu entnehmen.

Zum Vergleich sind in den Spalten 3, 5, 7 die dem Tafelwerk MÜLLER, NEUMANN, STORM (1973) entnommenen Werte aufgeführt.

n	$t_{0.95;n}$	$t_{0.95;n}$	$t_{0.975;n}$	$t_{0.975;n}$	$t_{0.99;n}$	$t_{0.99;n}$
1	6.31375	6.31	12.7062	12.7	31.8202	31.8
2	2.91999	2.92	4.30265	4.30	6.96454	6.96
5	2.01493	2.02	2.57062	2.57	3.36495	3.37
10	1.81245	1.81	2.22812	2.23	2.76377	2.76
20	1.72471	1.72	2.08594	2.09	2.52798	2.53
30	1.69726	1.70	2.04226	2.04	2.45726	2.46
40	1.68385	1.68	2.02107	2.02	2.42326	2.42
60	1.67065	1.67	2.00029	2.00	2.39012	2.39
120	1.65765	1.66	1.97993	1.98	2.35783	2.36

6.1.3. Die Chi-Quadrat-Verteilung und die Gamma-Verteilung

6.1.3.1. Die Verteilungsfunktion

Mathematische Grundlagen des Verfahrens

Eine Zufallsgröße Y_n unterliegt einer Chi-Quadrat-Verteilung mit dem Parameter n = 1, 2, ... (Anzahl der Freiheitsgrade), falls sie die Dichte

$$f_Y(t) = \begin{cases} 0 & \text{für } t \leqq 0, \\ c^{-1} t^{\alpha-1} \exp(-t/\Theta) & \text{für } t > 0 \end{cases} \tag{29}$$

mit $c = \Theta^{\alpha}\Gamma(\alpha)$ und $\alpha = n/2$, $\Theta = 2$ besitzt ($\Gamma(\cdot)$ ist die vollständige Gammafunktion).

Ihre Kennwerte sind

$$E(Y_n) = \alpha\theta = n, \quad D^2(Y_n) = \alpha\theta^2 = 2n.$$

Die Chi-Quadrat-Verteilung ist ein Spezialfall der Gamma-Verteilung, deren Dichte durch (29) mit beliebigen Parametern $\alpha, \theta > 0$ gegeben ist.

Eine Zufallsgröße Y_α^* mit der Dichtefunktion (29) und $\theta = 1$ unterliegt einer Standard-Gamma-Verteilung. Es bestehen folgende Umrechnungsmöglichkeiten zur Chi-Quadrat-Verteilung:

$$Y_n = 2Y_\alpha^*,$$

$$F_{Y_n}(t) = P(Y_n < t) = P(Y_\alpha^* < t/2),$$

$$f_{Y_n}(t) = 1/2\, f_{Y_\alpha^*}(t/2) \qquad \text{mit} \quad \alpha = n/2.$$

Bei Anwendungen auf Zuverlässigkeitsprobleme wird neben Dichte- und Verteilungsfunktion auch die altersabhängige Ausfallrate

$$\lambda(t) = f_{Y_\alpha^*}(t)/(1 - F_{Y_\alpha^*}(t))$$

benutzt.

Ist α ganzzahlig ($\alpha = 1, 2, \ldots$), so ergeben sich die folgenden einfachen Berechnungsmöglichkeiten:

$$f_{Y_\alpha^*}(t) = \frac{t^{\alpha-1}}{(\alpha-1)!} e^{-t}, \tag{30}$$

$$1 - F_{Y_\alpha^*}(t) = \sum_{i=0}^{\alpha-1} \frac{t^i}{i!} e^{-t}. \tag{31}$$

Die Gamma-Verteilung konvergiert für $\alpha \longrightarrow \infty$ (und damit auch die Chi-Quadrat-Verteilung für $n \longrightarrow \infty$) gegen die Normalverteilung. Diese Konvergenz wird durch folgende "normalisierende" Transformation beschleunigt.

Ist

$$G(x) = \begin{cases} 1 & \text{für } x \leq 0, \\ \dfrac{1 - x^2 + 2x \ln x}{(1-x)^2} & \text{für } x > 0, \end{cases} \tag{32}$$

so unterliegt

$$Z = Z(Y_\alpha^*) = \frac{(2(Y_\alpha^* - \alpha) + 2/3 - 0,04/\alpha)}{\sqrt{(1 + G((\alpha - 0,5)/Y_\alpha^*)/(4Y_\alpha^*)}} \tag{33}$$

näherungsweise einer Standardnormalverteilung (PEIZER, PRATT (1968)).

Im Fall der Chi-Quadrat-Verteilung ist für größere n auch die Transformation

$$Z = \frac{\sqrt{Y_n/n} - (1 - 2/(9n))}{\sqrt{2/(9n)}} \tag{34}$$

gebräuchlich (ABRAMOWITZ, STEGUN (1984)).

Approximationen für die Standard-Gamma-Verteilung:

Mit Hilfe der Stirlingschen Formel (für $\ln\Gamma(\alpha + 2)$) läßt sich die Dichte (29) mit $\theta = 1$ approximieren durch .

$$\frac{\alpha(\alpha+1}{\sqrt{2\pi}} \exp((\alpha - 1) \ln t - (\alpha + 2) \operatorname{FNL}((\alpha + 2)^2) - (\alpha + 1,5) \ln (\alpha + 2) + \alpha + 2 - t). \tag{35}$$

Dabei ist

$$\operatorname{FNL}(x) = \frac{1}{12x} - \frac{1}{30x^2} + \frac{1}{1260x^3} - \frac{1}{1680x^4}. \tag{36}$$

Die Verteilungsfunktion $F_{Y_\alpha^*}(t) = P(Y_\alpha^* < t)$ kann für kleine t über die Reihenentwicklung

$$F_{Y_\alpha^*}(t) = f_{Y_\alpha^*}(t) \cdot \frac{t}{\alpha} \left(1 + \frac{t}{\alpha + 1} + \frac{t^2}{(\alpha+1)(\alpha+2)} + \frac{t^3}{(\alpha+1)(\alpha+2)(\alpha+3)} + \dots\right) \tag{37}$$

bestimmt werden.

Für große t gilt folgende asymptotische Entwicklung:

$$1 - F_{Y_\alpha^*}(t) = f_{Y_\alpha^*}(t)\left(1 + \frac{(\alpha-1)}{t} + \frac{(\alpha-1)(\alpha-2)}{t^2} + \frac{(\alpha-1)(\alpha-2)(\alpha-3)}{t^3} + \dots\right) \tag{38}$$

Schließlich kann die "normalisierende" Transformation (33) genutzt werden, um $F_{Y_\alpha^*}(t)$ durch $\phi(Z)$ mit $Z = Z(t)$ zu approximieren.

Der folgende Algorithmus beschreibt die Berechnung von $F_{Y_\alpha^*}(t)$, $1 - F_{Y_\alpha^*}(t)$, $f_{Y_2^*}(t)$, $\lambda(t)$.

Aufbau des Algorithmus

Als Eingabeparameter sind zu übergeben: AL = α ; T3 = t.

S1: Für $\alpha \leq 0$ STOP, fehlerhafte Eingabe.

S2: Falls $t \leq 0$, setze $F(t) = 0$, $1 - F(t) = 1$, $f(t) = 0$, $\lambda(t) = 0$, RETURN.

S3: Berechnung der Dichtefunktion f(t) gemäß (35).

S4: Falls $\alpha > 20$, gehe zu S8.
Falls $t \leq 10 - \alpha$ und $t \leq 5\alpha$, gehe zu S6.

S5: Berechne $\lambda^{-1}(t)$ mit Hilfe der asymptotischen Entwicklung (38). Benutze dabei die ersten 11 Glieder. Setze $1 - F(t) = f(t)\lambda^{-1}(t)$, $F(t) = 1 - f(t)\lambda^{-1}(t)$, berechne $\lambda(t)$, RETURN.

S6: Falls α ganzzahlig, gehe zu S9.

S7: Berechne F(t) mit Hilfe der Reihenentwicklung (37) so, daß der relative Anteil des letzten benutzten Reihengliedes am Gesamtergebnis kleiner als $5 \cdot 10^{-7}$ ist. Bestimme $1 - F(t)$, $\lambda(t)$, RETURN.

S8: Berechne das "normalisierte" Argument $z = Z(t)$ gemäß (33). Berechne $\phi(z)$ und $1 - \phi(z)$ mit Hilfe des Unterprogramms UPGAU (s. Abschnitt 6.1.1.1).

Setze $F(t) = \Phi(z)$, $1 - F(t) = 1 - \Phi(z)$.
Setze $\lambda(t) = f(t)/(1 - F(t))$
bzw. $\lambda(t) = 1$ (für $1 - F(t) = 0$).
RETURN.

S9: Berechne $f(t)$ gemäß (30) und $1 - F(t)$ gemäß (31).
Bestimme $F(t)$ und $\lambda(t)$. RETURN.

Das folgende Programm realisiert diesen Algorithmus und liefert als Ausgabeparameter $F3 = F_{Y_\alpha^*}(t)$, $R3 = 1 - F3$, $Z3 = f_{Y_\alpha^*}(t)$ und $A3 = \lambda(t)$.

<u>BASIC-Programm</u>

```
10000 REM *****    >>> UPGAMMA / STAND. GAMMA-VERT. <<<       *****
10020 REM *****         >>> STIRLINGSCHE FORMEL <<<           *****
10040 DEF FNL(X)=1/(12*X)*(1-1/X*(1/30-1/X*(1/105-1/(140*X))))
10060 REM *****    >>> AL=<0  ODER  T3 =<0  <<<               *****
10080 IF AL=<0 THEN PRINT"PARAMETER IN GAMMA-VERT. =< 0 !":STOP
10100 IF T3=<0 THEN F3=0:R3=1:Z3=0:A3=0:RETURN
10120 REM ***** >>> ANFANGSBELEGUNG DER HILFSGROESSEN <<<      *****
10140 C=1:G=1:A=AL:D3=AL+2:KO=.39894228#*AL*(AL+1)
10160 REM *****           >>> DICHTEFUNKTION <<<              *****
10180 Z3=EXP((AL-1)*LOG(T3)-D3*FNL(D3*D3)-(D3-.5)*LOG(D3)+D3-T3)
10200 Z3=Z3*KO
10220 REM ***** >>> VERZWEIG. IN ABHAENG. VON AL UND T3 <<< *****
10240 IF AL>20 THEN 10440
10260 IF T3<=10-AL OR T3=<5*AL THEN 10360
10280 REM *****    >>> ASYMPT. ENTWICKL. GROSSE ARGUM. <<<    *****
10300 G=1:FOR I3=0 TO 9 :G=G*(AL-10+I3)/T3+1:NEXT I3
10320 R3=Z3*G:F3=1-R3:A3=1/G:RETURN
10340 REM *****    >>> REIHENENTWICKL. FUER T3=<5*AL <<<      *****
10360 IF AL=INT(AL) THEN GOTO 10760
10380 A=A+1:C=C*T3/A:G=G+C:IF C/G>.0000005 THEN 10380
10400 F3=G*Z3*T3/AL:R3=1-F3:A3=Z3/R3:RETURN
10420 REM *****    >>> "NORMALISIERUNG" FUER AL>20 <<<        *****
10440 D1=2*AL-1:T2=.5*D1/T3
10460 IF T2>1E+15 THEN F3=0:R3=1:A3=Z3:RETURN
```

```
10480 D3=2*(T3-AL)+.666667-.04/AL
10500 REM *****  SPEZ. FUNKT. G:"NORMALISIERTES" ARG. T1     *****
10520 GOSUB 10600:T1=D3*SQR((1+G)/(4*T3))
10540 REM *****          >>> AUFRUF UP GAU <<<               *****
10560 GOSUB 8000:F3=F1:R3=R1:IF R3>0 THEN A3=Z3/R3:ELSE A3=1
10580 RETURN
10600 REM *****   >>> UP G  / SPEZIELLE FUNKTION <<<         *****
10620 REM *****          >>> NEGAT. ARGUMENT <<<             *****
10640 IF T2=<0 THEN G=1:RETURN
10660 IF ABS(1-T2)>.1 THEN 10740
10680 REM *****         >>> 0.9=< T2 =< 1.1 <<<              *****
10700 G=((((T2/21+1/15)*T2+.1)*T2+1/6)*T2+1/3)*T2:RETURN
10720 REM *****  >>> 0 < T2 < 0.9  oder T2 > 1.1 <<<         *****
10740 G=(1-T2*T2+2*T2*LOG(T2))/((1-T2)*(1-T2)):RETURN
10760 REM *****   >>> AL - GANZZAHLIG <<<                    *****
10780 Z3=EXP(-T3):R3=Z3:IF AL=1 THEN GOTO 10820
10800 FOR I3=1 TO AL-1:Z3=Z3*T3/I3:R3=R3+Z3:NEXT I3
10820 F3=1-R3:A3=Z3/R3:RETURN
```

<u>Numerisches Beispiel</u>

Für einige α wurden aus MULLER, NEUMANN, STORM (1973) die in Spalte 2 aufgeführten Werte t als Quantile der Ordnung 0,99 ausgewählt. Es gilt also F(t) = 0.99.
Die mit dem Unterprogramm berechneten Werte F(t) enthält die Spalte 3.

α	t	F(t)
.5	3.315	.989973
1	4.605	.989998
1.5	5.675	.990024
2	6.64	.990014
5	11.605	.990003
10	18.785	.990011
15	25.445	.989995
30	44.19	.990002
50	67.905	.990005

6.1.3.2. Die Quantile der Chi-Quadrat-Verteilung

Mathematische Grundlagen des Verfahrens

Unterliegt Y_n einer Chi-Quadrat-Verteilung mit n Freiheitsgraden, so wird die Lösung $y_{p,n}$ der Gleichung

$$F_Y(y_{p,n}) = P(Y_n < y_{p,n}) = p$$

als Quantil der Ordnung p $(0 < p < 1)$ bezeichnet. Hierfür sind in der Literatur auch die Symbole $\chi^2_{p,n}$ bzw. $\chi^2_{1-p,n}$ zu finden.
Es gilt:

$$y_{p,1} = z^2_{0,5(1+p)}, \tag{39}$$

$$y_{p,2} = -2 \ln (1 - p). \tag{40}$$

Dabei ist z in (39) das Quantil der Standard-Normalverteilung.
Für $n \longrightarrow \infty$ entsteht durch Umkehrung von (34) die Approximation mit Hilfe der Quantile der Normalverteilung

$$y_{p,n} \approx n(1 - 2/(9n) + z_p \sqrt{2/(9n)}\,)^3 \tag{41}$$

(ABRAMOWITZ, STEGUN (1984)).
Für beliebige n kann die rationale Approximation

$$y_{p,n} \approx n(1 + a_1 n^{-1/2} + a_2 n^{-1} + \ldots + a_7 n^{-7/2}) \tag{42}$$

mit den von p abhängigen Koeffizienten a_i $(i = 1, \ldots, 7)$ benutzt werden.
BUKAC, BURSTEIN (1980) geben diese Koeffizienten für p = 0.005; 0.01; 0.025; 0.05; 0.1; 0.995; 0.99; 0.975; 0.95; 0.9 an. Sie können der folgenden Übersicht entnommen werden:

p	a_1	a_2	a_3	a_4	a_5	a_6	a_7
0.005	-3.64277	3.7566	0.05384	-0.70061	-0.59715	-1.62036	1.87472
0.01	-3.28995	2.94126	0.3019	-0.71105	0.48838	-2.49181	1.83206
0.025	-2.77181	1.89431	0.50313	-0.46982	0.66612	-1.86469	1.05253
0.05	-2.32617	1.13703	0.56379	-0.22923	0.37667	-0.92933	0.39809
0.1	-1.81239	0.42825	0.54205	-0.04995	0.13111	-0.23636	0
0.9	1.81239	0.42825	-0.52961	-0.0659	0.06036	0	0
0.95	2.32617	1.13703	-0.55481	-0.1169	0.0292	0.02077	0
0.975	2.77181	1.89431	-0.48734	-0.25317	0.09826	0	0
0.99	3.28995	2.94126	-0.03314	-0.44886	0.15576	0	0
0.995	3.64277	3.7566	-0.09869	-0.63648	0.2154	0	0

Der folgende Algorithmus beschreibt die Berechnung der Quantile $y_{p,n}$.

Aufbau des Algorithmus

Als Eingabeparameter sind zu übergeben: p, FG = n.

S1: Ist $p \leqq 0$ oder $p \geqq 1$ oder $n \leqq 0$, STOP, fehlerhafte Eingabe.

S2: Wenn n = 1, berechne $y_{p,1}$ gemäß (39) mit Hilfe des Unterprogramms UPQGAU (Quantile der Standard-Normalverteilung). RETURN.

S3: Wenn n = 2, berechne $y_{p,2}$ gemäß (40). RETURN.

S4: Ist $p \notin \{0{,}005;\ 0{,}01;\ 0{,}025;\ 0{,}05;\ 0{,}1;\ 0{,}995;\ 0{,}99;\ 0{,}975;\ 0{,}95;\ 0{,}9\}$, gehe zu S6.

S5: Berechne $y_{p,n}$ gemäß (42) unter Verwendung der zu p gehörenden Koeffizienten a_i aus obiger Übersicht. RETURN.

S6: Bestimme das Quantil z_p der Standardnormalverteilung mit Hilfe des Unterprogramms UPQGAU (s. Abschnitt 6.1.1.1), berechne $y_{p,n}$ gemäß (41). RETURN.

BASIC-Programm

Das folgende Programm realisiert den beschriebenen Algorithmus und liefert als Ausgabeparameter X3 = $y_{p,n}$.

```
14000 REM *****  UPQCHIQ / QUANTILE DER CHI-QUADRAT-VERT.  *****
14020 REM *****         >>> KONSTANTEN <<<                 *****
14040 REM *****      >>> KOEFF. FUER  P=0.95 <<<           *****
14060 DATA 2.32617,1.13703,-.55481,-.1169,.0292,.02077,0,.95
14080 REM *****      >>> KOEFF. FUER  P= 0.05 <<<          *****
14100 DATA -2.32617,1.13703,.56379,-.22923,.37667,-.92933
14120 DATA .39809,.05
14140 REM *****      >>> KOEFF. FUER  P= 0.975 <<<         *****
14160 DATA 2.77181,1.89431,-.48734, -.25317,.09826,0,0,.975
14180 REM *****      >>> KOEFF. FUER  P= 0.025 <<<         *****
14200 DATA -2.77181,1.89431,.50313,-.46982,.66612,-1.86469
14220 DATA 1.05253,.025
14240 REM *****      >>> KOEFF. FUER  P= 0.99 <<<          *****
14260 DATA 3.28995,2.94126,-.03314,-.44886,.15576,0,0,.99
14280 REM *****      >>> KOEFF. FUER  P= 0.01 <<<          *****
14300 DATA -3.28995,2.94126,.3019,-.71105,.48838,-2.49181
14320 DATA 1.83206,.01
14340 REM *****       >>> KOEFF. FUER  P= 0.995 <<<        *****
14360 DATA 3.64277,3.7566,-.09869,-.63648,.2154,0,0,.995
14380 REM *****       >>> KOEFF. FUER  P= 0.005 <<<        *****
14400 DATA -3.64277,3.7566,.05684,-.70061,-.59715,-1.62036
14420 DATA 1.87472,.005
14440 REM *****       >>> KOEFF. FUER  P= 0.9 <<<          *****
14460 DATA 1.81239,.42825,-.52961,-.0659,.06036,0,0,.9
14480 REM *****       >>> KOEFF. FUER  P= 0.1 <<<          *****
14500 DATA -1.81239,.42825,.54205,-.04995,.13111,-.23636,0,.1
14520 REM *****     >>> UEBERPRUEFUNG DER EINGABE <<<      *****
14540 IF P*(1-P)=<0 THEN PRINT"P IN UPQCHIQ NICHT IN (0,1)!":STOP
14560 IF FG=<0 THEN PRINT "IN UPQCHIQ: FG=";FG;"=<0":STOP
14580 REM *****         >>> FG = 1 <<<                     *****
14600 IF FG<>1 THEN GOTO 14660
14620 P1=P:P=.5*(1+P):GOSUB 12000:X3=X1*X1:P=P1:RETURN
14640 REM *****         >>> FG = 2 <<<                     *****
```

```
14660 IF FG=2 THEN X3=-2*LOG(1-P):RETURN
14680 REM *****       >>> LESEN DER KOEFF. <<<                *****
14700 RESTORE 14060:FOR I3=1 TO 10:READ A1,A2,A3,A4,A5,A6,A7,A8
14720 IF ABS(P-A8)<.00001 THEN 14780
14740 NEXT I3:GOTO 14860
14760 REM ***** >>> RATIONALE APPROXIMATION <<<               *****
14780 A9=1/SQR(FG)
14800 X3=A1+A9*(A2+A9*(A3+A9*(A4+A9*(A5+A9*(A6+A9*A7)))))
14820 X3=FG*(1+X3*A9):RETURN
14840 REM *****       >>> "NORMALISIERUNG" <<<                *****
14860 GOSUB 12000:X3=.222222/FG:X3=1-X3+X1*SQR(X3):X3=FG*X3*X3*X3
14880 RETURN
```

Numerisches Beispiel

Mit dem Unterprogramm wurden die Quantile der Ordnung 0,05 (Spalte 2) und 0,95 (Spalte 4) für einige ausgewählte n berechnet. Die Spalten 3 und 5 enthalten die entsprechenden aus MULLER, NEUMANN, STORM (1973) entnommenen Tafelwerte.

n	$y_{0.05,n}$	$y_{0.05,n}$	$y_{0.95,n}$	$y_{0.95,n}$
1	3.93213E-03	3.93E-03	3.84146	3.84
2	.102587	0.103	5.99146	5.99
3	.351849	0.352	7.81472	7.81
4	.710718	0.711	9.48769	9.49
10	3.94028	3.94	18.307	18.31
20	10.8508	10.85	31.4105	31.41
30	18.4927	18.49	43.773	43.77

6.1.4. Die Fishersche F-Verteilung

Mathematische Grundlagen des Verfahrens

Eine Zufallsgröße F_{n_1,n_2} unterliegt einer Fisherschen F-Verteilung mit den Parametern n_1, n_2 (Freiheitsgrade), wenn sie die Dichtefunktion

$$f_{F_{n_1,n_2}}(t) = C \cdot t^{(n_1/2)-1} \cdot (1 + n_1/n_2\ t)^{-(n_1+n_2)/2} \qquad (43)$$

mit

$$C = \frac{(n_1/n_2)^{(n_1)/2}}{B(n_1/2,\ n_2/2)}$$

(B(. , .) ist die vollständige Betafunktion) besitzt.

Besondere Eigenschaften:

(i) $F^{-1}_{n_1,n_2}$ ist verteilt wie F_{n_2,n_1}. (44)

(ii) F_{1,n_2} ist verteilt wie $T^2_{n_2}$ (Quadrat der student-verteilten Zufallsgröße). Damit gilt

$$P(F_{1,n_2} < t) = 2P(T_{n_2} < \sqrt{t}) - 1. \qquad (45)$$

Im Zusammenhang mit (44) ergibt sich

$$P(F_{n_1,1} < t) = 2P(T_{n_1} \geqq 1/\sqrt{t}). \qquad (46)$$

(iii) Für $n_2 \longrightarrow \infty$ konvergiert die Verteilung von $n_1 F_{n_1,n_2}$ gegen eine Chi-Quadrat-Verteilung mit n_1 Freiheitsgraden.

Für n_1, $n_2 \longrightarrow \infty$ konvergiert die Verteilung von

$$(((n_2 - 2)/n_2)F_{n_1,n_2} - 1)\sqrt{\frac{n_1(n_2 - 4)}{2(n_1 + n_2 - 2)}} \qquad (47)$$

gegen die Standardnormalverteilung.

Die Konvergenz gegen die Normalverteilung wird durch folgende "normalisierende" Transformation beschleunigt:

Mit Hilfe der Funktion G gemäß (32) aus Abschnitt 6.1.3 sei mit $F = F_{n_1,n_2}$

$$G_1 = G\left(\frac{n_2 - 1}{n_1 + n_2 - 2} \frac{n_1 F + n_2}{n_2}\right), \tag{48}$$

$$G_2 = G\left(\frac{n_1 - 1}{n_1 + n_2 - 2} \frac{n_1 F + n_2}{n_1 F}\right), \tag{49}$$

$$D_4 = \frac{n_2 - 1}{2} + \frac{1}{6}\left(\frac{n_1 + n_2 - 2}{2} + \frac{1}{3}\right)\frac{n_2}{n_1 F + n_2} \tag{50}$$

$$+ \frac{1}{25}\left(\frac{n_1 F}{n_2(n_1 F + n_2)} - \frac{n_2}{n_1(n_1 F + n_2)} + \frac{1}{n_1 + n_2}\left(\frac{n_1 F}{n_1 F + n_2} - \frac{1}{2}\right)\right).$$

Dann unterliegt

$$Z = D_4 \sqrt{\frac{1 + \frac{n_1 F}{n_1 F + n_2} G_1 + \frac{n_2}{n_1 F + n_2} G_2}{\frac{n_1 n_2 F}{(n_1 F + n_2)^2}\left(\frac{n_1 + n_2 - 2}{2} + \frac{1}{6}\right)}} \tag{51}$$

näherungsweise einer Standardnormalverteilung (PEIZER, PRATT (1968)).

Der folgende Algorithmus beschreibt die Berechnung von $P(F_{n_1,n_2} < t)$ und $P(F_{n_1,n_2} \geq t)$.

Aufbau des Algorithmus

Als Eingabeparameter sind zu übergeben: FO = n_1, FU = n_2, T4 = t.

S1: Ist $n_1 \leqq 0$ oder $n_2 \leqq 0$, STOP, fehlerhafte Eingabe.

S2: Wenn $t \leqq 0$, setze $P(F_{n_1,n_2} < t) = 0$ und $P(F_{n_1,n_2} \geqq t) = 1$.

S3: Wenn $n_1 \neq 1$ und $n_2 \neq 1$, gehe zu S6.
Wenn $n_1 = 1$, gehe zu S4.
Wenn $n_2 = 1$ und $n_1 \neq 1$, gehe zu S5.

S4: Berechne $P(F_{n_1,n_2} < t)$ und $P(F_{n_1,n_2} = t)$ gemäß (45) mit Hilfe des Unterprogramms UPSTUD (Student-Verteilung). RETURN.

S5: Berechne $P(F_{n_1,n_2} < t)$ und $P(F_{n_1,n_2} \geqq t)$ gemäß (46) mit Hilfe des Unterprogramms UPSTUD (Student-Verteilung). RETURN.

S6: Bestimme G_1, G_2, D_4 gemäß (48), (49), (50) und das "normalisierte" Argument $z = Z(t)$ gemäß (51).

S7: Berechne $\phi(z)$ und $1 - \phi(z)$ mit Hilfe des Unterprogramms UPGAU (Standard-Normalverteilung) und setze $P(F_{n_1,n_2} < t) = \phi(z)$, $P(F_{n_1,n_2} \geqq t) = 1 - \phi(z)$. RETURN.

BASIC-Programm

Das folgende BASIC-Programm realisiert den oben beschriebenen Algorithmus.

```
11000 REM *****   >>> UPF / FISHERSCHE F-VERTEILUNG <<<       *****
11020 REM *****      >>> UEBERPRUEFEN DER EINGABE <<<         *****
11040 IF FO=<0 OR FU=<0 THEN PRINT"IN F-VERT. FO ODER FU=<0":STOP
11060 REM *****         >>> NEGATIVES ARGUMENT <<<            *****
11080 IF T4=<.000001 THEN F4=0:R4=1:RETURN
11100 REM *****  >>> VERZWEIGUNG IN ABHAENG. VON FO,FU <<<  *****
11120 IF (FO-1)*(FU-1)<>0 THEN 11260
11140 IF FO<>1 THEN 11220
11160 REM *****     >>> FO=1,STUDENT-VERTEILUNG <<<           *****
```

```
11180 FG=FU:T2=SQR(T4):GOSUB 9000:F4=2*F2-1:R4=2*R2:RETURN
11200 REM *****   >>> FU=1,FO<>1,STUDENT-VERTEILUNG <<<      *****
11220 FG=FO:T2=1/SQR(T4):GOSUB 9000:F4=2*R2:R4=2*F2-1:RETURN
11240 REM *****   >>> FO,FU<>1, "NORMALISIERUNG" <<<         *****
11260 P4=FU/(FO*T4+FU):Q4=FO*T4/(FO*T4+FU):N4=.5*(FO+FU-2)
11280 D4=.5*(FU-1)+1/6-(N4+1/3)*P4
11300 D4=D4+.04*(Q4/FU-P4/FO+(Q4-.5)/(FO+FU))
11320 REM ***** SPEZ.FUNKT. G /"NORMALISIERTES" ARGUMENT T1 *****
11340 T2=.5*(FU-1)/(N4*P4):GOSUB 11440:G1=G
11360 T2=.5*(FO-1)/(N4*Q4):GOSUB 11440:G2=G
11380 T1=D4*SQR((1+Q4*G1+P4*G2)/((N4+1/6)*P4*Q4))
11400 REM *****    >>> AUFRUF NORMALVERTEILUNG <<<          *****
11420 GOSUB 8000:F4=F1:R4=R1:RETURN
11440 REM *****    >>> UP G / SPEZIELLE FUNKTION <<<        *****
11460 IF T2=<0 THEN G=1:RETURN
11480 IF ABS(1-T2)>.1 THEN 11520
11500 G=((((T2/21+1/15)*T2+.1)*T2+1/6)*T2+1/3)*T2:RETURN
11520 G=(1-T2*T2+2*T2*LOG(T2))/((1-T2)*(1-T2)):RETURN
```

Numerisches Beispiel

Für einige ausgewählte n_1, n_2 wurden aus MULLER, NEUMANN, STORM (1973) die Argumente t_1 (Spalte 3) bzw. t_2 (Spalte 5) als Quantile der Ordnung 0.95 bzw. 0.99 entnommen.
Es gilt also $F(t_1) = 0.95$ bzw. $F(t_2) = 0.99$.
Die mit dem Unterprogramm berechneten Werte der Verteilungsfunktion sind den Spalten 4 bzw. 6 zu entnehmen.

n_1	n_2	t_1	$F(t_1)$	t_2	$F(t_2)$
1	1	161	.949931	4052	.99
1	5	6.61	.950025	16.3	.99005
5	5	5.05	.949942	11	.989889
5	10	3.33	.950398	5.64	.990053
5	20	2.71	.950215	4.1	.990043
10	20	2.35	.950244	3.37	.990043
10	40	2.08	.950382	2.8	.990016

6.2. Einige Grundaufgaben der mathematischen Statistik

6.2.1. Die Eigenschaften des arithmetischen Stichprobenmittels aus einer normalverteilten Grundgesamtheit

Mathematische Grundlagen des Verfahrens

Aus einer normalverteilten Grundgesamtheit X mit $E(X) = \mu$ und $D^2(X) = \sigma^2$ wird eine Stichprobe $X_1, \ldots, X_n$ vom Umfang n entnommen und daraus das arithmetische Mittel

$$\bar{X} = 1/n \sum_{i=1}^{n} X_i$$

als Schätzung für μ bestimmt.

Aus Voruntersuchungen sei die Varianz σ^2 bekannt.

Um die "Genauigkeit" der Schätzung $\bar{X}$ für μ in Abhängigkeit vom Stichprobenumfang n zu charakterisieren, ist die Wahrscheinlichkeit dafür zu berechnen, daß sich $\bar{X}$ und μ höchstens um Δ unterscheiden.

Grundlage für die Lösung dieser Aufgabe ist die Tatsache, daß unter den gegebenen Voraussetzungen auch $\bar{X}$ einer Normalverteilung mit den Parametern $E(\bar{X}) = \mu$ und $D^2(\bar{X}) = \sigma^2/n$ unterliegt.

Damit genügt

$$Z = \frac{\bar{X} - \mu}{\sigma} \sqrt{n}$$

einer Standardnormalverteilung.

Gesucht ist die Wahrscheinlichkeit

$$p = P(|\bar{X} - \mu| \leqq \Delta),$$

die sich mit Hilfe der folgenden Umformungen durch die Verteilungsfunktion Φ ausdrücken läßt.

$$P(|\bar{X} - \mu| \leqq \Delta) = P(-\Delta \leqq \bar{X} - \mu \leqq \Delta) = P\left(\frac{-\Delta\sqrt{n}}{\sigma} \leqq Z \leqq \frac{\Delta\sqrt{n}}{\sigma}\right)$$

$$= \Phi\left(\frac{\Delta\sqrt{n}}{\sigma}\right) - \Phi\left(\frac{-\Delta\sqrt{n}}{\sigma}\right) = 2\Phi\left(\frac{\Delta\sqrt{n}}{\sigma}\right) - 1.$$

Aufbau des Algorithmus

Folgender Algorithmus realisiert die Lösung dieser Aufgabenstellung für $n = 1, \ldots, n_{max}$:

S1: Eingabe von σ^2, Δ, n_{max}.

S2: Setze $n = 1$.

S3: Bestimme $z = \Delta \sqrt{n} / \Delta$ und berechne $\phi(z)$ mit Hilfe des Unterprogramms UPGAU (s. Abschnitt 6.1.1.1). Berechne $p = 2\phi(z) - 1$, drucke n und p.

S4: Wenn $n < n_{max}$, setze $n = n + 1$ und gehe zu S3.

BASIC-Programm

Das folgende BASIC-Programm realisiert den beschriebenen Algorithmus.

```
100 PRINT"-----------------------------------------------"
120 PRINT"EIGENSCHAFTEN DES STICHPROBENMITTELWERTES"
140 PRINT"-----------------------------------------------"
160 INPUT "Varianz=";S2
180 INPUT "Delta=";D
200 INPUT "nmax=";NM
220 FOR N=1 TO NM:T1=D*SQR(N/S2):GOSUB 8000:P=2*F1-1
240 PRINT "n=";N;"p=";P:NEXT N
260 END
280 REM *****    >>> BENOETIGTE UNTERPROGRAMME <<<          *****
300 REM ====> NORMALVERTEILUNG (UPGAU) AB ZEILE 8000
```

Numerisches Beispiel

Mit $\sigma^2 = 2$ und A = 0,2 ergeben sich folgende Ergebnisse

n	p	n	p	n	p
1	.112463	17	.440171	33	.58344
2	.158519	18	.451494	34	.590413
3	.193504	19	.462397	35	.597216
4	.222702	20	.472911	36	.603856
5	.24817	21	.483063	37	.610339
6	.270965	22	.492878	38	.616672
7	.291719	23	.502376	39	.622859
8	.310843	24	.511578	40	.628907
9	.328627	25	.5205	41	.63482
10	.345279	26	.529159	42	.640603
11	.36096	27	.537568	43	.646262
12	.375794	28	.54574	44	.651798
13	.38988	29	.553688	45	.657218
14	.403299	30	.561422	46	.662525
15	.416118	31	.568953	47	.667722
16	.428393	32	.576289	48	.672813
				49	.677801
				50	.682689

6.2.2. Konfidenzintervalle für die Parameter der Normalverteilung

6.2.2.1. Konfidenzintervalle für den Erwartungswert

Mathematische Grundlagen des Verfahrens

Vorausgesetzt wird, daß die Grundgesamtheit X normalverteilt ist mit $E(X) = \mu$ und $D^2(X) = \sigma^2$. Die Parameter μ und σ^2 sind unbekannt.

Zu bestimmen ist ein Konfidenzintervall für μ zum Konfidenzniveau $1 - \alpha$

Aus einer Stichprobe vom Umfang n werden das arithmetische Mittel

$$\bar{X} = 1/n \sum_{i=1}^{n} X_i$$

und die empirische Varianz

$$S^2 = 1/(n-1) \sum_{i=1}^{n} (X_i - \bar{X})^2$$

bestimmt. Die Stichprobenfunktion

$$T_{n-1} = \frac{\bar{X} - \mu}{S} \sqrt{n}$$

unterliegt unter den genannten Voraussetzungen einer Student-Verteilung mit n-1 Freiheitsgraden.
Konfidenzintervalle für μ zum Konfidenzniveau $1 - \alpha$ sind dann gegeben durch

$$\bar{X} - t_{1-\alpha/2,n-1} S/\sqrt{n} < \mu < \bar{X} + t_{1-\alpha/2,n-1} S/\sqrt{n},$$

$$-\infty < \mu < \bar{X} + t_{1-\alpha,n-1} S/\sqrt{n},$$

$$\bar{X} - t_{1-\alpha,n-1} S/\sqrt{n} < \mu < +\infty$$

$t_{p,n-1}$ ist dabei das Quantil der Ordnung p der Student-Verteilung mit n-1 Freiheitsgraden.
Die Auswahl eines zwei- oder einseitigen Konfidenzintervalls hängt von der praktischen Fragestellung ab.

<u>Aufbau des Algorithmus</u>

S1: Einlesen - des Stichprobenumfangs n,
- des arithmetischen Mittels $\bar{x}$,
- der empirischen Varianz s^2,
- des Konfidenzniveaus $1 - \alpha$.

S2: Berechne $d_0 = \sqrt{s^2/n}$, $FG = n - 1$, $p = 1 - \alpha/2$.

S3: Bestimme das Quantil $t_{p,n-1}$ der Student-Verteilung mit Hilfe des Unterprogramms UPQSTUD (s. Abschnitt 6.1.2.2).

S4: Berechne $d_2 = t_{p,n-1} d_0$ und die zweiseitigen Grenzen $\bar{x} - d_2$ und $\bar{x} + d_2$.

S5: Setze $p = 1 - \alpha$ und wiederhole S3.
Bestimme $d_1 = t_{p,n-1} d_0$ und die einseitigen Grenzen $\bar{x} - d_1$ und $\bar{x} + d_1$.

BASIC-Programm

Das folgende Programm realisiert den beschriebenen Algorithmus.

```
100 PRINT"------------------------------"
120 PRINT"KONFIDENZINTERVALL FUER  MY"
140 PRINT"------------------------------"
160 REM *****          >>> SCHRITT 1 <<<                      *****
180 INPUT "Stichprobenumfang=";FG
200 INPUT "arithmet. Mittel=";XQ
220 INPUT "emp. Varianz=";S2
240 INPUT "Konfidenzniveau=";P2
260 REM *****          >>> SCHRITT 2 <<<                      *****
280 DO=SQR(S2/FG):FG=FG-1:P=.5*(1+P2)
300 REM *****          >>> SCHRITT 3 <<<                      *****
320 GOSUB 13000
340 REM *****          >>> SCHRITT 4 <<<                      *****
360 DX=X2*DO
380 REM *****          >>> SCHRITT 5 <<<                      *****
400 P=P2:GOSUB 13000:DY=X2*DO
420 REM *****           >>> AUSGABE <<<                       *****
440 PRINT "Konfidenzintervalle fuer my :"
460 PRINT:PRINT XQ-DX;"< my <";XQ+DX
480 PRINT:PRINT XQ-DY;"< my"
500 PRINT:PRINT"            my <";XQ+DY
520 END
540 REM *****    >>> BENOETIGTE UNTERPROGRAMME <<<            *****
560 REM ====> QUANTILE DER STUDENTVERT. (UPQSTUD) AB ZEILE 13000
580 REM ====> QUANTILE DER NORMALVERT.  (UPQGAU ) AB ZEILE 12000
```

Numerisches Beispiel

Für eine konkrete Stichprobe vom Umfang n = 30 ergaben sich die Realisierungen $\bar{x} = 5$ und $s^2 = 0{,}04$.
Es ist ein Konfidenzintervall für μ zum Konfidenzniveau $1 - \alpha = 0.99$ zu bestimmen.
Nach Anwendung des obigen Programms ergibt sich:

Konfidenzintervalle für μ :

$4.89935 < \mu < 5.10065$,

$4.9101 < \mu < +\infty$

$-\infty < \mu < 5.0899$.

6.2.2.2. Konfidenzintervalle für die Varianz

Mathematische Grundlagen des Verfahrens

Vorausgesetzt wird daß die Grundgesamtheit X normalverteilt ist mit $E(X) = \mu$ und $D^2(X) = \sigma^2$.
Die Parameter μ und σ^2 sind unbekannt.
Zu bestimmen ist ein Konfidenzintervall für σ^2 zum Konfidenzniveau $1 - \alpha$.
Aus einer Stichprobe vom Umfang n wird das arithmetische Mittel

$$\bar{X} = 1/n \sum_{i=1}^{n} X_i$$

und die empirische Varianz

$$S^2 = 1/(n-1) \sum_{i=1}^{n} (X_i - \bar{X})^2$$

bestimmt. Die Stichprobenfunktion

$$(n - 1)S^2/\sigma^2$$

unterliegt einer Chi-Quadrat-Verteilung mit (n-1) Freiheitsgraden. Konfidenzintervalle für σ^2 zum Konfidenzniveau $1 - \alpha$ sind dann gegeben durch

$$\frac{(n-1)s^2}{y_{1-\alpha/2,n-1}} < \sigma^2 < \frac{(n-1)s^2}{y_{\alpha/2,n-1}}$$

$$0 < \sigma^2 < \frac{(n-1)s^2}{y_{\alpha,n-1}}$$

$$\frac{(n-1)s^2}{y_{1-\alpha,n-1}} < \sigma^2 < +\infty .$$

Dabei ist $y_{p,n-1}$ das Quantil der Ordnung p der Chi-Quadrat-Verteilung mit (n-1) Freiheitsgraden.
Die Entscheidung für das zweiseitige oder für eines der einseitigen Konfidenzintervalle hängt von der praktischen Fragestellung ab.

Aufbau des Algorithmus

S1: Einlesen
- des Stichprobenumfangs n,
- des arithmetischen Mittels $\bar{x}$,
- der empirischen Varianz s^2,
- des Konfidenzniveaus $1-\alpha$.

S2: Setze FG = n - 1, $p_1 = 1-\alpha/2$, $p_2 = \alpha/2$, $p_3 = \alpha$, $p_4 = 1-\alpha$.

S3: Setze i = 1.

S4: Setze $p = p_i$.
Berechne $y_{p,n-1}$ mit Hilfe des Unterprogramms UPQCHQ
(Quantile der Chi-Quadrat-Verteilung, s. Abschnitt 6.1.3.2).
Bestimme $g_i = (n-1)s^2/y_{p,n-1}$ als Konfidenzgrenze.

S5: Wenn i < 4, setze i = i + 1, gehe zu S4.

BASIC-Programm

Das folgende Programm realisiert den beschriebenen Algorithmus.

```
100 PRINT"-----------------------------------"
120 PRINT"KONFIDENZINTERVALL FUER SIGMA^2 "
140 PRINT"-----------------------------------"
160 REM *****          >>> SCHRITT 1 <<<                   *****
180 INPUT "Stichprobenumfang=";FG
200 INPUT "Emp. Varianz=";S2
220 INPUT "Konfidenzniveau=";P1
240 REM *****          >>> SCHRITT 2 <<<                   *****
260 FG=FG-1:P(1)=.5*(1+P1):P(2)=.5*(1-P1):P(3)=1-P1:P(4)=P1
280 REM *****    >>> SCHRITT 3 - SCHRITT 5 <<<             *****
300 FOR IX=1 TO 4:P=P(IX):GOSUB 14000:G(IX)=FG*S2/X3:NEXT IX
320 REM *****            >>> AUSGABE <<<                   *****
340 PRINT "Konfidenzintervalle fuer Sigma^2 :"
360 PRINT:PRINT G(1);"< Sigma^2 <";G(2)
380 PRINT:PRINT "0          < Sigma^2 <";G(3)
400 PRINT:PRINT G(4);"< Sigma^2"
420 END
440 REM *****    >>> BENOETIGTE UNTERPROGRAMME <<<         *****
460 REM ====> QUANTILE D.CHIQUADRATVERT. (UPQCHIQ) AB ZEILE 14000
480 REM ====> QUANTILE DER NORMALVERT.   (UPQGAU ) AB ZEILE 12000
```

Numerisches Beispiel

Aus der Grundgesamtheit X, die die angegebenen Voraussetzungen erfüllt, wurde eine Stichprobe vom Umfang $n = 25$ gezogen.
Für die empirische Varianz ergab sich $s^2 = 3.2$.
Gesucht sind Konfidenzgrenzen für die Varianz $\sigma^2 = D^2(X)$ zu einem Konfidenzniveau $1 - \alpha = 0.99$.
Nach Anwendung des Programms ergibt sich

$$1.68578 < \sigma^2 < 7.76862,$$

$$0 < \sigma^2 < 7.0742,$$

$$1.78461 < \sigma^2 .$$

6.2.3. Testen von Hypothesen über die Parameter der Normalverteilung

6.2.3.1. Prüfung des Erwartungswertes (t-Test)

Mathematische Grundlagen des Verfahrens

Vorausgesetzt wird, daß die Grundgesamtheit X normalverteilt ist mit $E(X) = \mu$ und $D^2(X) = \sigma^2$. Die Parameter μ und σ^2 sind unbekannt.

Zu testen ist eine Hypothese $H_0 : \mu = \mu_0$ bei vorgegebener Irrtumswahrscheinlichkeit α.

Aus einer Stichprobe $X_1, \ldots, X_n$ vom Umfang n aus der Grundgesamtheit X werden das arithmetische Mittel

$$X = 1/n \sum_{i=1}^{n} X_i$$

und die empirische Varianz

$$S^2 = 1/(n-1) \sum_{i=1}^{n} (X_i - \bar{X})^2$$

gebildet.

Die Testgröße

$$T_{n-1} = \frac{\bar{X} - \mu_0}{S} \sqrt{n}$$

unterliegt einer Student-Verteilung mit n-1 Freiheitsgraden, falls H_0 wahr ist.

Aus einer konkreten Stichprobe vom Umfang n wird die Realisierung t_{n-1} der Testgröße T_{n-1} berechnet.

Die Entscheidung über die Hypothese H_0 kann dann durch Vergleich der Realisierung t_{n-1} mit einem entsprechenden Quantil $t_{p,n-1}$ der Student-Verteilung oder mit Hilfe des Wertes der Verteilungsfunktion $F_{T_{n-1}}(t_{n-1})$ der Student-Verteilung erfolgen.

Die Ablehnungskriterien für H_0 sind in der folgenden Übersicht in Abhängigkeit von der Form der Alternativhypothese über μ dargestellt.

H_1	Ablehnung von H_0, falls	
$\mu \neq \mu_0$	$\lvert t_{n-1} \rvert > t_{1-\frac{\alpha}{2}/2,n-1}$	$F_{T_{n-1}}(t_{n-1}) > 1 - \alpha/2$
$\mu > \mu_0$	$t_{n-1} > t_{1-\alpha,n-1}$	$F_{T_{n-1}}(t_{n-1}) > 1 - \alpha$
$\mu < \mu_0$	$t_{n-1} < t_{\alpha,n-1} = -t_{1-\alpha,n-1}$	$F_{T_{n-1}}(t_{n-1}) < \alpha$

Der folgende Algorithmus benutzt zur Entscheidung die Werte der Verteilungsfunktion der Testgröße.

Aufbau des Algorithmus

S1: Einlesen
- des Stichprobenumfangs n,
- des arithmetischen Mittels $\bar{x}$,
- der empirischen Varianz s^2,
- des hypothetischen Erwartungswertes μ_0,
- der Irrtumswahrscheinlichkeit α.

S2: Berechne die Testgröße $t_{n-1} = (\bar{x} - \mu_0) \sqrt{n/s^2}$
Setze FG = n - 1.

S3: Berechne $F_{T_{n-1}}(t_{n-1})$ mit Hilfe des Unterprogramms UPSTUD (Student-Verteilung, s. Abschnitt 6.1.2.1).

S4: Wenn $t_{n-1} \geqq 0$, setze $F_{T_{n-1}}(\lvert t_{n-1} \rvert) = F_{T_{n-1}}(t_{n-1})$.
Wenn $t_{n-1} < 0$, setze $F_{T_{n-1}}(\lvert t_{n-1} \rvert) = 1 - F_{T_{n-1}}(t_{n-1})$.

S5: Wenn $F_{T_{n-1}}(\lvert t_{n-1} \rvert) > 1 - \alpha/2$, lehne H_0 zugunsten von $H_1 : \mu \neq \mu_0$ ab.

S6: Wenn $F_{T_{n-1}}(t_{n-1}) > 1 - \alpha$, lehne H_0 zugunsten von $H_1 : \mu > \mu_0$ ab.

S7: Wenn $F_{T_{n-1}}(t_{n-1}) < \alpha$ ist, lehne H_0 zugunsten von $H_1 : \mu < \mu_0$ ab.

BASIC-Programm

Das folgende Programm realisiert den beschriebenen Algorithmus.

```
100 PRINT"-----------------"
120 PRINT" TEST FUER MY "
140 PRINT"-----------------"
160 REM *****       >>> KONSTANTEN <<<                    *****
180 A$="HO wird zugunsten von H1: my ":B$=" abgelehnt."
200 C$="HO wird gegenueber H1: my ":D$=" nicht abgelehnt."
220 A1$=A$+"<>":A2$=A$+">":A3$=A$+"<":C1$=C$+"<>":C2$=C$+">"
240 C3$=C$+"<"
260 REM *****        >>> SCHRITT 1 <<<                    *****
280 INPUT"Stichprobenumfang=";FG
300 INPUT"Arithmet. Mittel=";XQ
320 INPUT"Emp. Varianz=";S2
340 INPUT"Hypothet. Mittelwert=";MO
360 INPUT"Irrtumswahrscheinlichkeit=";P
380 REM *****        >>> SCHRITT 2 <<<                    *****
400 T2=(XQ-MO)*SQR(FG/S2):FG=FG-1
420 REM *****        >>> SCHRITT 3 <<<                    *****
440 GOSUB 9000
460 REM *****        >>> SCHRITT 4 <<<                    *****
480 IF T2 < 0 THEN F2=R2
500 REM *****        >>> SCHRITT 5 <<<                    *****
520 PRINT:IF F2>1-.5*P THEN PRINT A1$;MO;B$:ELSE PRINT C1$;MO;D$
540 REM *****        >>> SCHRITT 6 <<<                    *****
560 PRINT:IF F2>1-P THEN PRINT A2$;MO;B$:ELSE PRINT C2$;MO;D$
580 REM *****        >>> SCHRITT 7 <<<                    *****
600 PRINT:IF F2<P THEN PRINT A3$;MO;B$:ELSE PRINT C3$;MO;D$
620 END
640 REM *****    >>> BENOETIGTE UNTERPROGRAMME <<<        *****
660 REM ====> STUDENTVERTEILUNG (UPSTUD) AB ZEILE 9000
680 REM ====> NORMALVERTEILUNG  (UPGAU)  AB ZEILE 8000
```

Numerisches Beispiel

Für eine Stichprobe vom Umfang n = 25 aus einer normalverteilten Grundgesamtheit mit unbekanntem μ und σ^2 ergaben sich $\bar{x}$ = 5.26 und s^2 = 0.5.
Zu testen sei die Hypothese $H_0: \mu_0 = 5$ bei einer Irrtumswahrscheinlichkeit $\alpha = 0.05$.
Das Programm liefert folgendes Ergebnis:

H_0 wird gegenüber $H_1: \mu \neq 5$ nicht abgelehnt.
H_0 wird zugunsten von $H_1: \mu > 5$ abgelehnt.
H_0 wird gegenüber $H_1: \mu < 5$ nicht abgelehnt.

6.2.3.2. Prüfung der Varianz (Chi-Quadrat-Streuungstest)

Mathematische Grundlagen des Verfahrens

Vorausgesetzt wird, daß die Grundgesamtheit X normalverteilt ist mit $E(X) = \mu$ und $D^2(X) = \sigma^2$. Die Parameter μ und σ^2 sind unbekannt. Zu testen ist die Hypothese $H_0: \sigma^2 = \sigma_0^2$ bei vorgegebener Irrtumswahrscheinlichkeit α.
Bei der Konstruktion der Testgröße wird die Stichprobenfunktion

$$S^2 = 1/(n-1) \sum_{i=1}^{n} (X_i - \bar{X})^2$$

zugrundegelegt.
Die Testgröße

$$Y_{n-1} = \frac{(n-1)S^2}{\sigma_0^2},$$

unterliegt, falls H_0 wahr ist, einer Chi-Quadrat-Verteilung mit n - 1 Freiheitsgraden.
Aus einer konkreten Stichprobe vom Umfang n wird die Realisierung y_{n-1} der Testgröße Y_{n-1} berechnet.
Die Entscheidung über die Hypothese H_0 kann dann durch Vergleich der Realisierung y_{n-1} mit einem entsprechenden Quantil $y_{p,n-1}$ der

Chi-Quadrat-Verteilung oder mit Hilfe des Wertes der Verteilungsfunktion $F_{Y_{n-1}}(y_{n-1})$ der Chi-Quadrat-Verteilung erfolgen.
Die Ablehnungskriterien für H_0 sind in der folgenden Übersicht in Abhängigkeit von der Form der Alternativhypothese über σ^2 dargestellt.

H_1	Ablehnung von H_0, falls	
$\sigma^2 \neq \sigma_0^2$	$y_{n-1} < y_{\alpha/2,n-1}$ oder	$F_{Y_{n-1}}(y_{n-1}) < \alpha/2$ oder
	$y_{n-1} > y_{1-\alpha/2,n-1}$	$F_{Y_{n-1}}(y_{n-1}) > 1-\alpha/2$
$\sigma^2 > \sigma_0^2$	$y_{n-1} > y_{1-\alpha,n-1}$	$F_{Y_{n-1}}(y_{n-1}) > 1-\alpha$
$\sigma^2 < \sigma_0^2$	$y_{n-1} < y_{\alpha,n-1}$	$F_{Y_{n-1}}(y_{n-1}) < \alpha$

Der folgende Algorithmus benutzt zur Entscheidung die Quantile der Chi-Quadrat-Verteilung.

<u>Aufbau des Algorithmus</u>

S1: Einlesen - des Stichprobenumfangs n,
- der empirischen Varianz s^2,
- der hypothetischen Varianz σ_0^2
- der Irrtumswahrscheinlichkeit α.

S2: Berechne die Testgröße $y_{n-1} = (n-1)s^2/\sigma_0^2$.
Setze FG = n - 1.

S3: Setze $p_1 = \alpha/2$, $p_2 = 1-\alpha/2$, $p_3 = 1-\alpha$, $p_4 = \alpha$, $i = 1$.

S4: Setze $p = p_i$.
Berechne $y_{p,n-1}$ mit Hilfe des Unterprogramms UPQCHIQ (Quantile der Chi-Quadrat-Verteilung, s. Abschnitt 6.1.3.2).
Setze $a_i = y_{p,n-1}$.

S5: Wenn $i < 4$, setze $i = i + 1$, gehe zu S4.

S6: Wenn $y_{n-1} < a_1$ oder $y_{n-1} > a_2$, lehne H_0 zugunsten von $H_1: \sigma^2 \neq \sigma_0^2$ ab.

S7: Wenn $y_{n-1} > a_3$, lehne H_0 zugunsten von

$H_1: \sigma^2 > \sigma_0^2$ ab.

S8: Wenn $y_{n-1} < a_4$, lehne H_0 zugunsten von

$H_1: \sigma^2 < \sigma_0^2$ ab.

BASIC-Programm

Das folgende Programm realisiert den beschriebenen Algorithmus.

```
100 PRINT"-----------------"
120 PRINT"TEST FUER SIGMA^2 "
140 PRINT"-----------------"
160 REM *****          >>> KONSTANTEN <<<                    *****
180 A$="H0 wird zugunsten von H1 : Sigma^2":B$=" abgelehnt."
200 C$="H0 wird gegenueber H1 : Sigma^2":D$=" nicht abgelehnt."
220 A1$=A$+"<>":A2$=A$+">":A3$=A$+"<"
240 C1$=C$+"<>":C2$=C$+">":C3$=C$+"<"
260 REM *****          >>> SCHRITT 1 <<<                     *****
280 INPUT "Stichprobenumfang=";FG
300 INPUT "Emp. Varianz=";S2
320 INPUT "Hypothet. Varianz=";S0
340 INPUT "Irrtumswahrscheinlichkeit=";P1
360 REM *****          >>> SCHRITT 2 <<<                     *****
380 FG=FG-1:Y=FG*S2/S0
400 REM *****       >>> SCHRITT 3 - SCHRITT 5 <<<            *****
420 P(1)=.5*P1:P(2)=1-.5*P1:P(3)=1-P1:P(4)=P1
440 FOR IX=1 TO 4:P=P(IX):GOSUB 14000:A(IX)=X3:NEXT IX
460 REM *****          >>> SCHRITT 6 <<<                     *****
480 PRINT
500 IF Y<A(1) OR Y>A(2) THEN PRINT A1$;S0;B$:ELSE PRINT C1$;S0;D$
520 REM *****          >>> SCHRITT 7 <<<                     *****
540 PRINT: IF Y>A(3) THEN PRINT A2$;S0;B$:ELSE PRINT C2$;S0;D$
560 REM *****          >>> SCHRITT 8 <<<                     *****
580 PRINT: IF Y<A(4) THEN PRINT A3$;S0;B$:ELSE PRINT C3$;S0;D$
600 END
```

```
620 REM *****     >>> BENOETIGTE UNTERPROGRAMME <<<          *****
640 REM ====> QUANTILE D. CHIQUADRATVERT.(UPQCHIQ) AB ZEILE 14000
660 REM ====> QUANTILE DER NORMALVERT.   (UPQGAU ) AB ZEILE 12000
```

Numerisches Beispiel

Für eine konkrete Stichprobe vom Umfang $n = 25$ wurde eine empirische Varianz $s^2 = 3.2$ ermittelt.
Getestet wird die Hypothese $H_0: \sigma^2 = 2$ mit der Irrtumswahrscheinlichkeit von 0.01.
Das Programm liefert folgendes Ergebnis:
H_0 wird gegenüber $H_1: \sigma^2 \neq 2$ nicht abgelehnt,
H_0 wird zugunsten von $H_1: \sigma^2 > 2$ abgelehnt,
H_0 wird gegenüber $H_1: \sigma^2 < 2$ nicht abgelehnt.

6.2.3.3. Vergleich zweier Varianzen (F-Test)

Mathematische Grundlagen des Verfahrens

Aus zwei unabhängigen normalverteilten Grundgesamtheiten X und Y mit den unbekannten Parametern $E(X) = \mu_1$, $E(Y) = \mu_2$, $D^2(X) = \sigma_1^2$, $D^2(Y) = \sigma_2^2$, werden zwei Stichproben $X_1, \ldots, X_{n_1}$ und $Y_1, \ldots, Y_{n_2}$ beobachtet.
Zu testen ist die Hypothese $H_0: \sigma_1^2 = \sigma_2^2$ bei einer Irrtumswahrscheinlichkeit α.
Mit den empirischen Varianzen

$$S_1^2 = 1/(n_1 - 1)\sum_{i=1}^{n_1} (X_i - \bar{X})^2,$$

$$S_2^2 = 1/(n_2 - 1)\sum_{i=1}^{n_2} (Y_i - \bar{Y})^2$$

wird die Testgröße

$$F_{n_1-1,n_2-1} = \frac{S_1^2}{S_2^2}$$

gebildet.

Ist die Nullhypothese wahr, so unterliegt die Testgröße F_{n_1-1,n_2-1} einer Fisherschen F-Verteilung mit den Freiheitsgraden n_1-1 und n_2-1.
Aus zwei konkreten Stichproben vom Umfang n_1 bzw. n_2 wird eine Realisierung f_{n_1-1,n_2-1} berechnet. Die Entscheidung über die Hypothese H_0 kann dann durch Vergleich der Realisierung f_{n_1-1,n_2-1} mit einem entsprechenden Quantil f_{p,n_1-1,n_2-1} der F-Verteilung oder mit Hilfe des Wertes $P(F_{n_1-1,n_2-1} < f_{n_1-1,n_2-1})$ der Verteilungsfunktion der F-Verteilung erfolgen.
Die Ablehnungskriterien für H_0 sind in der folgenden Übersicht in Abhängigkeit von der Form der Alternativhypothese über σ_1^2, σ_2^2 dargestellt.

H_1	Ablehnung von H_0, falls	
$\sigma_1^2 \neq \sigma_2^2$	$f_{n_1-1,n_2-1} < f_{1-\alpha/2,n_1-1,n_2-1}$	$P(F_{n_1-1,n_2-1} < f_{n_1-1,n_2-1}) < \alpha/2$
	oder	oder
	$f_{n_1-1,n_2-1} > f_{1-\alpha/2,n_1-1,n_2-1}$	$P(F_{n_1-1,n_2-1} < f_{n_1-1,n_2-1}) > 1-\alpha/2$
$\sigma_1^2 < \sigma_2^2$	$f_{n_1-1,n_2-1} < f_{\alpha,n_1-1,n_2-1}$	$P(F_{n_1-1,n-1_2} < f_{n_1-1,n_2-1}) < \alpha$
$\sigma_1^2 > \sigma_2^2$	$f_{n_1-1,n_2-1} > f_{1-\alpha,n_1-1,n_2-1}$	$P(F_{n_1-1,n_2-1} < f_{n_1-1,n_2-1}) > 1-\alpha$

Der folgende Algorithmus benutzt zur Entscheidung die Verteilungsfunktion der F-Verteilung.

Aufbau des Algorithmus

S1: Einlesen: - der beiden Stichprobenumfänge n_1, n_2,
- der beiden empirischen Varianzen s_1^2, s_2^2,
- der Irrtumswahrscheinlichkeit α.

S2: Bestimme die Realisierung der Testgröße $f_{n_1-1,n_2-1} = s_1^2/s_2^2$ und die

Freiheitsgrade FO = $n_1 - 1$, FU = $n_2 - 1$.

S3: Berechne den Wert der Verteilungsfunktion $p = P(F_{n_1-1,n_2-1} < f_{n_1-1,n_2-1})$ der

Fisherschen F-Verteilung mit Hilfe des Unterprogramms UPF (s. Abschnitt 6.1.4).

S4: Wenn $p < \alpha/2$ oder $p > 1 - \alpha/2$, lehne H_0 zugunsten von $H_1 : \sigma_1^2 \neq \sigma_2^2$ ab.

S5: Wenn $p < \alpha$, lehne H_0 zugunsten von $H_1 : \sigma_1^2 < \sigma_2^2$ ab.

S6: Wenn $p > 1 - \alpha$, lehne H_0 zugunsten von $H_1 : \sigma_1^2 > \sigma_2^2$ ab.

BASIC-Programm

Das folgende Programm realisiert den beschriebenen Algorithmus.

```
100 PRINT"---------------"
120 PRINT" F-TEST "
140 PRINT"---------------"
160 REM *****            >>> KONSTANTEN <<<                  *****
180 A$="HO wird zugunsten von H1 : Sigma1^2 "
200 B$="  Sigma2^2  abgelehnt."
220 C$="HO wird gegenueber H1 : Sigma1^2 "
240 D$="  Sigma2^2  nicht abgelehnt."
```

```
260 A1$=A$+"<>":A2$=A$+">":A3$=A$+"<"
280 C1$=C$+"<>":C2$=C$+">":C3$=C$+"<"
300 REM *****          >>> SCHRITT 1 <<<                    *****
320 INPUT "1. Stichprobenumfang=";FO
340 INPUT "1. emp. Varianz=";S1
360 INPUT "2. Stichprobenumfang=";FU
380 INPUT "2. emp. Varianz=";S2
400 INPUT "Irrtumswahrscheinlichkeit=";P1
420 REM *****          >>> SCHRITT 2 <<<                    *****
440 FO=FO-1:FU=FU-1:T4=S1/S2
460 REM *****          >>> SCHRITT 3 <<<                    *****
480 GOSUB 11000
500 REM *****          >>> SCHRITT 4 <<<                    *****
520 PRINT
540 IF F4<.5*P1 OR F4>1-.5*P1 THEN PRINT A1$+B$:ELSE PRINT C1$+D$
560 REM *****          >>> SCHRITT 5 <<<                    *****
580 PRINT:IF F4<P1 THEN PRINT A2$+B$:ELSE PRINT C2$+D$
600 REM *****          >>> SCHRITT 6 <<<                    *****
620 PRINT:IF F4>1-P1 THEN PRINT A3$+B$:ELSE PRINT C3$+D$
640 END
660 REM *****      >>> BENOETIGTE UNTERPROGRAMME <<<        *****
680 REM ====> F-VERTEILUNG       (UPF   ) AB ZEILE 11000
700 REM ====> STUDENTVERTEILUNG (UPSTUD) AB ZEILE 9000
720 REM ====> NORMALVERTEILUNG   (UPGAU ) AB ZEILE 8000
```

Numerisches Beispiel

Für eine Stichprobe vom Umfang $n_1 = 100$ und eine Stichprobe vom Umfang $n_2 = 15$ wurden $S_1 = 2.5$ und $S_2 = 5.8$ ermittelt.
Beide Stichproben genügen den obigen Voraussetzungen.
Die Grundgesamtheiten X und Y sollen auf Gleichheit der Varianzen getestet werden bei einer Irrtumswahrscheinlichkeit von = 0.05.
Es entsteht folgendes Ergebnis:

H_0 wird zugunsten von $H_1: \sigma_1^2 \neq \sigma_2^2$ abgelehnt,
H_0 wird zugunsten von $H_1: \sigma_1^2 < \sigma_2^2$ abgelehnt,
H_0 wird gegenüber $H_1: \sigma_1^2 > \sigma_2^2$ nicht abgelehnt.

6.3. Einfache quasilineare Regression

6.3.1. Die Punktschätzung der Regressionsfunktion

Mathematische Grundlagen des Verfahrens

Anhand einer Stichprobe seien zwei Zufallsgrößen X, Y gleichzeitig beobachtet worden. Dabei möge der Augenschein die Vermutung nahelegen, daß eine tendenzielle Abhängigkeit zwischen X und Y besteht. Da in der Regel bei einem festen Wert des Merkmals X das Merkmal Y verschiedene Realisierungen annehmen kann, ist die sonst übliche Beschreibung von Abhängigkeiten in Form einer Funktionsgleichung hier nicht ohne weiteres möglich. Vielmehr geht man bei der Behandlung derartiger stochastischer Abhängigkeiten gewöhnlich von der Vorstellung aus, ein an sich vorhandener funktionaler Zusammenhang $\eta(x)$ sei durch die Überlagerung zufälliger Einflüsse verfälscht worden. Beschränkt man sich bei der Rekonstruktion von $\eta(x)$ auf eine bestimmte Funktionenklasse, so heißt die im quadratischen Mittel beste Vorhersage Regressionsfunktion 2. Art. Zu ihrer Bestimmung und näheren statistischen Charakterisierung wird von folgenden Annahmen ausgegangen:

1. Annahme: Es gibt eine spezielle Klasse von Ansatzfunktionen $r(X;\ a_1, \ldots, a_n)$, die neben X noch von den Parametern $a_1, \ldots, a_n$ derart abhängen, daß für gewisse $a_1, \ldots, a_n$ gilt

$$\eta(x) = r(x;\ a_1, \ldots, a_n).$$

2. Annahme: Die Funktion $r(x;\ a_1, \ldots, a_n)$ hänge nur linear von den Parametern ab und lasse sich mit Hilfe vorgegebener, linear unabhängiger Funktionen $f_i(x)$, $i = 1, \ldots, n$ in der Gestalt

$$r(x;\ a_1, \ldots, a_n) = a_1 f_1(x) + a_2 f_2(x) + \ldots + a_n f_n(x)$$

$$= \underline{f}(x)\ \underline{a},$$

$$\underline{f}(x) = (f_1(x), \ldots, f_n(x)),\ \underline{a}^T = (a_1, \ldots, a_n),$$

darstellen (quasilineare Regression).

Damit reduziert sich das Problem auf die Bestimmung einer endlichen Anzahl von Parametern. Es verbleibt jedoch die Wahl der Ansatzfunktionen. Hierbei ist anzustreben, sich auf naturwissenschaftlich-technisch begründete Vorstellungen über die Struktur der Abhängigkeit zu stützen. Sind diese aber nicht verfügbar, so sollte auf Potenzfunktionen zurückgegriffen werden. Dieses Vorgehen ist durch den Approximationssatz von Weierstraß gerechtfertigt. Danach läßt sich jede stetige Funktion f(x) auf einem abgeschlossenen Intervall so durch eine ganze rationale Funktion r(x) approximieren, daß $|f(x) - r(x)|$ im ganzen Intervall einen vorgegebenen Wert nicht überschreitet.

<u>3. Annahme:</u> Die Genauigkeit der Bestimmung von X ist um ein Vielfaches höher als die von Y.
Damit verliert X faktisch seinen zufälligen Charakter und wird zu einer Einstellgröße x. Die Zufälligkeit von Y ist nur durch Meßfehler MF bedingt. Wird vorausgesetzt, daß sich diese dem wahren Wert additiv überlagern, gelangt man zum quasilinearen Modell

$$Y = a_1 f_1(x) + \ldots + a_n f_n(x) + MF \tag{52}$$

der Regressionsanalyse. Von nun an ist es das Anliegen, einen durch zufällige Einflüsse gestörten funktionalen Zusammenhang, ausgehend von einer Stichprobe, zu rekonstruieren.
An einer Meßstelle des Merkmals X können in der Regel mehrere Meßwerte y des Merkmals Y vorliegen. In den nachfolgenden Betrachtungen werden die m ($m \geq n$) voneinander verschiedenen Meßstellen mit x_i (i = 1, 2, ..., m) bezeichnet, wobei am(i) die Anzahl der dort vorliegenden Meßwerte y_{ij} bedeutet
(j = 1, ..., am(i); i = 1, ..., m). Die Gesamtzahl der Meßwerte ist dann durch

$$mg = \sum_{i=1}^{m} am(i)$$

gegeben.

Für die Stichprobenelemente drückt sich das Modell (52) im System von mg Gleichungen

$$y_{ij} = a_1 f_1(x_i) + \dots + a_n f_n(x_i) + MF_{ij} \tag{53}$$

$$(i = 1, \dots, m;\ j = 1, \dots, am(i))$$

für die n zu schätzenden Parameter $a_1, \dots, a_n$ aus.

<u>4. Annahme:</u> a) Der Meßfehler MF_{ij} des Meßwertes y_{ij} sei normalverteilt und das Meßverfahren besitze keine systematischen Fehler (d. h. es gelte $E(MF_{ij}) = 0$).

b) Die Messungen erfolgen an allen Meßstellen x_i mit gleicher Genauigkeit (d.h., es gelte $D^2(MF_{ij}) = \sigma^2 = \text{const.}$). Die Meßfehler werden als unabhängig voneinander vorausgesetzt.

Auf dieser Grundlage soll nachfolgend

(i) der Koeffizientenvektor $\underline{a}$ und

(ii) die Streuung σ^2 der Meßwerte geschätzt werden (Schätzwerte $\hat{a}$ und $\hat{\sigma}^2$).

Mit den Matrizen

$$F = \begin{pmatrix} f_1(x_1) & f_2(x_1) & \dots & f_n(x_1) \\ \cdot & & & \\ \cdot & & & \\ \cdot & & & \\ f_1(x_1) & f_2(x_1) & \dots & f_n(x_1) \\ f_1(x_2) & f_2(x_2) & \dots & f_n(x_2) \\ \cdot & & & \\ \cdot & & & \\ \cdot & & & \\ f_1(x_2) & f_2(x_2) & \dots & f_n(x_2) \\ \cdot & & & \\ \cdot & & & \\ \cdot & & & \\ f_1(x_m) & f_2(x_m) & \dots & f_n(x_m) \\ \cdot & & & \\ \cdot & & & \\ \cdot & & & \\ f_1(x_m) & f_2(x_m) & \dots & f_n(x_m) \end{pmatrix} \begin{matrix} \left.\vphantom{\begin{matrix}a\\a\\a\\a\\a\end{matrix}}\right\} \text{am(1) identische Zeilen} \\ \left.\vphantom{\begin{matrix}a\\a\\a\\a\\a\end{matrix}}\right\} \text{am(2) identische Zeilen} \\ \\ \\ \\ \left.\vphantom{\begin{matrix}a\\a\\a\\a\\a\end{matrix}}\right\} \text{am(m) identische Zeilen} \end{matrix} \tag{54}$$

$$a^T = (a_1, a_2, \ldots, a_n),$$

$$MW^T = (y_{11}, \ldots, y_{1,am(1)}, \ldots, y_{m,1}, \ldots, y_{m,am(m)}),$$

$$MF^T = (MF_{11}, \ldots, MF_{1,am(1)}, \ldots, MF_{m,1}, \ldots, MF_{m,am(m)})$$

lassen sich die mg Gleichungen (53) in der Form

$$MW = Fa + MF \tag{55}$$

zusammenfassen. Von hier aus führt eine Schätzung nach dem Maximum-Likelihood-Prinzip auf der Grundlage der getroffenen Annahmen zum System der Normalengleichungen

$$(F^T F)a = F^T MW, \tag{56}$$

dessen Lösung $\hat{a}$ die Maximum-Likelihood-Schätzung des Koeffizientenvektors liefert.
Die entsprechend gewonnene korrigierte Schätzung der Streuung lautet

$$\hat{\sigma}^2 = \frac{SR}{mg - n} = \frac{1}{mg - n}(MW - F\hat{a})^T(MW - F\hat{a}) \tag{57}$$

(vgl. dazu HARTMANN, SCHÄFER, LEZKI (1974), BORODJUK (1977)).
Die Schätzungen $\hat{a}$ und $\hat{\sigma}^2$ sind erwartungstreu.
Die Schätzung (56) von a ist mit jener identisch, die die Methode der kleinsten Quadrate liefert. Demnach werden den Regressionskoeffizienten solche Werte zugewiesen, die die Summe

$$SR = (MW - Fa)^T(MW - Fa)$$

der Abweichungsquadrate minimieren.
Mit den Voraussetzungen über die Ansatzfunktionen (lineare Unabhängigkeit) und die Zahl der verschiedenen Meßstellen x_i ($m >= n$) ist das System (56) eindeutig lösbar.

Aufbau des Algorithmus

S1: Editiere die Ansatzfunktionen (im folgenden Programm sind dies 1, x, x^2).

S2: Eingabe der Daten in der Reihenfolge:

n - Anzahl der Ansatzfunktionen,

m - Anzahl der verschiedenen Meßstellen,

x(i) - Meßstellen, i = 1, 2, ..., m,

am(i)- Zahl der Meßwerte an der Stelle x(i),

y_{ij} - Meßwerte an der Stelle x(i), i = 1, 2, ..., m, j = 1, 2, ..., am(i).

S3: Zusammenstellen der Spaltenmatrix MW aus den y_{ij}.

S4: Herstellen der Matrix F gemäß Gl. (54)

S5: Berechnung der Informationsmatrix $F^T F$ und der rechten Seite F^T MW des Systems (56) der Gaußschen Normalengleichungen.

S6: Lösen der Gl. (56) nach dem Gaußschen Algorithmus (s. 2.1.1), wobei für den späteren Gebrauch noch $(F^T F)^{-1}$ entsteht.

S7: Berechnung der Summe der Abweichungsquadrate.

S8: Ausgabe der Resultate.

BASIC-Programm

Das folgende Programm realisiert den beschreibenen Algorithmus.

```
100 PRINT"----------------------------------------"
120 PRINT"REGRESSION UND STATISTISCHE BEWERTUNG "
140 PRINT"----------------------------------------"
160 REM *****          >>> PROGRAMMTEIL I <<<              *****
180 REM *****            >>> KONSTANTEN <<<                *****
200 SR$="======================================"
220 TK$=" Meszstellen        |":T1$="Anzahl der":T2$="Messwerte"
240 TS$="-------------------|-------------------"
260 TR$="Rechnung laeuft !!!":TN$="Neustart mit RUN moeglich !!"
280 Z$="Matrix ist (numerisch) singulaer !!"
300 TF$="Rechnung fortsetzen ===> (j/n) "
```

```
320 GOTO 440
340 REM  *****   >>> SCHRITT 1 - PROBLEMFUNKTIONEN <<<       *****
360 ON I GOTO 380,400,420
380 Y = 1      :RETURN
400 Y = X      :RETURN
420 Y = X*X    :RETURN
440 PRINT CHR$(12):PRINT TAB(10);"REGRESSIONSANALYSE":PRINT SR$
460 PRINT:PRINT:PRINT"  1. Programmteil":PRINT SR$:PRINT
480 PRINT" Schaetzung der Regressionskoeffizienten":PRINT:PRINT
500 REM *****           >>> SCHRITT 2 <<<                     *****
520 INPUT"Anzahl der Ansatzfunktionen : N= ";N
540 INPUT"Zahl d. verschied.Meszstellen : M= ";M
560 DIM X(M),AM(M),FW(N),ZE(N),MY(M),IN(N,N),PM(N),Q(N,2*N+1)
580 DIM A(N),P(N),Z(N),R(M)
600 PRINT CHR$(12):PRINT TK$+T1$+T2$:PRINT TS$
620 FOR I=1 TO M:PRINT" x(";I;") = ";:INPUT" ";X(I)
640 PRINT TAB(20)"öam(";I;") =";:INPUT" ";AM(I)
660 NEXT I:FOR I=1 TO M : MG = MG + AM(I) : NEXT I
680 DIM MW(MG),F(MG,N):P=0:I=0:AM(0)=0:S=0:PRINT CHR$(12)
700 PRINT TK$+T2$:PRINT TS$
720 REM *****           >>> SCHRITT 3 <<<                     *****
740 FOR I=1 TO M:S=S+AM(I-1):PRINT" x(";I;")=";X(I);
760 FOR J = 1 TO AM(I)
780 PRINT TAB(20)"ö y(";I;",";J;")=";:INPUT" ";V:P=S+J:MW(P)=V
800 NEXT J
820 PRINT TS$:NEXT I:PRINT CHR$(12):PRINT:PRINT TR$
840 REM ***** >>>              MATRIX F               <<<     *****
860 L=1:Z2=AM(1):FOR J=1 TO MG:IF J <= Z2 THEN GOTO 900
880 L=L+1:Z2=Z2+AM(L)
900 X=X(L):FOR I=1 TO N:GOSUB 340:F(J,I)=Y:NEXT I:NEXT J
920 REM *****           >>> SCHRITT 4 <<<                     *****
940 FOR I=1 TO N:FOR J=1 TO N:IN(I,J)=0:FOR K=1 TO MG
960 IN(I,J)=IN(I,J)+F(K,I)*F(K,J):NEXT K:NEXT J:NEXT I
980 REM *****>>> RECHTE SEITE D. NORMALENGLN. : PM=FT*MW <<<*****
1000 FOR I=1 TO N:PM(I)=0:FOR K=1 TO MG:PM(I)=PM(I)+F(K,I)*MW(K)
1020 NEXT K:NEXT I
1040 REM *****           >>> SCHRITT 5 <<<                    *****
1060 FOR I=1 TO N:FOR K=1 TO N:Q(I,K)=IN(I,K):NEXT K:NEXT I
```

```
1080 FOR I=1 TO N:Q(I,2*N+1)=PM(I):NEXT I
1100 FOR I=1 TO N:FOR K=N+1 TO 2*N:Q(I,K)=0:NEXT K:NEXT I
1120 FOR I=1 TO N:Q(I,N+I)=1:NEXT I
1140 FOR K=1 TO N:UU=0:FOR I=1 TO N:FOR J=1 TO K
1160 IF I = P(J) THEN 1200
1180 NEXT J:TT=ABS(Q(I,K)):IF TT>UU THEN UU=TT:H=I
1200 NEXT I:PE= Q(H,K):P(K)=H:IF UU<.00001 THEN PRINT Z$:END
1220 FOR I=1 TO N:FOR J=1 TO K:IF I=P(J) THEN 1280
1240 NEXT J:LL=Q(I,K)/PE:FOR J=K TO 2*N+1
1260 Q(I,J)=Q(I,J)-LL*Q(H,J):NEXT J
1280 NEXT I:NEXT K:FOR J=N+1 TO 2*N+1:FOR K=N TO 1 STEP -1
1300 Z(K)=Q(P(K),J)/Q(P(K),K):FOR I=1 TO K-1
1320 Q(P(I),J)=Q(P(I),J)-Q(P(I),K)*Z(K):NEXT I:NEXT K
1340 FOR K=1 TO N:Q(K,J)=Z(K):NEXT K: NEXT J
1360 FOR K=1 TO N:A(K)=Q(K,2*N+1):NEXT K
1380 REM *****  >>> FUNKTIONSW. D. REGR.-ANSATZES  R(i) <<< *****
1400 K=1:AM(0)=0:FOR I=1 TO M:R(I)=0:FOR J=1 TO N
1420 R(I)=R(I)+A(J)*F(K,J):NEXT J: K=K+AM(I):NEXT I
1440 REM *****          >>> SCHRITT 6 <<<                   *****
1460 SR=0:K=1:L=AM(1):FOR I=1 TO MG:IF I <= L THEN GOTO 1500
1480 K=K+1:L=L+AM(K)
1500 SR=SR+(MW(I)-R(K))^2:NEXT I :PRINT CHR$(12)
1520 REM *****          >>> SCHRITT 7 <<<                   *****
1540 FOR I=1 TO N:PRINT"   A(";I;") = ";A(I):NEXT I
1560 PRINT TF$;:INPUT I$:IF I$="n" OR I$="N" THEN PRINT TN$:END
1580 PRINT CHR$(12):PRINT" Summe der Abweichungsquadrate "
1600 PRINT SR$
1620 PRINT:PRINT"  SR = ";SR:PRINT:PRINT:PRINT TF$;:INPUT I$
1640 IF I$="n" OR I$="N" THEN PRINT TN$:END
```

Numerisches Beispiel

Um die Wirksamkeit eines Rohrbündel-Wärmeaustauschers zu verbessern, sollen die bisher benutzten kreiszylindrischen Rohre durch rotationssymmetrische, profilierte Rohre ersetzt werden. Sie bieten wegen ihrer größeren Oberfläche günstigere Bedingungen für den Energieaustausch. Als Grundlage entsprechender Berechnungen ist der Radius r = y(x) einer Rohrhalbwelle in Abhängigkeit von x für $0 \leqq x \leqq 6$ durch das Polynom

$$y(x) = a_1 + a_2 z + a_3 z^2$$

aus den Meßwerten

x	y
x(1) = 0	y_{11} = 40.05
	y_{12} = 39.96
x(2) = 2	y_{21} = 39.07
	y_{22} = 38.93
	y_{23} = 39
x(3) = 4	y_{31} = 35.91
	y_{32} = 36.02
	y_{33} = 36.06
x(4) = 6	y_{41} = 29.95
	y_{42} = 29.98
	y_{43} = 31
	y_{44} = 31.07

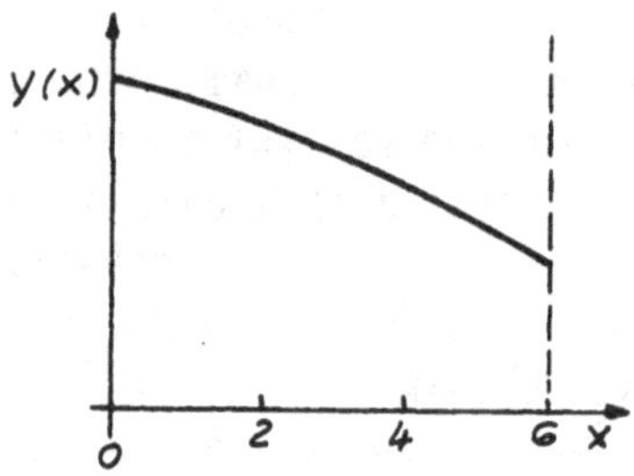

zu approximieren (zur Geometrie des Rohres s. Bild).

Ergebnisse

a) Punktschätzungen der Regressionskoeffizienten

$\hat{a}(1)$ = 39.968 $\hat{a}(2)$ = 0.116 $\hat{a}(3)$ = -0.282

b) Summe der Abweichungsquadrate

SR = 1.21

Weiterführende Bemerkungen

1. Der erste Programmteil ist so aufgebaut, daß wesentliche Teile auch für eine multivariate Regression benutzt werden können. Beim Übergang zu Funktionen mehrerer unabhängiger Variabler sind Änderungen im Eingabeteil erforderlich. Ab Zeile 920

kann jedoch das vorliegende Programm bis zum Beginn des 2. Programmteils übernommen werden.

2. Formal läßt sich das System (56) der Gaußschen Normalengleichungen auch gewinnen, indem das überbestimmte Gleichungssystem

$$Fa = MW \tag{58}$$

von links mit F^T multipliziert wird. Diese Transformation verschlechtert die Kondition des Systems. Bei schlecht konditionierten Problemen kann es daher günstiger sein, die Kleinste-Quadrat-Lösung (56) direkt aus (58) zu bestimmen. Hierfür ist die QR-Zerlegung geeignet (vgl. Abschnitt 2.1.4). Der damit verbundene Rechenaufwand ist allerdings erheblich größer.

3. Schließlich sei auf Approximationen im Sinne anderer Abstandsbegriffe verwiesen, die u. U. eine größere Robustheit der Schätzung gegenüber Ausreißern gewährleisten.

6.3.2. Die Bewertung der Regressionsfunktion mit Hilfsmitteln der mathematischen Statistik

Mathematische Grundlagen des Verfahrens

Wie die Gleichung (56) zeigt, überträgt sich der Zufallscharakter der Meßwerte auf die Schätzungen der Regressionskoeffizienten und damit auf die Regressionsfunktion insgesamt. Um die damit verbundene Unsicherheit beurteilen zu können, greift man gewöhnlich auf Konfidenzschätzungen zurück. Sie stehen in einem zweiten Programmteil zur Verfügung. Ferner ist es möglich, Hypothesen über die Koeffizienten und die Adäquatheit des Modells zu prüfen. Grundlage dafür sind Aussagen über die Verteilungen des Vektors $\hat{a}$, der Regressionsfunktion r(x) und der Schätzung $\hat{\sigma}^2$.
Ist das Gleichungssystem (56) eindeutig lösbar, so stellt

$$\hat{a} = (F^T F)^{-1} F^T MW \tag{59}$$

einen linearen Zusammenhang zwischen â und MW her. Folglich besitzt mit MW auch â eine Normalverteilung, die sich durch den Erwartungswertvektor und die Kovarianzmatrix kennzeichnen läßt.
Für den Erwartungswertvektor folgt aus Gleichung (51) zusammen mit Gleichung (53)

$$E\hat{a} = a. \tag{60}$$

Die Kovarianzmatrix dieser n-dimensionalen Normalverteilung ist durch

$$(F^T F)^{-1} \tag{61}$$

gegeben. Ihre Hauptdiagonalelemente sind die Varianzen der Koeffizientenschätzungen $\hat{a}_i$. Es gilt

$$D^2(a_i) = \sigma^2 \, c_{ii}, \tag{62}$$

wobei c_{ii} das entsprechende Diagonalelement von $(F^T F)^{-1}$ ist.
Auch die Schätzung

$$\hat{r}(x) = f(x)\hat{a}$$

der Regressionsfunktion ist wegen des linearen Zusammenhangs mit â normalverteilt mit dem Erwartungswert

$$E(\hat{r}(x)) = f(x)E(\hat{a}) = f(x)a = r(x). \tag{63}$$

(d. h., auch die Regressionsfunktion wird erwartungstreu geschätzt) mit der Varianz

$$D^2(r(x)) = \sigma^2 PM, \qquad PM = f(x)(F^T F)^{-1} f^T(x) \tag{64}$$

Grundlagen für die Konstruktion von Konfidenzintervallen und die Durchführung statistischer Tests sind die folgenden Ergebnisse:
Die Stichprobenfunktionen

$$\frac{\hat{a}_i - a_i}{\sqrt{\hat{\sigma} c_{ii}}} \tag{65}$$

$$\frac{r(x) - r(x)}{\sqrt{\hat{\sigma}^2 PM}} \tag{66}$$

unterliegen einer Studentverteilung mit mg - n Freiheitsgraden.
In Analogie zum Abschnitt 6.1.2 sind damit die Konfidenzinter-

valle der Regressionskoeffizienten durch

$$\hat{a}_i - t_{1-\alpha/2,mg-n}\sqrt{\hat{\sigma}^2 c_{ii}} < a_i < \hat{a}_i + t_{1-\alpha/2,mg-n}\sqrt{\hat{\sigma}^2 c_{ii}}, \tag{67}$$

$i = 1, 2, \ldots, n,$

gegeben. Entsprechend entsteht mit

$$\hat{r}(x) - t_{1-\alpha/2,mg-n}\sqrt{\hat{\sigma}^2 PM} < r(x) < \hat{r}(x) + t_{1-\alpha/2,mg-n}\sqrt{\hat{\sigma}^2 PM} \tag{68}$$

(in Abhängigkeit von x) ein Konfidenzband für die Regressionsfunktion zum Konfidenzniveau $1 - \alpha$ (vgl. BORODJUK, LEZKI (1977), NOLLAU (1975)).

Zum Testen einer Hypothese über einzelne Regressionsfunktionen der Form

$$H_0: a_i = av_i$$

kann die Testgröße

$$T_{mg-n} = \frac{\hat{a}_i - av_i}{\sqrt{\hat{\sigma}^2 c_{ii}}} \tag{69}$$

herangezogen werden. Falls die Nullhypothese richtig ist, unterliegt T_{mg-n} einer Student-Verteilung mit mg - n Freiheitsgraden. Bei Vorgabe eine Irrtumswahrscheinlichkeit α (bzw. der statistischen Sicherheit $1 - \alpha$) wird H_0 abgelehnt, wenn

$$|T_{mg-n}| > t_{1-\alpha/2,mg-n}$$

ist.

In allen Beziehungen ergibt sich $\hat{\sigma}^2$ nach Gleichung (57).

Um die Adäquatheit des Regressionsansatzes zu prüfen (BORODJUK, LEZKI (1977)), analysiert man die Reststreuung SR (s. Gl. (57)). Diese resultiert aus den Abweichungen von Meßwerten und Regressionsfunktion und kann einerseits durch Meßfehler und andererseits durch nicht gerechtfertigte Annahmen über das Modell hervorgerufen werden. Eine Zerlegung von SR in die diesen beiden

Quellen entsprechenden Anteile kann also Hinweise darauf liefern, ob der Ansatz zweckdienlich gewählt wurde, d. h. die Realität adäquat widerspiegelt.

Nachfolgend wird der Adäquatheitstest für den Fall dargestellt, daß ein und derselbe Datensatz sowohl zur Berechnung der Regressionskoeffizienten als auch zur Entscheidung über die Hypothese benutzt wird.

Ist $\bar{y}_j$ das arithmetische Mittel der Meßwerte an der Stelle x_j, so führt eine identische Umformung entsprechend

$$SR = \sum_{i=1}^{m} \sum_{j=1}^{am(i)} (y_{ij} - \bar{y}_i + \bar{y}_i - \sum_{l=1}^{n} a_l f_l(x_i))^2$$

auf

$$SR = \sum_{i=1}^{m} \sum_{j=1}^{am(i)} (y_{ij} - \bar{y}_i)^2 + \sum_{i=1}^{m} am(i)(\bar{y}_j - \sum_{l=1}^{n} \hat{a}_l f_l(x_i))^2 \qquad (70)$$

(ein dritter Summand entfällt wegen $\sum_j (y_{ij} - \bar{y}_i) = 0$).

Aus dem ersten Summanden folgt gemäß

$$S_e^2 = \frac{1}{mg - m} \sum_{i=1}^{m} \sum_{j=1}^{am(i)} (y_{ij} - \bar{y}_i)^2 \qquad (71)$$

die Schätzung einer Streuung σ_e^2. Entsprechend schätzt der korrigierte Wert

$$S_{ad}^2 = \frac{1}{m - n} \sum_{i=1}^{m} am(i)\ (\bar{y}_i - \sum_{l=1}^{n} a_l f_l(x_i))^2 \qquad (72)$$

des zweiten Summanden eine Streuung σ_{ad}^2. Ist das Modell adäquat, so stellt , wie sich zeigen läßt, sowohl S_e^2 als auch S_{ad}^2 eine erwartungstreue Schätzung von σ^2 dar. Deshalb kann über die Adäquatheit des Modells entschieden werden, indem man die Hypothese

$$H0:\ \sigma_e^2 = \sigma_{ad}^2$$

prüft. Dazu eignet sich der F-Test. Mit der Annahme 4 sind nämlich S_e^2 und S_{ad}^2 unabhängige Zufallsgrößen, die jeweils einer

χ^2-Verteilung gehorchen. Ihr Quotient

$$W = \frac{S^2_{ad}}{S^2_e} \tag{73}$$

besitzt dann eine F-Verteilung mit $m_1 = m - n$ und $m_2 = mg - n$ Freiheitsgraden. Wegen $S_{ad} \geqq S_e$ kann man sich auf die einseitige Fragestellung beschränken und die Hypothese wird abgelehnt, wenn der konkrete Wert w von W größer als das Quantil $f_{\alpha, m1, m2}$ der F-Verteilung ist, bzw. wenn die Verteilungsfunktion von W an der Stelle w größer als $1 - \alpha$ ist.
Wie man erkennt, ist ein Adäquatheitstest nur möglich, wenn (i) die Gesamtzahl mg der Meßwerte die Zahl m der verschiedenen Meßstellen übersteigt und (ii) m größer als die Zahl n der Ansatzfunktionen ist.

Aufbau des Algorithmus

S1: Eingabe von B.
S2: Falls B = 1, gehe zu S3.
    Falls B = 2, gehe zu S7.
    Falls B = 3, gehe zu S11.
    Falls B = 4, gehe zu S14.

Konfidenzschätzung der Parameter
S3: Eingabe des Konfidenzniveaus K.
S4: Berechnung des Quantils X2 der Student-Verteilung.
S5: Berechnung und Ausgabe des Konfidenzintervalls nach (67).
S6: Sollen weitere Koeffizienten untersucht werden, gehe zu S4, sonst zu S1.

Test der Regressionskoeffizienten
S7: Auswahl des zu untersuchenden Koeffizienten.
S8: Eingabe der statistischen Sicherheit S.

S9: Berechnung der Testgröße nach (69) und Entscheidung
nach Vergleich mit dem Quantil X2 der Student-Verteilung.
S10: Sollen weitere Koeffizienten untersucht werden,
gehe zu S7, sonst zu S1.

Konfidenzintervall des Funktionswertes
S11: Eingabe der statistischen Sicherheit S.
S12: Eingabe des Wertes der unabhängigen Veränderlichen x.
S13: Berechnung des Konfidenzintervalls nach (68) und Ausgabe.
S14: Sollen weitere Intervalle berechnet werden,
gehe zu S11, sonst zu S1.

Adäquatheitstest
S15: Berechnung der Streuungen S^2_e und S^2_{ad}
nach (71) und (72).
S16: Berechnung der Testgröße W, Ermittlung des Wertes
der F-Verteilung an dieser Stelle.
S17: Eingabe der statistischen Sicherheit S und
Entscheidung über die Hypothese.

BASIC-Programm

Im nachfolgenden BASIC-Programm sind die oben angeführten Algorithmen mit einer Menü-Unterstützung implementiert.

```
1660 REM *****          >>> PROGRAMMTEIL II <<<                  *****
1680 PRINT CHR$(12):PRINT"Statistische Auswertung der Ergebnisse"
1700 PRINT SR$:PRINT:PRINT:PRINT" Konfidenzschaetzung"
1720 PRINT" der Modellparameter"TAB(30)"====> (1)"
1740 PRINT" Testen von Hypothesen"TAB(30)"====> (2)"
1760 PRINT" Konfidenzschaetzung":PRINT" des Funktionswertes";
1780 PRINT TAB(30)"====> (3)":PRINT" Adaequadheitstest";
1800 PRINT TAB(30)"====> (4)":PRINT" Abbruch"TAB(30)"====> (5)"
1820 REM *****           >>> SCHRITT 1 <<<                       *****
1840 PRINT:INPUT"Auswahl :";B
1860 REM *****           >>> SCHRITT 2 <<<                       *****
1880 IF B = 1 THEN GOTO 2000
```

```
1900 IF B = 2 THEN GOTO 2340
1920 IF B = 3 THEN GOTO 2820
1940 IF B = 4 THEN GOTO 3200
1960 IF B = 5 THEN END ELSE 1680
1980 REM *****     >>> KONFIDENZSCH.D. MODELLPARAM. <<<      *****
2000 PRINT CHR$(12):FG=MG-N:IF FG>=1 THEN 2080
2020 PRINT:PRINT:PRINT" Berechnung des Konfidenzintervalls ist"
2040 PRINT:PRINT" nicht moeglich, da die Zahl der Messwerte"
2060 PRINT:PRINT" zu klein ist!":PRINT TN$:END
2080 PRINT" Konfidenzschaetzung der Modellparameter":PRINT SR$
2100 REM *****          >>> SCHRITT 3 <<<                    *****
2120 PRINT:PRINT:INPUT" Konfidenzniveau K ( 0< K <1 ) :";P
2140 FU=ME:FO=MA:T4=W:GOSUB 13000:ST=SQR(SR/FG)
2160 PRINT CHR$(12):INPUT" Untersuchung des Koeffizienten Nr.:";I
2180 REM *****          >>> SCHRITT 5 <<<                    *****
2200 PRINT:S(I)=SQR(Q(I,I+N))*ST:G1=A(I)-S(I)*X2
2220 G2=A(I)+S(I)*X2:PRINT:PRINT"  Als Konfidenzintervall folgt"
2240 PRINT SR$:PRINT:PRINT G1;"< A(";I;") <";G2:PRINT
2260 INPUT" Untersuchung weiterer Koeff.====>(j/n)";L$
2280 REM *****          >>> SCHRITT 6 <<<                    *****
2300 IF L$="j" OR L$="J" THEN 2160 ELSE 1680
2320 REM ***** >>> TEST DER REGRESSIONSKOEFFIZIENTEN <<<     *****
2340 PRINT CHR$(12):PRINT" Test einer Hypothese"
2360 PRINT"ueber die Regressionskoeffizienten":PRINT SR$:PRINT
2380 REM *****          >>> SCHRITT 7 <<<                    *****
2400 INPUT" Welchen Koeff. untersuchen ? i= ";I:PRINT
2420 INPUT" Geben Sie den Sollwert vor! av(i)=";AV(I):PRINT
2440 REM *****          >>> SCHRITT 8 <<<                    *****
2460 INPUT" Welche statistische Sicherheit ? S = ";P
2480 FG = MG - N:IF FG>=1 THEN 2580
2500 PRINT CHR$(12):PRINT" Abbruch der Rechnung !!":PRINT
2520 PRINT" Anzahl der Messpunkte zu klein !":PRINT TN$:END
2540 REM *****          >>> SCHRITT 9 <<<                    *****
2560 IF SR=0 THEN PRINT "Test nicht moeglich !":END
2580 TG=(A(I)-AV(I))*SQR(FG/(Q(I,I+N)*SR)):FU=ME:FO=MA:T4=W
2600 GOSUB 13000
2620 IF ABS(TG)>X2 THEN PRINT CHR$(12):PRINT:PRINT:GOTO 2700
2640 PRINT CHR$(12):PRINT:PRINT" Die vorliegenden Messwerte"
```

```
2660 PRINT:PRINT" gestatten die Annahme a(";I;")= ";AV(I)
2680 GOTO 2780
2700 PRINT" Der Koeffizient a(";I;")":PRINT" unterscheidet sich"
2720 PRINT" signifikant vom vorgegeb. Wert"
2740 PRINT "   av(";I;") = ";AV(I)
2760 REM *****          >>> SCHRITT 10 <<<                *****
2780 PRINT:INPUT"Untersuchung weiterer Koeff. (j/n):";S$
2800 IF S$="j" OR S$="J" THEN PRINT CHR$(12):GOTO 2320 ELSE 1680
2820 REM ***** >>> KONFIDENZINTERV. D. FUNKTIONSWERTES <<< *****
2840 PRINT CHR$(12):PRINT"Konfidenzintervall des Funktionswertes"
2860 REM *****          >>> SCHRITT 11 <<<                *****
2880 PRINT SR$:PRINT:INPUT" Statistische Sicherheit:S = ";P:PRINT
2900 FG=MG-N:FU=ME:FO=MA:T4=W:GOSUB 13000
2920 REM *****          >>> SCHRITT 12 <<<                *****
2940 INPUT" Geben Sie den Wert x ein! x = ";X
2960 PRINT:FOR I=1 TO N:GOSUB 340:FW(I)=Y:NEXT I
2980 REM ***** >>> WERT D. REGRESSIONSFKT. BEI X ö WRF <<< *****
3000 WRF=0:FOR K=1 TO N:WRF=WRF+FW(K)*A(K):NEXT K
3020 FOR I=1 TO N:ZE(I)=0:FOR K=1 TO N:ZE(I)=ZE(I)+Q(I,K+N)*FW(K)
3040 NEXT K:NEXT I:PM=0:FOR I=1 TO N:PM=PM+FW(I)*ZE(I):NEXT I
3060 GK = SQR(PM*SR/FG):UGK=WRF-X2*GK:OGK=WRF+X2*GK:PRINT:PRINT
3080 REM *****          >>> SCHRITT 13 <<<                *****
3100 PRINT" Konfidenzintervall des Funktionswertes":PRINT SR$
3120 PRINT:PRINT UGK;"<= R(";X;") <=";OGK:PRINT:PRINT
3140 REM *****          >>> SCHRITT 14 <<<                *****
3160 INPUT" Weitere Konfidenzinterv. berechn.(j/n)";P$
3180 IF P$="j" OR P$="J" THEN PRINT CHR$(12):GOTO 2940 ELSE 1680
3200 REM *****      >>> ADAEQUATHEITSTEST DES MODELLS <<<    *****
3220 Z1=1:Z2=AM(1):IF M<=N OR MG=M THEN 3580
3240 FOR I=1 TO M:MY(I)=0:FOR J=Z1 TO Z2:MY(I)=MY(I)+MW(J):NEXT J
3260 MY(I)=MY(I)/AM(I):IF I=M THEN 3300
3280 Z1=Z2+1:Z2=Z2+AM(I+1):NEXT I
3300 SE=0:Z1=1:Z2=AM(1):FOR I=1 TO M:FOR J=Z1 TO Z2
3320 SE=SE+(MW(J)-MY(I))^2:NEXT J:IF I=M THEN 3380
3340 REM *****          >>> SCHRITT 15 <<<                *****
3360 Z1=Z2+1:Z2=Z2+AM(I+1):NEXT I
3380 ME=MG-M:SE=SE/ME
3400 REM *****     >>> ANTEIL  SAD  DER RESTSTR. <<<         *****
```

```
3420 SAD=0:FOR I=1 TO M:SAD=SAD+AM(I)*(MY(I)-R(I))*(MY(I)-R(I))
3440 NEXT I : MA = M-N : SAD = SAD/MA
3460 REM *****         >>> SCHRITT 16 <<<                  *****
3480 W=SAD/SE:FU=ME:FO=MA:T4=W:GOSUB 11000
3500 REM *****         >>> SCHRITT 17 <<<                  *****
3520 INPUT" Statistische Sicherheit S =";S:PRINT:PRINT
3540 IF F4 >= S THEN PRINT" Modell nicht adaequat !":GOTO 3620
3560 IF F4< S THEN PRINT" Modell adaequat !!!" : GOTO 3620
3580 PRINT" Adaequatheitstest nicht moeglich !!!":PRINT
3600 PRINT" Anzahl der Messungen zu klein !!":PRINT
3620 PRINT:INPUT" Erneute Programmnutzung (j/n)";Q$
3640 IF Q$="j" OR Q$="J" THEN 1680
3660 END
3680 REM *****     >>> BENOETIGTE UNTERPROGRAMME <<<       *****
3700 REM ====> NORMALVERTEILUNG          (UPGAU  ) AB ZEILE  8000
3720 REM ====> STUDENTVERTEILUNG         (UPSTUD ) AB ZEILE  9000
3740 REM ====> GAMMAFUNKTION             (UPGAMMA) AB ZEILE 10000
3760 REM ====> FISHER-VERTEILUNG         (UPFR   ) AB ZEILE 11000
3780 REM ====> QUANTILE D.GAUSS-VERT.    (UPQGAU ) AB ZEILE 12000
3800 REM ====> QUANTILE D.STUDENT-VERT.  (UPQSTUD) AB ZEILE 13000
```

Numerisches Beispiel

Setzt man die Rechnungen zum Beispiel des Abschnitts 6.3.1 fort, so folgen als Konfidenzintervalle der Regressionskoeffizienten zum Konfidenzniveau $1 - \alpha = 0.95$

$$39.511 \leqq a_1 \leqq 40.425,$$
$$-0.216 \leqq a_2 \leqq 0.448,$$
$$-0.332 \leqq a_3 \leqq -0.232.$$

Auf der Grundlage der vorliegenden Daten ist also die Schätzung von a_2 besonders unsicher. Selbst der Wert $a_2 = 0$ liegt im Konfidenzintervall. In der Tat ergibt die Prüfung der Hypothese

$$H_0 : a_2 = 0,$$

daß bei der statistischen Sicherheit $1 - \alpha = 0,95$ nichts gegen die Hypothese eingewandt werden kann.

Weiterführende Bemerkungen

Um die Güte der Schätzungen von Parametervektor (und Regressionsfunktion) zu beurteilen, zieht man bekanntlich Konfidenzintervalle heran. Deren Länge wird nach den Beziehungen (67) (und (68)) wesentlich durch c_{ii}, PM und $\hat{\sigma}^2$ beeinflußt. Greift man auf die entsprechenden Bestimmungsgleichungen zurück, so erkennt man, daß einerseits SR und andererseits $(F^TF)^{-1}$ maßgebend ist. Während SR die Meßgenauigkeit berücksichtigt, erfaßt $(F^TF)^{-1}$ den Einfluß des Versuchsplans

$$V_n = \begin{pmatrix} x_1 & x_2 & \ldots & x_n \\ am(1) & am(2) & \ldots & am(n) \end{pmatrix}$$

Die systematische Untersuchung der Frage, wie V_n zu wählen ist, um möglichst genaue Schätzungen zu erhalten, ist Gegenstand der optimalen Versuchsplanung. Hier werden Optimalitätskriterien für Versuchspläne entwickelt und optimale Pläne angegeben (vgl. BANDEMER, BELLMANN, JUNG, RICHTER (1973)).

Da die Konfidenzintervalle der Regressionsparameter nur von den Hauptdiagonalelementen c_{ii} von $(F^TF)^{-1}$ abhängen, besteht eine Möglichkeit darin, die Spur

$$Sp(F^TF)^{-1} = \sum_{i=1}^{n} c_{ii}$$

zu minimieren. Ein derartiger Plan heißt A-optimal.

Das vorliegende Programm gestattet es, zwei Versuchspläne unter diesem Aspekt zu vergleichen und festzustellen, welcher die größere Genauigkeit gewährleistet.

Literatur

ABRAMOWITZ, M.; STEGUN, I. A. (1984):
Pocketbook of Mathematical Functions. Verlag Harri Deutsch, Thun - Frankfurt/Main.

ALBRECHT, P. (1979):
Die numerische Behandlung gewöhnlicher Differentialgleichungen. Akademie-Verlag, Berlin.

BACHMANN, K.-H. (1971):
Fehlerabschätzung für Nullstellen bei Polynomen. WBZ für MKR, TU Dresden 1, 82-88.

BANDEMER, H.; BELLMANN, A.; JUNG, W.; RICHTER, K. (1973):
Optimale Versuchsplanung. Akademie-Verlag, Berlin.

BEASLEY, J. D.; SPRINGER, S. G. (1977):
Algorithm AS 111: The Percentage Points of the Normal Distribution. Appl. Stat. 26(1977), 118-121.

BEST, D. J.; ROBERTS, D. E. (1975):
Algorithm AS 91: The Percentage Points of the χ^2 Distribution. Appl. Stat. 24(1975), 385-388.

BEYER, O.; HACKEL, H.; PIEPER, V.; TIEDGE, J. (1985):
Wahrscheinlichkeitsrechnung und mathematische Statistik. Bd. 17 der MINÖL-Reihe, 4., überarb. Aufl., BSB B. G. Teubner Verlagsgesellschaft, Leipzig

BHATTACHARJEE, G. P. (1970):
Algorithm AS 32: The Incomplete Gamma Integral. Appl. Stat. 19 (1970), 285-287.

BLYTH, C. R. (1986):
Approximate Binomial Confidence Limits. Amer. Statist. Assoc. 81(1986), 843-855.

BORODJUK, W. P.; LEZKI, K. E. (1977):
Statistische Modellierung verfahrenstechnischer Systeme. Akademie-Verlag, Berlin.

BÖRSCH, J.; SUPAN, W. (1963):
A posteriori error bounds for the zeros of polynomials. Numer. Math. 5(1963), 380-398.

BUKAČ, J.; BURSTEIN, H. (1980):
Approximations of Student's t and Chi-square percentage points. Comm. Statist.-Simula. Computa. B9(6)(1980), 665-672.

BUTCHER, J. (1987):
The numerical analysis of ordinary differential equations: Runge-Kutta and general linear methods. Wiley, Chichester.

COLLATZ, L. (1968):
Funktionalanalysis und Numerische Mathematik. Springer-Verlag, Berlin-Heidelberg-New York.

COLLATZ, L. (1966):
The numerical treatment of differential equations. Springer-Verlag, Berlin-Göttingen-Heidelberg.

DENNIS, J. E.; SCHNABEL, R. B. (1983):
Numerical Methods for Unconstrained Optimization and Nonlinear Equations. Prentice Hall, Englewood Cliffs (N. J.).

ENGELGEN-MUHLGES, G.; REUTTER, F. (1983):
Formelsammlung zur numerischen Mathematik mit BASIC-Programmen. Mannheim, Wien, Zürich.

FADDEJEW, D.K.; FADDEJEWA, W.N. (1973):
Numerische Methoden der linearen Algebra. VEB Deutscher Verlag der Wissenschaften, Berlin.

FEHLBERG, E. (1969):
Klassische Runge-Kutta-Formeln fünfter und siebenter Ordnung mit Schrittweitenkontrolle. Computing 4(1969), 93-106.

GEAR, C. W. (1971):
Numerical initial value problems in ordinary differential equations. Prentice Hall, Englewood Cliffs (N.J).

GOERING, H.; ROOS, H. G.; TOBISKA, L. (1985):
Finite-Element-Methode. Akademie-Verlag, Berlin.

GOLDBERG, H.; LEVINE, H. (1946):
Approximate Formulas for the Percentage Points and Normalization of t and χ^2. Ann. Math. Stat. 17(1946), 216-225.

GOLUB, G. H.; VAN LOAN, C. F. (1983):
Matrix Computation, North-Oxford Academic, Oxford.

GRAY, H.-L.; SCHUCANY, W. R. (1968):
On the evaluation of distribution functions. Amer. Stat. Assoc. 63(1968), 715-720.

GRIGORIEFF, R. D. (1972, 1977):
Numerik gewöhnlicher Differentialgleichungen I, II. Teubner, Stuttgart.

HACKBUSCH, W.; TROTTENBERG, U. (1982):
Multigrid methods. Lecture Notes in Mathematics, Vol. 960. Springer-Verlag, Berlin-Heidelberg-New York.

HAIRER, E.; NORSETT, S.P.; WANNER, G. (1987):
Solving ordinary differential equations, I Nonstiff Problems. Springer-Verlag, Berlin-Heidelberg-NewYork-London-Paris-Tokyo.

HALL, G.; WATT, J. M. (Hrsg.) (1976):
Modern numerical methods for ordinary differential equations. Clarendon Press, Oxford.

HARTMANN, K.; SCHÄFER, W.; LEZKI, K. E. (1974)
Statistische Versuchsplanung und -auswertung in der Stoffwirtschaft. Deutscher Verlag fÜr Grundstoffindustrie, Leipzig.

HASTINGS Jr., C. (1955):
Approximations for Digital Computers. Princeton Univ. Press, Princeton, (N. J.).

HENRICI, P. (1962):
Discrete variable methods in ordinary differential equations. John Wiley and Sons, New York.

HILL, G. W. (1970):
Algorithm 396. Comm. ACM 13(1970), 617-619.

HINDSMARSH, A. C. (1980):
LSODE and LSODI, two new initial value ordinary differential equation solvers. ACM-signum newsletter, vol. 15, No. 4.

ISAACSON, E.; KELLER, H. B. (1972):
Analyse numerischer Verfahren. Edition, Leipzig.

KENNEDY, W. J.; GENTLE, J. E. (1980):
Statistical Computing. Marcel Dekker, Inc., New York-Basel.

KIEŁBASZINSKY, A.; SCHWETLICK, H. (1988):
Numerische lineare Algebra. Verlag der Wissenschaften, Berlin.

MAEß, G. (1979):
Iterative Lösung linearer Gleichungssysteme. Nova Acta Leopoldina, Neue Folge, Nummer 238, Band 52, Leipzig.

MAEß, G. (1988):
Vorlesungen über numerische Mathematik I, II. Akademie-Verlag, Berlin.

MAINDONALD, J. H. (1984):
Statistical Computation. John Wiley and Sons, New York-Chichester-Brisbane-Toronto-Singapore.

MÜLLER, P. H.; NEUMANN, P.; STORM, R. (1973):
Tafeln der mathematischen Statistik. VEB Fachbuchverlag, Leipzig.

NOLLAU, V. (1975):
Statistische Analysen. VEB Fachbuchverlag, Leipzig.

ODEH, D. B.; EVANS, J. O. (1974):
Algorithm AS 70: Percentage Points of the Normal Distribution. Appl. Stat. 23(1974), 96-97.

OELSCHLÄGEL, D.; MATTHÄUS, W.-G. (1974):
Numerische Methoden. Bd. 18 der MINÖL-Reihe,Teubner Verlag, Leipzig

ORTEGA, J.-M.; RHEINBOLDT, W. C. (1970):
Iterative solution of nonlinear equations in several variables. Academic Press, New York.

PEACEMAN, D. W.; RACHFORD Jr., H. H. (1955):
The numerical solution of parabolic and elliptic differential equations. SIAM Journal 3(1955).

PEIZER, D. B.; PRATT, J. W. (1968):
A Normal Approximation for Binomial, F, Beta, and Other Common, Relased Tail Probabilities, I. Amer. Statist. Ass. 63(1968), 1416-1456.

PRATT, J. W. (1968):
A Normal Approximation for Binomial, F, Beta, and Other Common, Relased Tail Probabilities II. Amer. Statist. Ass. 63(1968), 1457-1483.

RAO, R. C. (1973):
Lineare statistische Methoden und ihre Anwendungen. Akademie-Verlag, Berlin.

RHEINBOLDT, W. C.; MESZTENYI, C. K. (1973):
Programs for the solution of large sparse matrix problems based on the arcgraph structure. Univ. of Maryland, Computer Sc. Center.

RICE, J. R. (1981):
Matrix Computations and Mathematical Software. Mc Graw-Hill, New York 1981 (russ. Übersetzung bei MIR 1984).

RICHTER, C. (1988):
Optimierungsverfahren und BASIC-Programme. Akademie-Verlag, Berlin.

ROSENBROCK, H. H. (1963):
Some general implicit processes for the numerical solution of differential equations. Comp. J. 5(1963), 329-330.

SCHITTKOWSKI, K. (1980):
Nonlinaer programming codes. Lecture Notes in Economics and Mathematical Systems, Vol. 183. Springer-Verlag, Berlin-Heidelberg-New York

SCHMIDT, J. W.; DRESSEL, H. (1967):
Fehlerabschätzungen bei Polynomgleichungen mit dem Fixpunktsatz von Brouwer. Numer. Math. 10(1967), 42-50.

SCHWARZ, H. R. (1968):
Numerik symmetrischer Matrizen. B. G. Teubner, Stuttgart.

SCHWETLICK, H. (1979):
Numerische Lösung nichtlinearer Gleichungen. VEB Deutscher Verlag der Wissenschaften, Berlin.

SMITH, G. D. (1971):
Numerische Lösung partieller Differentialgleichungen. Akademie-Verlag, Berlin.

WILKINSON, J. H. (1963):
Rounding errors in algebraic processes.
Her Majesty's Stationary Office London. Deutsche Übers.: Rundungsfehler. Springer Verlag, Berlin-Heidelberg-New York (1969).

WILKINSON, J. H.; REINSCH, C. (1971):
Linear algebra.
Handbook for automatic computation, Vol. III. Springer-Verlag, Berlin-Heidelberg-New York.

WILLERS, F. A. (1957):
Methoden der praktischen Analysis. Walter de Gruyter, Berlin.

ZURMÜHL, R. (1965):
Praktische Mathematik für Ingenieure und Physiker. 5. Auflage, Springer-Verlag, Berlin - Heidelberg - New York.

Nachträge während der Korrektur

DANIEL, J. W. (1973):
Newton's Method for nonlinear inequalities. Numer. Math. 21, 381-387.

DENNIS, J. R. jr.; SCHNABEL, R. B. (1982):
Numerical Methods for Unconstrained Optimization and Nonlinear Equations. Prentice-Hall, Inc., Englewood Cliffs, (NJ).

FLETCHER, R. (1981):
Practical methods of optimization. Vol. 2, Constrained optimization. John Wiley a. Sons, New York.

FORSYTHE, G.; MALCOLM, M.; MOLER, C. (1977):
Computer methods for mathematical computations. Prentice Hall, Englewood Cliffs (russ. Übersetzung bei MIR, Moskau 1980)

KLEINMICHEL, H. (1981):
Quasi-Newton-Verfahren vom Rang-Ein-Typ zur Lösung unstringierter Minimierungsprobleme. Teil 1 und 2, in: Numerische Mathematik, Springer-Verlag, Berlin-Heidelberg-New York, Nr. 38, 219-228, 229-244.

MORE, J. J. (1983):
Recent Developments in Algorithms and Software for Trust Regions Methods. Mathematical Programming, The State of the Art. A. Bochem, M. Grötschel and B. Korte, eds., Springer-Verlag.

SCHWETLICK, H.; TILLER, V. (1985):
Numerical Methods for Estimating Parameters in Nonlinear Models With Errors in the Variables. TECHNOMETRICS, FEBRUARY, Vol. 27, No. 1, 17-23.

SORENSON, D. C. (1982):
Newton's Method with a Model Trust Region Modification. SIAM J. Num. An., Vol. 19, Nr. 2.

STOER, J; BULIRSCH, R. (1983):
Einführung in die Numerische Mathematik, Teil I u. II. Springer-Verlag Berlin-Heidelberg, 4. Auflage

WERNER, H.; SCHABACK, R. (1975/1979):
Praktische Mathematik, I. u. II. Springer-Verlag, Berlin-Heidelberg, 2. Auflage.

Sachwortverzeichnis

HINWEIS DER AUTOREN

Die Autoren dieses Buches sind entsprechend ihren Möglichkeiten bereit, den interessierten Lesern aus der DDR die in diesem Buch abgedruckten Programme auf eine Diskette zu kopieren. Die Diskette enthält dann die Quelltexte zu den im Buch enthaltenen Programmen. Sie ist lauffähig auf IBM-kompatiblen Computern unter MS-DOS bzw. im Standardformat CP/M.

Wer an diesem Angebot interessiert ist, wird gebeten, den nachfolgenden Bestellschein auszufüllen und zusammen mit einer formatierten, leeren 5.25"-Diskette an folgende Adresse zu senden:

Rechenzentrum der
Ingenieurhochschule Köthen
Bernburger Straße 52 - 57
Köthen 4370

Dabei ist das gewünschte Format anzugeben. Dem Leser wird dann per Nachnahme und Einschreiben gegen einen Betrag von 20,- M die entsprechende Diskette zurückgesandt.

Für eventuelle Schäden beim Transport übernimmt das Rechenzentrum keine Haftung.

BESTELLSCHEIN

Hiermit bestelle ich beim Rechenzentrum der Ingenieurhochschule Köthen die Begleitdiskette zu dem Titel

Richter, Mathematische Probleme auf Mikrocomputern.

Eine 5.25"-Diskette liegt bei.

Das gewünschte Format ist

....

Ich bitte um Zusendung per Nachnahme an:

....

Datum: Unterschrift

FSC
www.fsc.org
MIX
Papier | Fördert gute Waldnutzung
FSC® C083411

Zeitfracht Medien GmbH
Ferdinand-Jühlke-Straße 7
99095 Erfurt, Deutschland
produktsicherheit@kolibri360.de